AF278285

INGENIERÍA A PLENA VISTA

GUÍA DE CAMPO ILUSTRADA
SOBRE EL ENTORNO CONSTRUIDO

INGENIERÍA A PLENA VISTA

GUÍA DE CAMPO ILUSTRADA
SOBRE EL ENTORNO CONSTRUIDO

GRADY HILLHOUSE

espacio de diseño

Espacio de Diseño

Título de la obra original: *Engineering in Plain Sight. An Illustrated Field Guide to the Constructed Environment*
Realización de cubierta: Celia Antón Santos
Traducción: Claudia Valdés-Miranda Cros
Revisión: Yohana B. Martínez Abreu y Gelsys M. García Lorenzo
Maquetación: Claudia Valdés-Miranda Cros
Responsable editorial: Eugenio Tuya Feijoó
Revisores técnicos: Thomas Overbye, Robert Weller, Laurence Rillet, Brian Gettinger, John Sobanjo, Erol Tutumluer, Tina McMartin, Jennifer Elms y Brandon White

Copyright © 2022 by Grady Hillhouse. Title of English-language original: *Engineering in Plain Sight: An Illustrated Field Guide to the Constructed Environment*, ISBN 9781718502321, published by No Starch Press Inc. 245 8th Street, San Francisco, California United States 94103. The Spanish-language 1st edition Copyright © 2024 by Grupo Anaya, S.A.U. (Anaya Multimedia) under license by No Starch Press Inc. All rights reserved.

All rights reserved. No part of this work may be reproduced or transmitted in any form or by any means, electronic or mechanical, including photocopying, recording, or by any information storage or retrieval system, without the prior written permission of the copyright owner and the publisher.

Copyright © 2022 de Grady Hillhouse. Título del original en inglés: *Engineering in Plain Sight: An Illustrated Field Guide to the Constructed Environment*, ISBN 9781718502321, publicado por No Starch Press Inc. 245 8th Street, San Francisco, California Estados Unidos 94103. La primera edición en español Copyright © 2024 por Grupo Anaya, S.A.U. (Anaya Multimedia) bajo licencia de No Starch Press Inc. Todos los derechos reservados.

Reservados todos los derechos. El contenido de esta obra está protegido por la Ley, que establece penas de prisión y/o multas, además de las correspondientes indemnizaciones por daños y perjuicios, para quienes reprodujeren, plagiaren, distribuyeren o comunicaren públicamente, en todo o en parte, una obra literaria, artística o científica, o su transformación, interpretación o ejecución artística fijada en cualquier tipo de soporte o comunicada a través de cualquier medio, sin la preceptiva autorización.

© EDICIONES ANAYA MULTIMEDIA
(GRUPO ANAYA S.A.U.), 2024
Valentín Beato, 21. 28037 Madrid
www.anayamultimedia.es

PAPEL DE FIBRA
CERTIFICADA

Depósito legal: M-33507-2023
ISBN: 978-84-415-4902-9
Printed in Spain

A Crystal

Agradecimientos

Debo un gran agradecimiento a quienes hicieron posible este libro:

A mi esposa, Crystal, infinitamente solidaria y ocasionalmente divertida: el amor de mi vida.

A mi hijo, Cliff, quien sin saberlo me empujó a elegir una carrera de ingeniería.

A mi hermano, Graham, quien me mostró cómo asumir riesgos; es la caja de resonancia de mis ideas y mi mejor crítico.

A mi primo, Samuel, el primer participante de «¿Qué es esa infraestructura?»: un juego que me inventé para hablar más sobre obras civiles en mis viajes por carretera.

A mi mejor amigo y colaborador, Wesley Crump, quien fue el primero en sugerirme que escribiera un libro y, cuando me decidí a hacerlo, se convirtió en miembro inestimable del equipo.

A mis padres, Joe y Carol, ejemplificación de todas las habilidades importantes de la vida, cuyo apoyo y aliento me condujeron a donde ellos sabían que quería ir.

A mi editora, Jill Franklin, y a todo el personal de No Starch Press, quienes entendieron de inmediato mi visión, me entrenaron con paciencia a través del proceso de su creación y trabajaron arduamente para crear algo especial.

A mi equipo de diseño de MUTI, dirigido por Brad Hodgskiss, que convirtió mi enjambre de garabatos e imágenes de *stock* en ilustraciones imaginativas.

A los revisores técnicos mencionados en la **página 4,** quienes aportaron toda su sabiduría y experiencia para mejorar cada capítulo y detectar mis errores.

A todos mis profesores de la Universidad Estatal de Texas y de la Universidad de Texas A&M y a todos mis antiguos colegas de Freese and Nichols, quienes compartieron conmigo su entusiasmo y experiencia en ingeniería, construcción, ciencias ambientales y mucho más.

Por último, a todos los seguidores de *Practical Engineering* en YouTube (y en otros medios), por sus comentarios y correos electrónicos. Nunca podría haber escrito este libro sin el aliento y los comentarios recibidos en los últimos seis años.

Índice de contenidos

INTRODUCCIÓN

A mediados de 2009, mientras el mundo atravesaba la crisis económica más severa desde los años treinta del siglo pasado, yo terminaba la universidad con un título en artes liberales sin la más mínima perspectiva de empleo remunerado. En vez de arriesgarme en el terrible mercado laboral, decidí dedicar un poco más de tiempo (y mucho más dinero) a mi educación. Frente a la difícil realidad de que un título universitario no me podía garantizar un trabajo, diligentemente hice una referencia cruzada entre mis *diversos* intereses con sus perspectivas ocupacionales para reenfocar mi trayectoria profesional en una dirección más confiable y menos ambigua. Me decidí por la ingeniería civil, un tema del que no sabía casi nada, pero que parecía emocionante y de responsabilidad. Increíblemente, me aceptaron en la escuela de posgrado (que era mi mejor opción) y comencé mis estudios ese otoño.

En cuanto terminé las clases básicas de matemáticas y ciencias que precisaba para ponerme al día con mis compañeros de posgrado, comencé los cursos de ingeniería. Siempre he sentido curiosidad por la ciencia, la tecnología y cómo funcionan las cosas. Aún así, nada podría haberme preparado para la gran transformación que tendría mi perspectiva durante el resto de mis estudios. Las clases de diseño estructural hicieron que empezara a observar todas las vigas y columnas visibles de cada nuevo sitio que visitaba. Las clases prácticas de circuitos eléctricos me mostraron los detalles y complejidades de las líneas transporte de electricidad y las subestaciones. Las conferencias de ingeniería hidráulica me obligaron a fijarme en cada drenaje, pozo y canal mientras me desplazaba por la ciudad (andando, en bici o en coche). Todas y cada una de las clases encendían una lámpara que iluminaba algún nuevo rincón del entorno construido en el que nunca me había fijado. Y todo aquello me cautivó.

Terminé mi carrera no solo con un trabajo, sino también con una forma completamente nueva de ver el mundo. No pasó mucho tiempo para que todo ese entusiasmo por las infraestructuras desbordara mi vida personal, incluido mi canal de YouTube. Lo que comenzó como una forma de compartir mis proyectos de carpintería con otros artesanos se convirtió lentamente en una forma de introducir temas de ingeniería. Ahora produzco vídeos educativos a tiempo completo y *Practical Engineering* tiene millones de espectadores cada mes.

Incluso las partes menos excepcionales del entorno construido son monumentos a las soluciones de cientos de problemas prácticos de ingeniería. Comprender incluso un pequeño subconjunto de esos desafíos y sus resoluciones tenía el poder de asombrarme y extasiarme, y nunca dejé de sentirme así. Ahora toda mi vida es una búsqueda esencial de los tesoros que se esconden en todos los pequeños detalles interesantes del mundo construido. Mis paradas espontáneas ante cada presa y cada puente para tomar una fotografía y observarlos mejor vuelven loca a mi esposa en nuestros viajes por carretera. Es habitual que pierda el hilo de mis pensamientos durante mis paseos cuando detecto alguna infraestructura nueva o diferente. Y hay una pequeña parte de mi cerebro que se dedica a seguir el camino que tomarán las aguas pluviales, sin importar dónde esté o lo que esté haciendo. La ingeniería me abrió los ojos a las infraestructuras que nos rodean y facilitan nuestras vidas en el mundo actual. Si algo de ese entusiasmo emana de este libro, habré logrado mi objetivo.

Esta no es una guía de campo completa. Las infraestructuras adoptan una miríada de formas por todo el mundo. Este libro se centra en Estados Unidos, pero las construcciones varían mucho incluso entre estados, condados y ciudades. No sería práctico intentar documentarlas todas. Además, arruinaría la diversión. Parte de la fascinación de ser un «observador de infraestructuras» radica en usar nuestras habilidades como detectives para deducir el propósito de las partes y detalles aleatorios. Espero que este libro tenga el don de seducirte y te convierta en espectador entusiasta del entorno construido.

—Grady Hillhouse

1

LA RED ELÉCTRICA

Introducción

Uno de los mayores logros de la humanidad radica en haber sabido aprovechar el poder de la electricidad. Lo que era un lujo hace 100 años ahora es un recurso esencial para la seguridad, la prosperidad y el bienestar de casi todos. En un pasado no muy lejano, la mano de obra y los caballos eran prácticamente la única fuente de energía. El trabajo duro se realizaba con la fuerza de seres vivos. No es de extrañar que los seres humanos hayamos intentado tomar el control de la energía que hay fuera de nuestros propios cuerpos. En la actualidad, la «energía» da vida a casi todos los aspectos del mundo contemporáneo y facilita desde nuestras necesidades fisiológicas más básicas hasta las tecnologías más avanzadas.

La energía toma muchas formas en función del modo de aprovecharla, almacenarla, distribuirla y utilizarla. En la Tierra, podemos rastrear casi toda nuestra energía hasta el sol. El viento y las olas se crean por el calentamiento de la atmósfera. La luz solar se aprovecha directamente. Incluso los combustibles fósiles obtuvieron su energía del sol: las plantas prehistóricas capturaron la energía solar a través de la fotosíntesis y, tras millones de años durante los cuales permaneció enterrada, ahora podemos aprovecharla gracias a los pozos de donde se extrae y se refina para explotarla en motores y liberar de nuevo el calor del sol (junto a muchos otros subproductos contaminantes) en el planeta. Por conveniencia y practicidad, los seres humanos convertimos gran cantidad de energía de una forma a otra, pero ninguna de ellas es comparable a la electricidad, que posibilita que casi cada uno de nosotros tenga su propia fuente personal de energía.

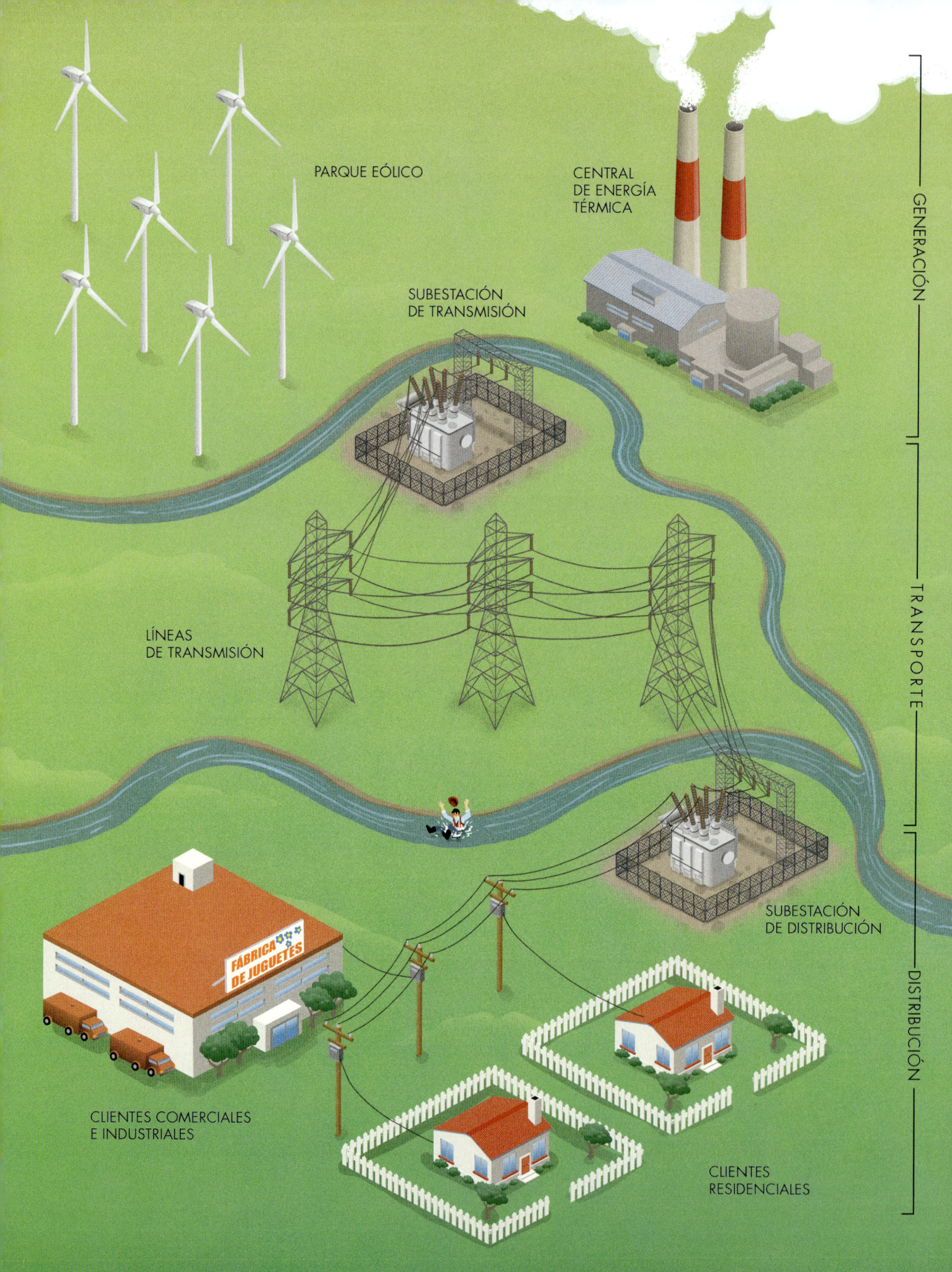

Generalidades sobre la red eléctrica

La electricidad es notablemente diferente del resto de tipos de energía. No podemos verla ni tocarla. Sin embargo, es capaz de realizar trabajos increíbles, desde hazañas físicas hasta cálculos, casi de manera instantánea. En vez de ser una manifestación tangible de energía, como es el caso de los combustibles, la electricidad tiene una forma más transitoria que solo requiere la conexión de cables metálicos para su transmisión. La facilidad para transportarla ha dado lugar a las *redes eléctricas*, que conectan a los productores de electricidad con los consumidores. Para hacernos una idea de su escala basta saber que con cinco redes eléctricas principales se da cobertura a toda América del Norte y que algunas de las redes eléctricas más grandes del mundo abarcan varios países.

En general, la electricidad se abre paso a través de una serie de etapas independientes divididas en tres partes: GENERACIÓN (producción de energía), TRANSPORTE (mover esa energía desde las plantas que la generan hasta las áreas pobladas) y DISTRIBUCIÓN (suministro a los clientes individuales). Las SUBESTACIONES son los puntos de conexión entre esas etapas principales. Estas grandes interconexiones resuelven muchos problemas a la vez. El hecho de que gran número de usuarios y productores compartan una infraestructura tan cara la hace muy eficiente. Su fiabilidad se incrementa gracias a que la energía puede tomar muchos caminos diferentes y unas plantas de energía pueden intervenir si otras se desconectan. Además, las interconexiones facilitan el flujo de la electricidad.

A diferencia de otro tipo de suministros, es bastante difícil almacenar electricidad a gran escala, lo que significa que la energía debe generarse, transportarse, suministrarse y consumirse al mismo tiempo. La corriente que recorre los cables de tu hogar u oficina en este preciso momento era un rayo de sol en un panel solar, un átomo de uranio, un trozo de carbón o cierta cantidad de gas natural en una caldera de vapor hace apenas unos milisegundos. El consumo de electricidad de un solo hogar puede ser bastante esporádico. Por tanto, en la medida en que haya más usuarios interconectados, los picos y oscilaciones de consumo se promedian entre todos.

Conseguir que una red eléctrica gigantesca resulte útil para todo tipo de usuarios y productores de energía no es una hazaña simple. Imagina que la red eléctrica es un tren de carga que sube una cuesta: la locomotora representa la generación y la carga sería la demanda. Todos los motores deben moverse en perfecta sincronía para compartir la carga. Si uno de ellos va más lento o más rápido que los demás, se corre el riesgo de averiar todo el tren. Para complicarlo un poco más, la demanda cambia continuamente (como los picos y valles de un paisaje). Los consumidores de energía encienden y apagan sus dispositivos eléctricos a voluntad, sin notificárselo a nadie. La demanda alcanza su punto máximo durante el día cuando las personas usan mucha electricidad, sobre todo cuando hace mucho frío o mucho calor y se recurre mucho más a la calefacción o al aire acondicionado. La generación debe ajustarse de manera constante para satisfacer la demanda de la red y evitar *caídas de tensión* y *apagones*. Este proceso se conoce como *seguimiento de carga* y sería similar a ajustar el acelerador de una locomotora para tener en cuenta los cambios de pendiente a lo largo del camino.

Los clientes usan la energía de diferentes maneras. Los CLIENTES COMERCIALES E INDUSTRIALES adaptan su consumo en función del precio fluctuante de la electricidad y con frecuencia hacen funcionar las máquinas durante la noche para aprovechar la energía más barata. Los CLIENTES RESIDENCIALES (que, por lo general, pagan un precio fijo) suelen estar menos atentos a los altibajos de la demanda de la red y la usan cuando la necesitan.

Del mismo modo, hay distintos tipos de centrales eléctricas según su forma de generar electricidad. Los parques solares generan mucha electricidad cuando sale el sol, pero dejan de hacerlo en cuanto se pone. Los PARQUES EÓLICOS dependen del clima para generar electricidad y alcanzan su máxima producción durante los momentos en que los vientos son fuertes y constantes. Las plantas nucleares generan energía de manera constante, pero tienen poca capacidad para aumentar o disminuir la generación, mientras que otras CENTRALES TÉRMICAS (como las de carbón o gas natural) pueden ajustar su producción a la demanda cambiante. Las centrales hidroeléctricas son las más receptivas y tienen la capacidad de iniciar y detener la generación en minutos e incluso en segundos.

Los administradores de la red pronostican con detalle tanto la generación como la demanda para garantizar el equilibrio entre ambas. Es preciso programar las interrupciones por mantenimiento tanto de las plantas de energía como de las LÍNEAS DE TRANSMISIÓN para poder ajustarlas cuando las instalaciones se desconecten sin previo aviso por averías u otros problemas. Esperan lo mejor, pero se preparan para lo peor, mientras tienen en cuenta las capacidades y limitaciones de toda la cartera de productores y usuarios de energía. Si llega lo peor y no hay suficiente electricidad para satisfacer la demanda, los administradores de la red tendrán que desconectar de forma temporal algunos clientes (se denomina *deslastre de cargas*) para reducir la demanda y evitar el colapso total. Es habitual que estas desconexiones ocurran de forma continua en lapsos de 15 a 30 minutos para distribuir los inconvenientes de la pérdida de servicio, por lo que suelen denominarse *rotación de apagones*.

Se necesitan muchos tipos de equipos para generar, transportar y distribuir la electricidad en grandes áreas. Es increíble que la mayor parte de esta infraestructura esté al aire libre para que cualquiera pueda echarle un vistazo. Muchas veces, me han acusado de tener la cabeza en las nubes cuando miraba la parte superior de algún poste de servicios públicos. Casi todos los elementos principales de la red eléctrica se pueden examinar e identificar sin importar dónde se encuentren. En el resto de este capítulo observaremos más de cerca cada uno de esos elementos, así como algunos detalles sobre los equipos y los procesos necesarios para mantener la corriente circulando.

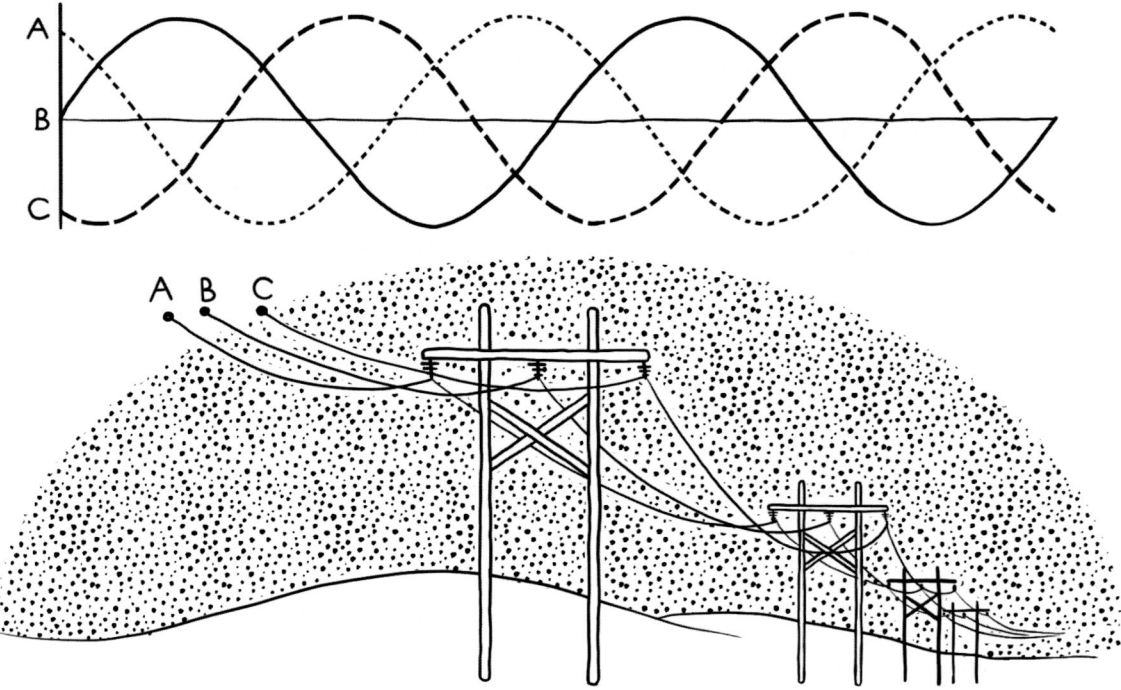

En vez del flujo constante de corriente en una sola dirección (llamado *corriente continua* o CC), la mayor parte de la red eléctrica trabaja con *corriente alterna* o *CA*, cuya dirección cambia constantemente. La ventaja de la corriente alterna radica en que su voltaje se aumenta o disminuye con facilidad mediante un transformador. En América del Norte, esto tiene lugar a 60 ciclos por segundo[1], dando a la infraestructura eléctrica ese zumbido familiar. Por lo general, la energía se genera y se transmite a través de tres líneas individuales llamadas *fases* (etiquetadas como A, B y C en la ilustración), cuyos voltajes mantienen un desfase de 120°. La generación de electricidad en tres fases distintas superpuestas proporciona un suministro constante, por lo que nunca hay un momento en que todas las fases tengan voltaje cero. Además, el suministro trifásico emplea menos conductores equivalentes que el monofásico, para transportar la misma cantidad de energía y, por tanto, resulta más económico. Es probable que te hayas percatado de que casi siempre la infraestructura eléctrica aparece en grupos de tres, donde cada conductor o elemento maneja una fase individual del suministro.

---

[1] *N. de la T.:* Tanto en Europa como en la mayor parte del mundo la frecuencia es de 50 ciclos por segundo (es decir, 50 Hz).

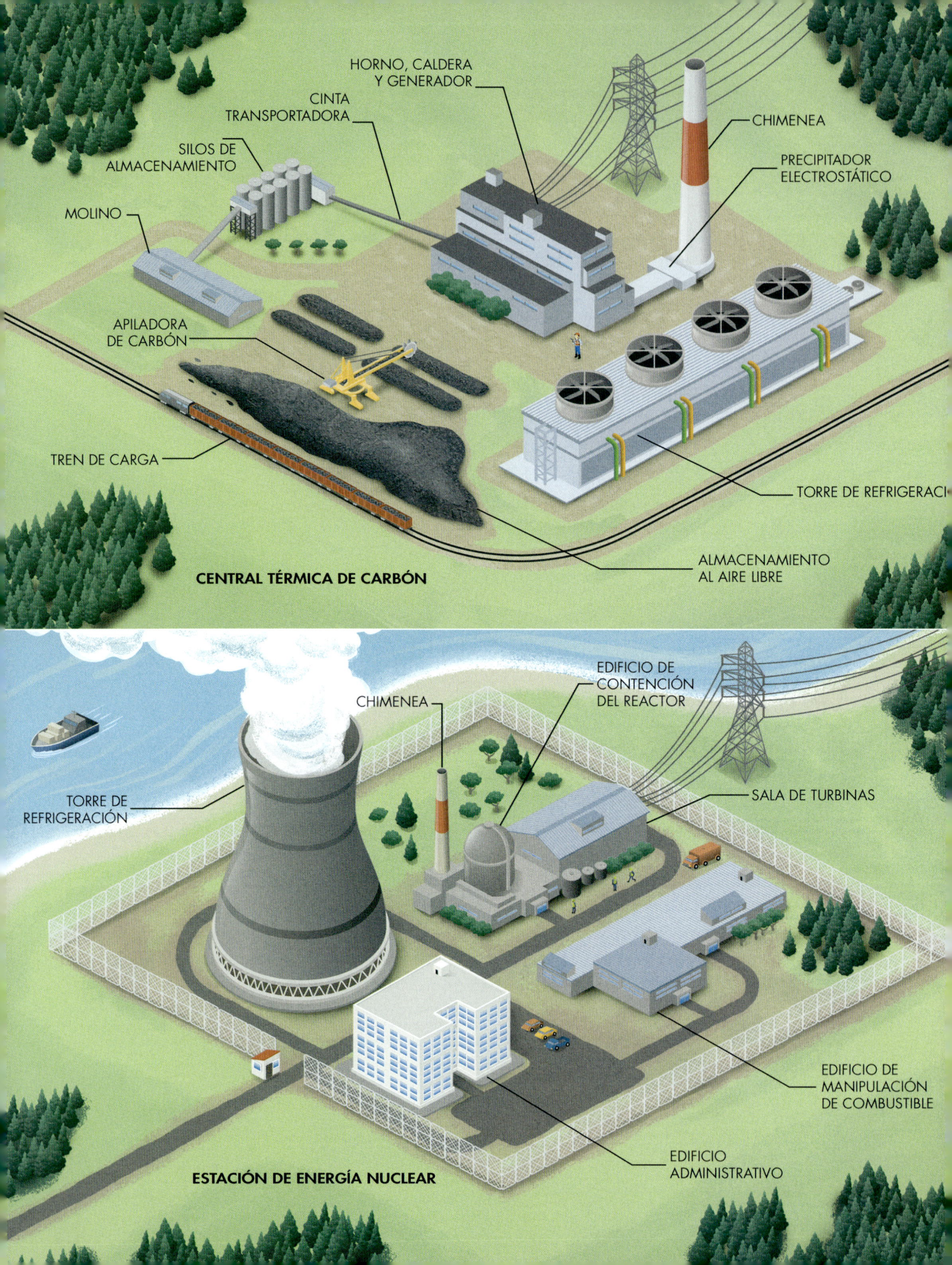

HORNO, CALDERA Y GENERADOR

CINTA TRANSPORTADORA

SILOS DE ALMACENAMIENTO

CHIMENEA

PRECIPITADOR ELECTROSTÁTICO

MOLINO

APILADORA DE CARBÓN

TREN DE CARGA

TORRE DE REFRIGERACI

ALMACENAMIENTO AL AIRE LIBRE

CENTRAL TÉRMICA DE CARBÓN

EDIFICIO DE CONTENCIÓN DEL REACTOR

CHIMENEA

SALA DE TURBINAS

TORRE DE REFRIGERACIÓN

EDIFICIO DE MANIPULACIÓN DE COMBUSTIBLE

EDIFICIO ADMINISTRATIVO

ESTACIÓN DE ENERGÍA NUCLEAR

Las centrales térmicas

La generación es el primer paso de la electricidad en su viaje a través de la red eléctrica, un viaje que puede ser de cientos o miles de kilómetros, pero que es casi instantáneo. Aunque la mayoría de nosotros no tenemos una planta de energía en nuestro patio trasero, sí contamos con un enlace inmediato a todas las conectadas a la red. Hay muchos tipos de centrales eléctricas y cada una tiene sus ventajas y desventajas, pero todas comparten algo: toman algún tipo de energía del entorno natural y la convierten en energía eléctrica. Muchos de los métodos empleados para generar energía son solo diferentes formas de hervir agua. Las plantas que utilizan este método se llaman *centrales térmicas o termoeléctricas* porque dependen del calor para crear vapor. El vapor pasa a través de una turbina, acoplada a un GENERADOR DE CA conectado a la red eléctrica. La velocidad de la turbina debe sincronizarse al milímetro con la frecuencia del resto de la red.

La mayoría de las termoeléctricas son instalaciones industriales sofisticadas cerradas a los visitantes. De hecho, ¡que no se te ocurra merodear de modo sospechoso cerca de alguna de ellas porque muchas están fuertemente vigiladas! Sin embargo, suelen ser visibles desde las autovías y las ventanillas de los aviones: siempre las verás cerca de grandes congregaciones de líneas de transmisión de alta tensión y las reconocerás por sus altas chimeneas. Presta también especial atención a los lagos cerca de grandes ciudades, porque a veces sirven como fuente de agua de refrigeración. La explicación detallada del funcionamiento de las centrales térmicas va más allá del ámbito de este libro, pero resulta satisfactorio ver y comprender las partes y elementos visibles desde el exterior.

Una gran cantidad de nuestra electricidad comienza en forma de combustibles fósiles (sobre todo, carbón y gas natural). A medida que se abaratan otros combustibles menos contaminantes, las CENTRALES TÉRMICAS DE CARBÓN son cada vez menos habituales. Sin embargo, el carbón todavía representa una gran proporción en la generación global de electricidad. Sabrás de inmediato si has visto una central térmica de carbón porque la mayor parte de la infraestructura visible estará relacionada con su manipulación. Estas plantas procesan y queman miles de toneladas de combustible a diario, por lo que necesitan muchos equipos para descargar, almacenar, triturar y transportar el carbón hasta el HORNO y la CALDERA.

A menos que la planta esté situada junto a una mina de carbón, la forma principal de mover esta cantidad de combustible de manera eficiente son los TRENES DE CARGA. Con frecuencia encontramos complejos sistemas de ferrocarriles alrededor de estas plantas para permitir el suministro constante y eficiente de carbón. Cuando el acceso por ferrocarril no es factible, se emplean camiones y barcazas. Para la manipulación del carbón a granel se emplean APILADORES de carbón, enormes cintas transportadores móviles, que se desplazan sobre rieles y organizan el ALMACENAMIENTO AL AIRE LIBRE de carbón mediante sus largos brazos. Las plantas suelen tener reservas para varias semanas que garantizan las operaciones en caso de interrupción temporal del suministro.

A diferencia de la parrilla de carbón de tu jardín, la mayoría de los hornos de las centrales térmicas queman un flujo constante de polvo fino de carbón. El carbón se distribuye en grandes trozos, que deben pasar de las reservas a un MOLINO para reducir su tamaño con objeto de optimizar su combustión. Grandes CINTAS TRANSPORTADORAS cubiertas se ocupan de transportar el carbón entre cada fase. Los SILOS DE ALMACENAMIENTO protegen el carbón triturado de los elementos. Desde allí, realiza su viaje final hasta el horno y la caldera.

Las *centrales térmicas de gas natural* (que no aparecen en la ilustración) se identifican por la ausencia de maquinaria para manipular carbón. Los gasoductos que alimentan estas plantas suelen ser subterráneos y, por tanto, quedan ocultos a la vista, lo que significa que las plantas de gas parecen mucho más simples y pequeñas desde el exterior. Las emisiones que se producen a consecuencia de la combustión de combustibles fósiles (gas y carbón), llamadas *gases de combustión*, transportan contaminantes peligrosos, como cenizas y óxido nitroso. Las regulaciones ambientales exigen la descontaminación de estas emisiones antes de liberar a la atmósfera los gases de combustión, porque son dañinas para los seres humanos y los animales. Se precisan diferentes instalaciones para eliminar estas emisiones contaminantes, como los *colectores de polvo* que usan tejidos filtrantes, los PRECIPITADORES ELECTROSTÁTICOS que capturan partículas mediante la adherencia estática y el *lavado de gases* que limpia el aire rociando una

neblina fina para atrapar el polvo y las cenizas. Después de pasar por estas instalaciones, el gas de combustión puede ser liberado a través de una CHIMENEA. Aunque estas altas estructuras no limpian los gases de combustión, sí que ayudan a controlar la contaminación al liberarlos a suficiente altura para que se dispersen en el aire (porque una de las soluciones a la contaminación es la dispersión).

Hay un tipo de central térmica que no depende de la combustión. Las CENTRALES NUCLEARES dependen de la *fisión* controlada de materiales radiactivos. Este proceso ocurre en un REACTOR nuclear, que suele evidenciarse desde el exterior por el EDIFICIO DE CONTENCIÓN presurizado cuyo techo es abovedado. El edificio del reactor generalmente tiene una gruesa capa de blindaje exterior de hormigón como precaución contra desastres naturales y sabotajes. También podrás ver algún EDIFICIO DE COMBUSTIBLE, donde tiene lugar la recepción, inspección y almacenamiento del combustible nuclear. Las oficinas y la sala de control suelen estar en un EDIFICIO ADMINISTRATIVO, ubicado lejos del combustible y los equipos. En ocasiones las plantas nucleares también cuentan con una CHIMENEA que no se destina a liberar gases de combustión. En algunos reactores, el agua empleada para impulsar la TURBINA entra en contacto directo con el combustible radiactivo y se pueden crear gases (hidrógeno y oxígeno) ligeramente radiactivos. La alta y solitaria chimenea que se ve en algunas plantas nucleares permite liberar de forma segura esos gases.

El elemento más icónico de una planta nuclear es la TORRE DE REFRIGERACIÓN que emite una columna visible de humo. En realidad, estas emisiones son de vapor de agua. Casi todas las centrales térmicas tienen torres de refrigeración. Se necesita una corriente separada de agua para condensar el vapor después de su paso a través de la turbina. Sin embargo, como esa agua ha absorbido tanto calor, no se libera de inmediato al medio ambiente porque es perjudicial para la vida acuática. Por tanto, se utilizan estructuras especiales para enfriar el agua antes de verterla o reutilizarla. Esas conocidas y enormes estructuras de hormigón están abiertas en su parte inferior para aprovechar las corrientes naturales de aire en la refrigeración. Las más cortas y cuadradas emplean ventiladores. En ambos casos, es posible ver el agua rociada a lo largo de la parte inferior de la torre para favorecer la evaporación.

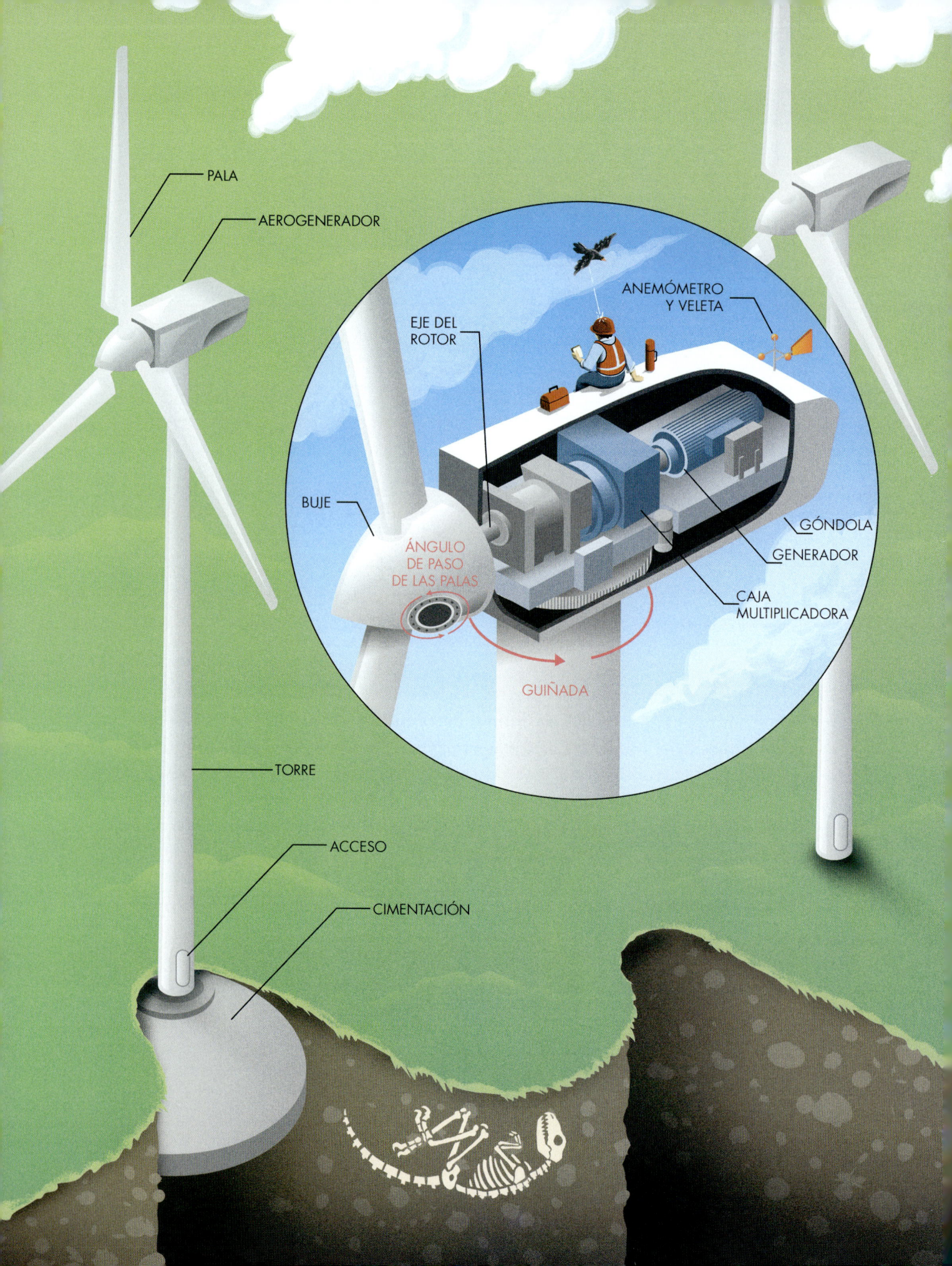

PALA

AEROGENERADOR

EJE DEL
ROTOR

ANEMÓMETRO
Y VELETA

BUJE

ÁNGULO
DE PASO
DE LAS PALAS

GÓNDOLA

GENERADOR

CAJA
MULTIPLICADORA

GUIÑADA

TORRE

ACCESO

CIMENTACIÓN

Los parques eólicos

Los *parques eólicos* están formados por múltiples aerogeneradores que capturan la energía eólica y la convierten en electricidad. En cierto modo, se puede decir que cosechan la energía solar, porque las corrientes de viento son impulsadas por el calentamiento de la atmósfera por el sol. Como es imposible elegir cuándo soplará el viento, los parques eólicos son menos fiables que las centrales térmicas. Los operadores de red de las áreas con muchas turbinas eólicas deben confiar en los pronósticos meteorológicos no solo para predecir el uso de electricidad, sino también su producción. Sin embargo, a diferencia del carbón, el gas natural y el uranio, el viento es libre y sopla tanto si tenemos aerogeneradores para capturar su energía como si no. Aprovechar este recurso es de sentido común, y los parques eólicos modernos se han convertido en una parte relativamente barata y poco contaminante de nuestra cartera de energía.

Hay una gran variedad de aerogeneradores, pero sus variantes modernas, por todo el mundo, han convergido en un estilo que resulta similar y reconocible de inmediato. Este diseño de AEROGENERADOR presenta una TURBINA de eje horizontal sobre una TORRE de acero de gran altura con tres delgadas PALAS o *aspas* compuestas, casi siempre de color blanco puro para hacerlas más visibles. De no saber de qué se trata, se podría asumir que son piezas de arte moderno que salpican el paisaje y que, en cierta forma, parecen elegantes y desgarbadas a la vez. Por lo general, estas torres tienen una CIMENTACIÓN de hormigón bajo el suelo, casi siempre son huecas y en su interior hay una escalera con una ENTRADA en la parte inferior para los trabajadores de mantenimiento. La cimentación está diseñada para evitar que la torre se derrumbe, incluso bajo las condiciones de viento más extremas.

En general, estas turbinas poseen una potencia de uno a dos megavatios cada una, pero se han instalado unidades de hasta diez. ¡Suficientes para alimentar a unos 5000 hogares con un solo aerogenerador! Desde el exterior, se aprecia el BUJE donde se unen las palas y la GÓNDOLA, la carcasa exterior que resguarda el resto del equipo de la turbina. Dentro de la góndola se encuentran el EJE DEL ROTOR, la CAJA MULTIPLICADORA, el GENERADOR y otros equipos.

Cada uno de los elementos de los aerogeneradores están destinados a capturar la mayor cantidad posible de energía del viento. Una parte importante de su eficiencia radica en la velocidad de giro de las palas. Si van demasiado lento, el viento pasará a través de los espacios entre las palas sin proporcionar ninguna potencia. Si lo hacen demasiado rápido, bloquearían el viento y se reduciría la cantidad de energía que se puede capturar. Recuerdo haber hecho un recorrido por un parque eólico cuando era niño y que intenté correr siguiendo la sombra de las aspas en el suelo. Me vi forzado a acercarme hacia la parte de la sombra más cercana al centro para poder competir con la velocidad de rotación. Resulta que son más eficientes cuando la velocidad de la punta de las palas es de cuatro a siete veces superior a la del viento. Dado que los aerogeneradores más grandes tienen palas más largas, giran más despacio para mantener la velocidad de la punta cerca de este rango ideal. A pesar de que estas palas me parecían bastante rápidas cuando era niño, los generadores eléctricos necesitarían girar mucho más rápido para operar de manera eficiente y mantenerse al día con la frecuencia de la red. Por ese motivo, la mayoría de ellos utiliza una caja multiplicadora para convertir el ritmo lento de las palas en una velocidad más adecuada para el generador.

Los aerogeneradores funcionan mejor cuando se colocan de frente al viento. Los molinos de viento más antiguos tenían las aspas vestidas con lienzos para mantener la orientación adecuada, llamada GUIÑADA. Los aerogeneradores modernos incorporan un ANEMÓMETRO y una VELETA en la góndola para medir tanto la velocidad como la dirección del viento. Si la veleta detecta algún cambio de dirección, dirige los motores para ajustar la guiñada. La mayoría de los aerogeneradores también incluyen una forma de ajustar el ÁNGULO DE PASO de cada pala. Cuando el viento es demasiado rápido para que el aerogenerador pueda funcionar de manera eficiente, las palas se colocan paralelas al viento (es decir, se inclinan de modo que solo su borde mire hacia el viento) para reducir la fuerza que ejerce este sobre el aerogenerador. Tal vez te preguntes por qué los aerogeneradores dejan de girar durante las tormentas y en los días muy ventosos. En caso de vientos extremos y emergencias, los operadores aplican un freno mecánico para detener la rotación y evitar daños al equipo.

Otro aspecto importante sobre la eficiencia de un aerogenerador es la forma estrecha de las palas. Se podría pensar que una pala más ancha permitiría conseguir más cantidad de energía eólica, pero analiza lo siguiente: si se extrajera el 100 % de la energía del viento, este no tendría velocidad para salir por detrás de las palas. En consecuencia, el aire se «acumularía» y bloquearía cualquier viento nuevo que pudiera impulsar la turbina. Para mantener el suministro de aire que precisa el aerogenerador, es necesario que el viento se mantenga en movimiento, lo que significa que no debemos capturar toda su energía. La eficiencia máxima teórica que se puede extraer (llamada *límite de Betz*) es de alrededor del 60 %. Las esbeltas palas del aerogenerador están cuidadosamente diseñadas para capturar la mayor cantidad de energía posible sin ralentizar demasiado la corriente de aire.

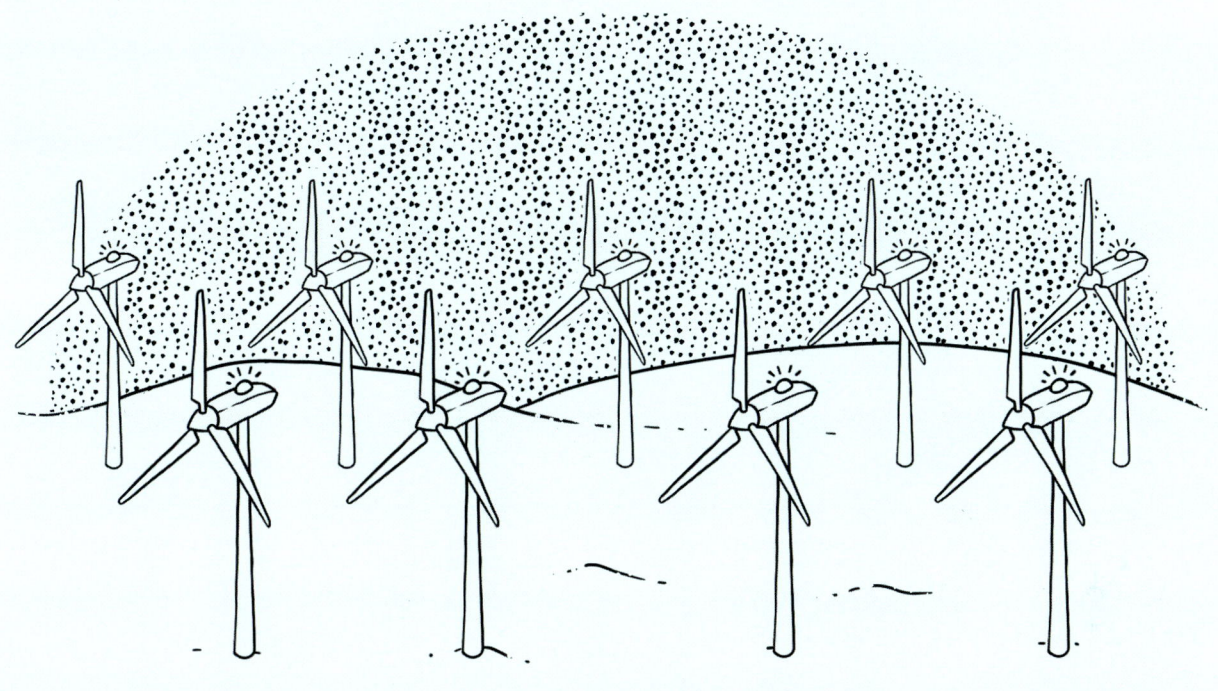

Si pasas por delante de un parque eólico por la noche (o lo sobrevuelas), verás unas luces rojas en la parte superior de las torres. Como en todas las torres y edificios altos, se trata de unas balizas de señalización de obstáculos, que sirven de aviso a las aeronaves para evitar colisiones. En la mayoría de los parques eólicos, estas balizas parpadean en perfecta sincronía para que los pilotos puedan distinguir la forma y el alcance de todo el parque eólico. Si todas las luces parpadearan al azar, sería demasiado desorientador. Mantener esta sincronicidad entre todos los aerogeneradores de un parque eólico también constituye un problema. Se podría pensar en conectar todas las luces entre sí, pero la complejidad de tal sistema sería poco fiable y demasiado cara. En cambio, todas las balizas están equipadas con un receptor GPS que recibe una señal de reloj de alta precisión de un satélite. Si cada baliza tiene su reloj sincronizado, sus destellos también lo estarán.

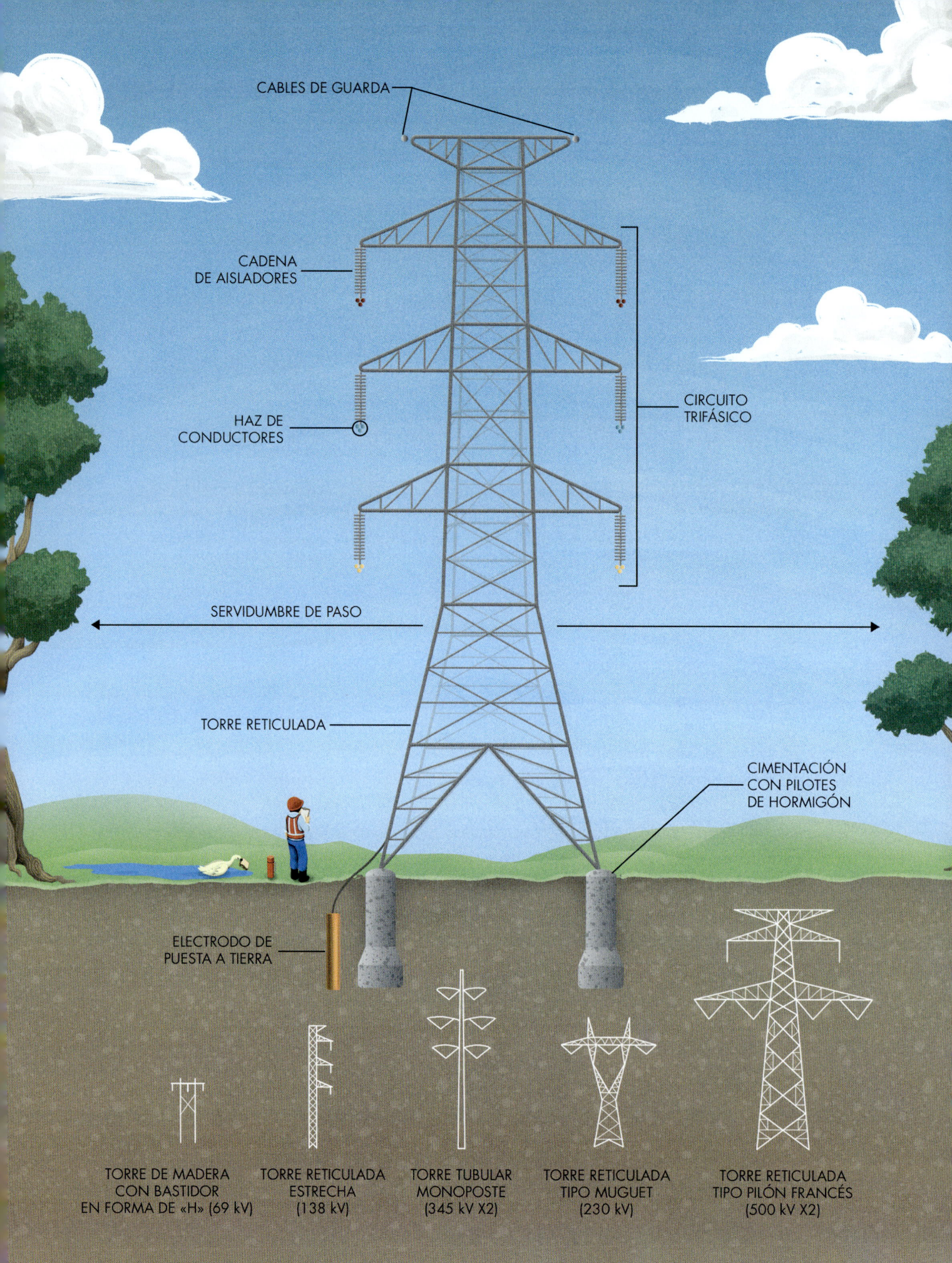

CABLES DE GUARDA

CADENA
DE AISLADORES

HAZ DE
CONDUCTORES

CIRCUITO
TRIFÁSICO

SERVIDUMBRE DE PASO

TORRE RETICULADA

CIMENTACIÓN
CON PILOTES
DE HORMIGÓN

ELECTRODO DE
PUESTA A TIERRA

TORRE DE MADERA
CON BASTIDOR
EN FORMA DE «H» (69 kV)

TORRE RETICULADA
ESTRECHA
(138 kV)

TORRE TUBULAR
MONOPOSTE
(345 kV X2)

TORRE RETICULADA
TIPO MUGUET
(230 kV)

TORRE RETICULADA
TIPO PILÓN FRANCÉS
(500 kV X2)

Las torres de transmisión

Las centrales eléctricas casi siempre están ubicadas lejos de las regiones pobladas. La tierra es más barata en las zonas rurales y a la mayoría de la gente no le gusta vivir cerca de grandes instalaciones industriales. Por tanto, tiene sentido mantener cierta distancia entre nuestras ciudades y las centrales eléctricas. Sin embargo, crear la electricidad lejos de donde se necesita ocasiona un problema de transporte. No es posible cargar la electricidad en camiones para distribuirla a los clientes. El proceso tiene lugar de un modo instantáneo y la electricidad pasa de productores a usuarios, a través de unos cables llamados líneas de transmisión. Es muy probable que ya estés muy familiarizado con este concepto si alguna vez has empleado algún alargador para conectar lámparas o dispositivos cuyos cables no llegan hasta la toma de corriente. Sin embargo, ampliar esta operación para la transmisión masiva de electricidad desde las termoeléctricas acarrea algunos problemas interesantes.

Los cables empleados para transmitir electricidad se llaman CONDUCTORES y ningún conductor es perfecto. Puedes poner electricidad en un extremo, pero nunca obtendrás el 100 % al final. Ello se debe a que todos los conductores presentan cierta *resistencia* al flujo de electricidad. Esta resistencia convierte parte de la electricidad en calor y desperdicia parte de su energía por el camino. Generar electricidad es un proceso costoso y complejo, por lo que si tenemos todos esos problemas, deberíamos garantizar que la mayor cantidad posible llegue a los clientes a los que está destinada. Por suerte, hay un truco para reducir la cantidad de energía que se desperdicia por la resistencia de las líneas de transmisión de electricidad, pero requiere una mínima comprensión sobre lo que son los circuitos eléctricos.

La electricidad que fluye por un circuito tiene dos propiedades importantes: la *tensión* (o *voltaje*) que es la diferencia de potencial eléctrico (algo equivalente a la presión de un fluido en una tubería) y la *corriente* (o *intensidad*) que es el caudal de una carga eléctrica (como el caudal de un fluido en una tubería). Estas dos propiedades están relacionadas con la cantidad total de energía que viaja a través de una línea. La cantidad de energía desperdiciada por la resistencia está relacionada con la corriente, por lo que más corriente significa más pérdida. Si se incrementa la tensión, se precisa menos corriente para entregar la misma cantidad de energía, así que eso es exactamente lo que hacemos. Los transformadores de las centrales eléctricas aumentan el voltaje antes de enviar electricidad a través de las líneas de transmisión, lo que reduce la corriente, minimiza la energía desperdiciada por la resistencia de los conductores y garantiza que la mayor cantidad de energía posible llegue a los clientes del otro extremo.

Estos altos niveles de tensión hacen mucho más eficiente el transporte de electricidad, pero crean un nuevo conjunto de desafíos. La alta tensión es extremadamente peligrosa, por lo que los conductores deben mantenerse bien alejados de la actividad humana. Como soterrar las líneas de transmisión de alta tensión es bastante costoso, suelen conducirse mediante TORRES (también llamadas *postes*), excepto en las áreas densamente pobladas.

Se deben tener en cuenta muchos factores para diseñar las líneas de transmisión de electricidad, lo que lleva a la gran variedad de formas, tamaños y materiales empleados para construir estas torres. Uno de los principales factores es la tensión de la línea. Cuanto mayor sea, mayor distancia se requerirá entre las FASES y hasta el suelo. Muchas líneas de transmisión llevan múltiples CIRCUITOS TRIFÁSICOS para ahorrar costes, por lo que se pueden ver seis o incluso nueve fases, en vez de tres. La ilustración muestra solo algunos ejemplos de las posibles formas y tamaños de torres existentes.

El ancho de la SERVIDUMBRE DE PASO también es importante. En las zonas urbanas, la tierra es más cara, por lo que el ancho disponible para ejecutar las líneas de transmisión suele ser mucho menor que para las líneas que atraviesan zonas rurales. Un predio más estrecho implica organizar los conductores en vertical y no en horizontal y, en consecuencia, incrementar la altura (y el coste) de las torres. Por último, están las consideraciones estéticas. Las torres de transmisión me parecen interesantes y hermosas. Sin embargo, para muchos, estas torres constituyen una molestia impuesta en el paisaje e incluso llegan a considerarlas como un tipo de contaminación visual. La gente suele preferir el aspecto de las estructuras MONOPOSTE en detrimento de sus equivalentes RETICULADAS o EN FORMA DE H. Y, aunque los monopostes suelen ser más caros, son los más comunes en las áreas pobladas.

Las torres de transmisión deben soportar las cargas significativas del viento y la tensión de las líneas. Por lo general, la cimentación se lleva a cabo mediante PILOTES DE HORMIGÓN perforados profundamente en el suelo. La mayoría de las torres están diseñadas como estructuras de suspensión donde los conductores cuelgan en vertical de los AISLADORES. Las *torres de suspensión* no pueden soportar mucho desequilibrio en la tensión que ejercen los conductores a cada lado. Las torres más fuertes, llamadas *torres de retención,* se colocan en lugares donde las líneas cambian de dirección, salvan grandes vanos (ríos, por ejemplo) o se requiere una retención extra para evitar el colapso en cascada que podría ocurrir si los conductores se rompieran. Es fácil diferenciar entre torres de suspensión y de retención: basta observar la orientación de los aisladores. En las torres de suspensión, la mayoría estará en posición vertical. Cualquier otra dirección significa que los conductores ejercen tensiones desequilibradas y se requiere una torre más fuerte.

Los rayos representan una vulnerabilidad importante para las líneas eléctricas aéreas. Un rayo puede enviar una oleada masiva de alto voltaje por los cables y crear *arcos eléctricos* (también llamados *descargas disruptivas*) que dañan los equipos. Las líneas aéreas suelen incluir al menos una línea no energizada que corre a lo largo de la parte superior de las torres denominadas CABLES DE GUARDA y están destinadas a capturar los rayos para que los conductores principales no se vean afectados. Las corrientes parásitas se enrutan a tierra en cada torre de un modo inofensivo. Si observas con detenimiento la parte inferior de las torres, verás unos conductores de cobre conectados a unos ELECTRODOS DE PUESTA A TIERRA independientes o al refuerzo de acero de los pilotes de hormigón de la cimentación. En ocasiones, los proveedores incluyen un cable de fibra óptica en el núcleo del cable de guarda de su red de comunicaciones.

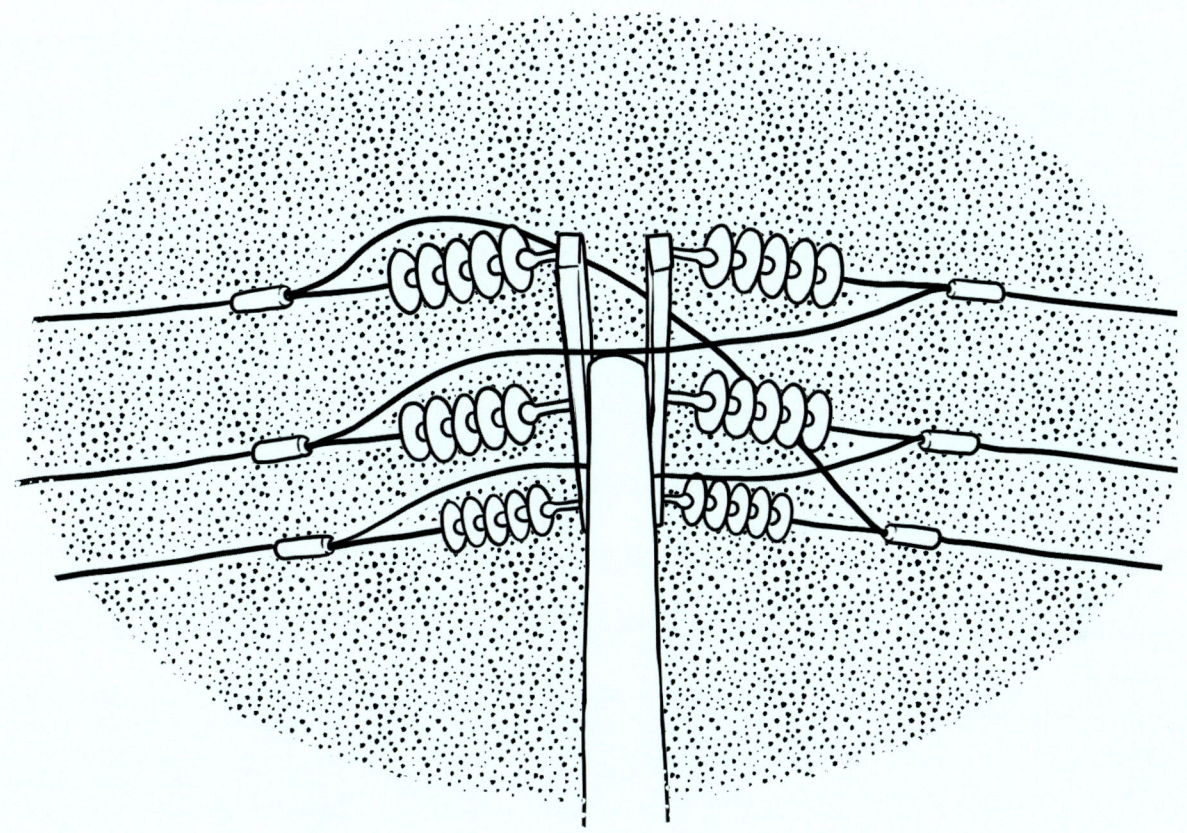

Los campos magnéticos creados entre las líneas de alta tensión y su entorno pueden distorsionar la corriente que fluye por conductores paralelos. La disposición de las fases entre sí y en relación con el suelo implica que el flujo de electricidad de cada conductor se deforma de un modo ligeramente diferente. Para equilibrar la distorsión entre las tres fases, las líneas de transmisión de gran longitud deben «intercambiar» sus posiciones a intervalos regulares a lo largo del camino. Intenta encontrar unas torres especiales llamadas *torres de transposición* que permiten intercambiar la ubicación de las fases de los conductores.

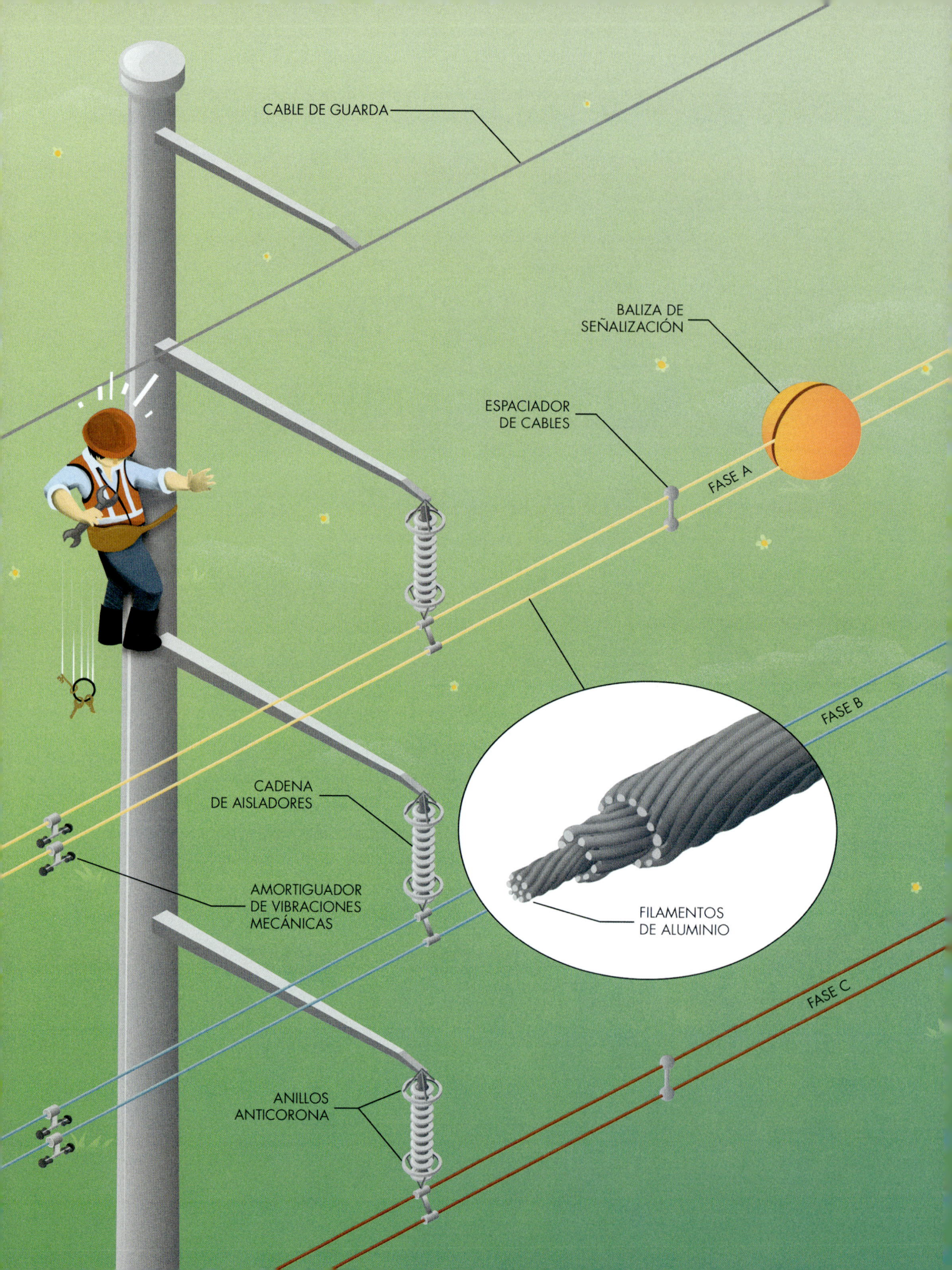

CABLE DE GUARDA

BALIZA DE
SEÑALIZACIÓN

ESPACIADOR
DE CABLES

FASE A

FASE B

CADENA
DE AISLADORES

FILAMENTOS
DE ALUMINIO

AMORTIGUADOR
DE VIBRACIONES
MECÁNICAS

FASE C

ANILLOS
ANTICORONA

Los componentes de las líneas de transmisión

A diferencia de un alargador doméstico, las líneas de transmisión son algo más que un grupo de cables. Su escala colosal y las altas tensiones que conducen representan muchos desafíos. La necesidad de hacer que las líneas de transmisión sean eficientes, rentables y seguras (tanto para los trabajadores que les dan mantenimiento como para el público) han dado lugar a una gran variedad de equipos y componentes.

Por supuesto, los componentes más importantes son las propias líneas. La mayoría de los conductores están formados por muchos FILAMENTOS individuales de aluminio. El aluminio es una gran opción porque es ligero, no se corroe con facilidad y opone poca resistencia a la corriente eléctrica. Pero, si alguna vez has aplastado una lata de refresco, sabrás que el aluminio no es particularmente resistente, sobre todo comparado con otros materiales. Los cables de transmisión no solo deben transportar la electricidad, sino también salvar las grandes distancias que separan las torres y soportar las fuerzas del viento y las condiciones climáticas. Además, se calientan por transportar una gran cantidad de corriente eléctrica. Este calor hace que las líneas se expandan. Si se deforman demasiado, los conductores pueden entrar en contacto con las ramas de los árboles y con otros obstáculos y cortocircuitarse o incluso iniciar un incendio. Por estas razones, los cables de aluminio suelen reforzarse con acero o fibras de carbono que les proporcionan mayor resistencia.

Otra diferencia con los cables domésticos es que los conductores de las líneas de alta tensión están desnudos. No tienen cubierta exterior de aislamiento. La cantidad de caucho o plástico que se requeriría para evitar arcos eléctricos añadiría demasiado peso y coste. En cambio, la mayor parte del aislamiento de líneas de alta tensión proviene del aire, basta dejar el espacio suficiente entre las líneas energizadas y cualquier cosa que pueda servirles para llegar a tierra; así que, posiblemente, ese sea el mayor desafío. Los conductores no pueden flotar en el aire sin apoyo, pero todo lo que tocan se energiza peligrosamente. Si estuvieran conectados directamente a las torres, representarían un grave peligro para cualquier persona o cosa que estuviera en el suelo (sin mencionar los cortocircuitos entre fases). Por tanto, los conductores se conectan a las torres a través de largas CADENAS DE AISLADORES.

El diseño y la construcción de estos aisladores son esenciales porque constituyen la única conexión entre los conductores y las torres. Tradicionalmente, los aisladores han sido una cadena de discos de cerámica (vidrio o porcelana). Los discos alargan la distancia de fuga de electricidad; y si el aislador se moja o se ensucia, se reduce la cantidad de energía que puede escapar. Su tamaño también es bastante estándar, por lo que contarlos proporciona una forma fácil de calcular de manera aproximada el voltaje de la línea, solo hay que multiplicar el número de discos por 15 kilovoltios (kV). Los aisladores no cerámicos son cada vez más populares, incluidos los fabricados con goma de silicona y polímeros reforzados. Por desgracia, la regla general de 15 kV por disco no se aplica a los novedosos aisladores no cerámicos, así que tendrás que usar otras pistas para calcular el voltaje de las líneas.

La alta tensión de las líneas de transmisión crea algunos fenómenos interesantes. Por un lado, la corriente alterna crea un *efecto pelicular* que provoca que la mayor parte de la corriente viaje alrededor de la superficie del conductor, en vez de hacerlo de modo uniforme a través del área completa de su sección transversal. Eso significa que aumentar el diámetro de un conductor no siempre lleva al incremento correspondiente de su capacidad para transportar electricidad. Por otro lado, la energía de las líneas se puede perder por la *descarga de corona*, un efecto creado por la ionización del aire que rodea los conductores. Si escuchas con atención, tal vez logres oír la descarga de corona en forma de un sonido chisporroteante, sobre todo en las mañanas con mucho rocío, durante los días tormentosos o a grandes altitudes donde la presión atmosférica es baja.

Debido a estos dos fenómenos, en cada una de las fases de un circuito de transmisión de alta tensión a veces se utilizan conductores en *haz*, es decir, varios conductores más pequeños por fase separados por ESPACIADORES, en vez de uno solo de mayor diámetro. Los conductores de diámetro pequeño son más eficientes en la transmisión de corriente alterna, debido a que proporcionan mayor superficie (por donde prefiere viajar la electricidad) y a que el gran diámetro total del haz reduce la descarga de corona. Una forma de estimar la tensión de una línea de transmisión es contar el número de conductores agrupados por fase. Las líneas por debajo de 220 kV suelen usar solo uno o dos conductores, mientras que las de voltaje superior a 500 kV a menudo tienen tres o más. La descarga de corona es más frecuente en los bordes y esquinas de las superficies metálicas, como las conexiones de las cadenas de aisladores. En líneas de transmisión con voltajes muy altos y en las regiones donde llueve mucho, es posible ver ANILLOS ANTICORONA en las cadenas de aisladores. Estos anillos distribuyen el campo eléctrico sobre un área más grande y así eliminan esquinas y bordes afilados para reducir aún más la descarga de corona.

El viento también afecta a los conductores y crea oscilaciones que producen daños y averías. Con el tiempo, esta vibración puede fatigar el material conductor o causar abrasión en las conexiones y, en consecuencia, se reduce su vida útil. Reemplazar los conductores es un trabajo costoso y abrumador, por lo que las empresas de servicios públicos quieren que duren el mayor tiempo posible. Con frecuencia, se instalan AMORTIGUADORES de vibración para absorber la energía eólica y reducir los daños a largo plazo. Los amortiguadores en espiral se emplean en los conductores más pequeños y los más grandes utilizan amortiguadores de suspensión, también llamados *amortiguadores Stockbridge*. Sin embargo, no todos los efectos del viento son desagradables. Además, enfrían los cables, lo que es beneficioso. Los conductores se refuerzan en las zonas de unión con los aisladores para proporcionar resistencia adicional a estos puntos críticos.

Por último, no todas las actividades humanas tienen lugar debajo de estas líneas tan peligrosas. A veces se colocan unas bolas llamadas BALIZAS ESFÉRICAS en las líneas para hacerlas más visibles a quienes operan equipos altos o trabajan en el aire. Se observan con mayor frecuencia cerca de los aeropuertos y sobre vías fluviales.

Por encima de determinadas tensiones y distancias, resulta económico usar corriente continua en vez de corriente alterna en las líneas de transmisión eléctrica. Aunque el equipo para convertir la CA en CC (y viceversa) es bastante caro, la *corriente continua de alta tensión* (HVDC, del inglés *High Voltage Direct Current*) tiene muchas ventajas sobre la CA. La alimentación de CA debe «cargar» la línea cada vez que la corriente cambia de dirección, lo que requiere mucha energía adicional. Las líneas de HVDC no se ven afectadas por este efecto (llamado *capacitancia*) y, por tanto, son más eficientes. Estas líneas también sirven de conexión entre redes eléctricas independientes donde las corrientes alternas no siempre están sincronizadas. Las líneas de HVDC emplean tensiones increíbles (de hasta 1100 kV), pero aún son relativamente raras, sobre todo, en América del Norte. Se reconocen con facilidad porque solo emplean dos conductores, uno positivo y otro negativo (como las baterías), en vez de las tres fases de las líneas de CA.

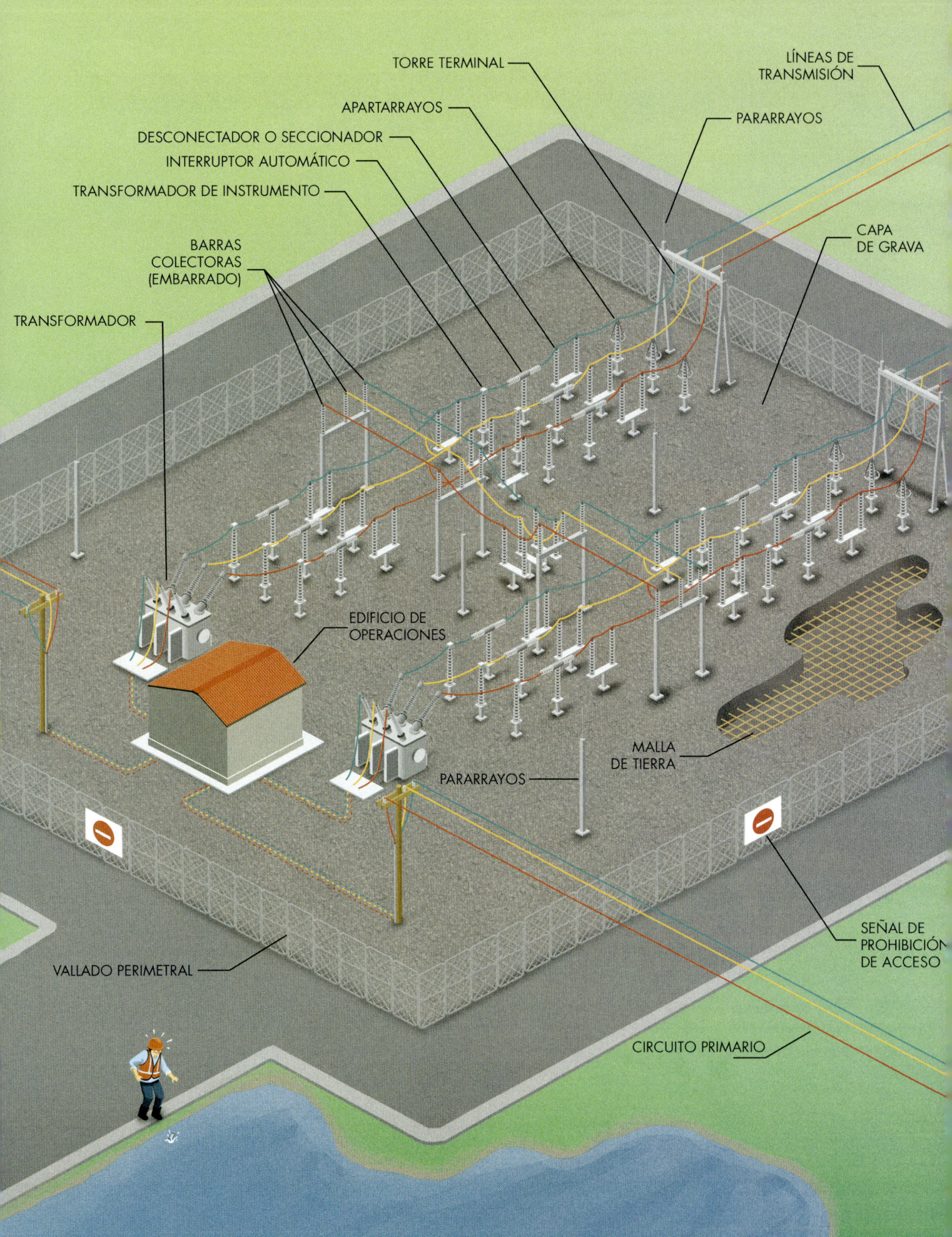

TORRE TERMINAL

LÍNEAS DE TRANSMISIÓN

APARTARRAYOS

PARARRAYOS

DESCONECTADOR O SECCIONADOR

INTERRUPTOR AUTOMÁTICO

TRANSFORMADOR DE INSTRUMENTO

CAPA DE GRAVA

BARRAS COLECTORAS (EMBARRADO)

TRANSFORMADOR

EDIFICIO DE OPERACIONES

MALLA DE TIERRA

PARARRAYOS

VALLADO PERIMETRAL

SEÑAL DE PROHIBICIÓN DE ACCESO

CIRCUITO PRIMARIO

Las subestaciones

Si consideramos la red eléctrica como una máquina gigantesca, las subestaciones serían los enlaces que conectan los diversos componentes entre sí. Aunque en sus inicios se denominaban así las plantas de energía más pequeñas, *subestación* se ha convertido en un término general para designar cualquier instalación que cumpla alguna de las muchas funciones críticas de la red eléctrica. Estas incluyen monitorear el rendimiento de la red para garantizar que todo vaya bien, cambiar entre diferentes niveles de tensión y proporcionar protección contra averías. Las subestaciones más vistas alrededor de las ciudades son las transformadoras *reductoras* que convierten la alta tensión que llega de las redes de transmisión en una tensión más segura para su distribución en las áreas pobladas.

A primera vista (y a veces incluso tras una larga observación), las subestaciones parecen un conjunto muy complejo de cables y equipos. Cuando era niño, pensaba que eran parques infantiles (para deleite y horror de mis padres). A los legos en el tema les resultará desafiante desenredar mentalmente estos laberintos de la ingeniería eléctrica moderna, sobre todo porque las estructuras de soporte se parecen mucho a los conductores. La forma más sencilla de identificar las líneas y los equipos energizados es buscar las partes que incluyen aisladores. Tarde o temprano, podrás seguir el camino de la corriente. En la ilustración están resaltadas las tres fases de los conductores para facilitar la comprensión de su recorrido (en la sección siguiente se describen con más detalle los elementos específicos de las subestaciones y sus funciones).

Con frecuencia, las subestaciones sirven como puntos terminales de las LÍNEAS DE TRANSMISIÓN. Las líneas de alta tensión ingresan a la subestación a través de una estructura de soporte llamada TORRE TERMINAL, que proporciona soporte y espaciamiento a los conductores. Estos son los únicos lugares donde las líneas de muy alta tensión bajan al nivel del suelo desde su altura de seguridad, por lo que se requiere extremar las precauciones.

Las BARRAS COLECTORAS (o EMBARRADO) —un conjunto de tres conductores paralelos (uno para cada fase)— constituyen el corazón así como la conexión primaria entre los diversos dispositivos y equipos de las subestaciones. En general, se trata de unos tubos aéreos rígidos que recorren toda la subestación. La fiabilidad general de la subestación depende de la disposición de las barras colectoras porque los diversos esquemas ofrecen redundancias diferentes. Para que, en caso de avería o mantenimiento programado, las empresas de servicios públicos no precisen cerrar toda la instalación, el embarrado está diseñado para redirigir la energía y sortear los equipos que están fuera de servicio.

Las subestaciones tienen un lado de alta tensión y otro de baja, separados por TRANSFORMADORES (que veremos en la sección siguiente). En las instalaciones reductoras, la energía sale de la subestación por los ALIMENTADORES. Cada alimentador dispone de su propio interruptor de circuito, lo que permite aislar de la red grupos pequeños de clientes en caso de avería. Muchos alimentadores abandonan la subestación por vía subterránea y resurgen en algún poste cercano a los puntos de distribución.

La mayoría de los equipos de las subestaciones se hallan a la intemperie. Sin embargo, ciertos componentes, como los relés, el equipo operativo y algunos INTERRUPTORES AUTOMÁTICOS (o DISYUNTORES), son más vulnerables al clima y a los cambios de temperatura. Con frecuencia, estos equipos más sensibles se encuentran en el interior del EDIFICIO DE OPERACIONES de la subestación. Tal como sucede con las líneas de transmisión, los rayos representan una grave amenaza para las subestaciones. Para proteger el costoso equipo de las sobretensiones, se instalan PARARRAYOS a una altura predominante, tanto en postes independientes como sobre las torres eléctricas, para capturar los rayos y desviarlos directamente al suelo. Los APARTARRAYOS también permiten lidiar con los efectos dañinos de los rayos. Estos dispositivos están conectados a las líneas energizadas, pero no suelen conducir ninguna corriente. Los apartarrayos se convierten instantáneamente en conductores solo cuando detectan un gran aumento en el voltaje, desviando de manera segura el exceso de electricidad a tierra.

Muchas de las características visibles desde el exterior están relacionadas con la seguridad de los trabajadores que operan y dan mantenimiento a los equipos. Uno de los factores esenciales para proteger tanto al equipo como a los trabajadores es garantizar que la electricidad tenga a dónde ir. Todas las subestaciones cuentan con una MALLA DE TIERRA, una red de cables de cobre interconectados enterrados bajo la superficie. En caso de avería o cortocircuito, la subestación debe ser capaz de derivar a tierra gran cantidad de corriente a través de esta malla para disparar los interruptores de circuito lo más rápido posible. Esta malla de tierra también garantiza que exista la misma tensión en toda la subestación y sus equipos, es decir, que sea una superficie *equipotencial*. La electricidad fluye solo entre puntos con diferente potencial, por lo que mantener todo al mismo nivel garantiza que tocar cualquier equipo no cree ningún flujo de electricidad a través de ninguna persona. Las carcasas y las estructuras de soporte de los equipos están conectadas a través de la malla de tierra.

También se aprecia que el suelo de la mayoría de las subestaciones está cubierto por una capa de GRAVA. ¡Y no porque a los trabajadores no les guste cortar el césped! La grava no retiene la humedad, por tanto, proporciona una capa de aislamiento sobre el suelo y evita la formación de charcos cuando llueve.

Es de sentido común mantenerse alejado de las instalaciones de alta tensión, pero, aunque parezca una locura, las subestaciones son blanco habitual de los ladrones de cables de cobre. Por ello, suelen tener un VALLADO PERIMETRAL con SEÑALES DE ADVERTENCIA para garantizar que cualquier ciudadano sepa que no debe acercarse. Si observas con atención, te darás cuenta de que incluso el vallado está conectado a la malla de tierra mediante cables, para que el equipotencial se extienda no solo a los trabajadores ubicados dentro del vallado perimetral, sino también a cualquier persona que esté en el exterior.

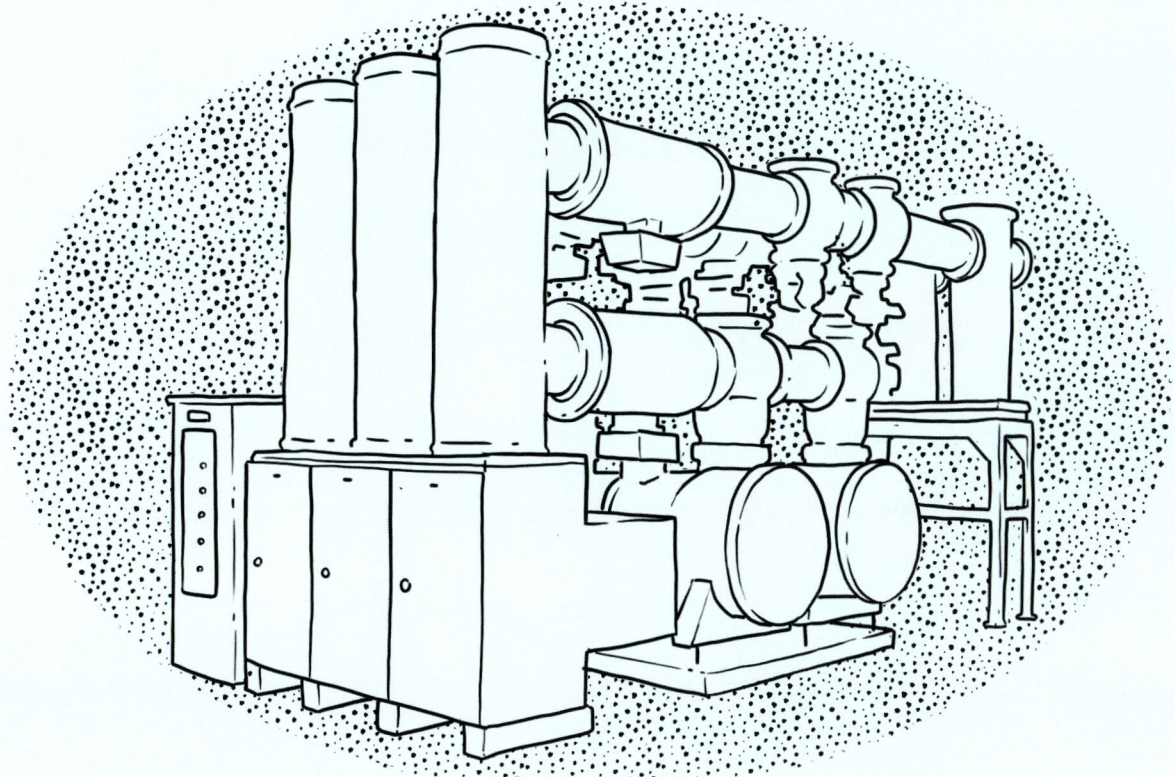

La mayoría de los equipos de las subestaciones que se encuentran a la intemperie se consideran *aparamenta aislada en aire* porque utiliza el aire del entorno y la separación entre elementos para evitar que se creen arcos eléctricos entre componentes energizados. También existe *aparamenta aislada en gas*, que implica que los equipos se encapsulen en recintos metálicos llenos de un gas denso llamado *hexafluoruro de azufre*, que permite la instalación de componentes de alto voltaje en lugares donde el espacio es limitado. Tendrás mucha suerte si consigues ver una subestación con aparamenta aislada en gas porque son mucho más caras y, por tanto, más escasas. Por otra parte, también es más probable que la aparamenta aislada en gas esté protegida en el interior de algún edificio y no expuesta a la intemperie. Sabrás si has visto alguna por los característicos grupos compactos de tubos metálicos, muchas bridas atornilladas y muchos componentes en grupos de tres para manejar las fases.

TRANSFORMADOR

PASATAPAS
DE BAJA TENSIÓN

PASATAPAS
DE ALTA TENSIÓN

DEPÓSITO DE
EXPANSIÓN

RADIADOR

NÚCLEO

BOBINAS

TRANSFORMADORES DE INSTRUMEN

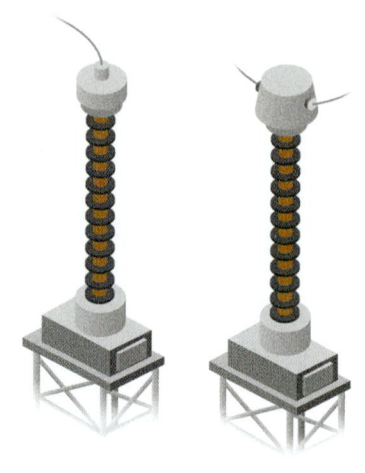

TRANSFORMADOR
DE POTENCIAL

TRANSFORMADOR
DE CORRIENTE

SECCIONADORES

SECCIONADOR
TIPO BASCULANTE

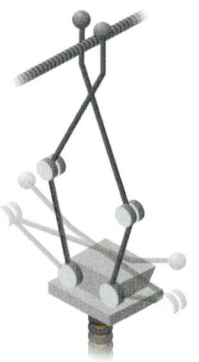

SECCIONADOR
TIPO PANTÓGRAFO

INTERRUPTORES AUTOMÁTICOS

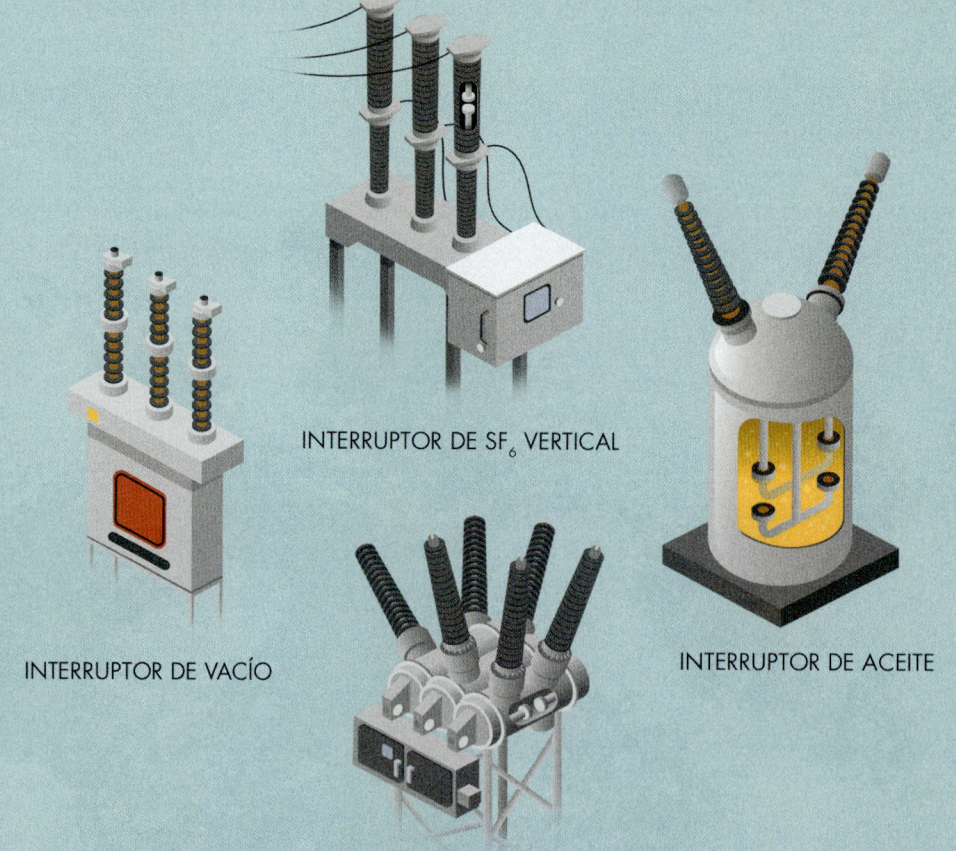

INTERRUPTOR DE SF$_6$ VERTICAL

INTERRUPTOR DE VACÍO

INTERRUPTOR DE ACEITE

INTERRUPTOR DE SF$_6$ HORIZONTAL

El equipamiento de las subestaciones

Comprender el diseño y el flujo de la corriente en una subestación es solo la mitad de la historia. Las subestaciones se componen de muchos equipos diferentes, cada uno de los cuales tiene un papel importante. La satisfacción de descubrir subestaciones es mayor si somos capaces de identificar esos equipos y comprender cómo funcionan.

Uno de los trabajos más importantes de las subestaciones suele ser aumentar o disminuir el voltaje, es decir, convertir esa alta tensión tan eficiente (y tan peligrosa) de las líneas de transmisión, en media y baja tensión (más fácil de aislar, aunque todavía bastante peligrosa) para las líneas de distribución de las áreas urbanas. Esta conversión se realiza mediante un TRANSFORMADOR: un dispositivo que, gracias a la corriente alterna de la red, funciona sin partes móviles mediante el *electromagnetismo*. Un transformador está formado por dos BOBINAS de alambre adyacentes. La corriente alterna de la electricidad de entrada genera campos magnéticos enfocados y dirigidos por un NÚCLEO LAMINADO que consiste en muchas láminas delgadas de metal. Estos campos magnéticos se acoplan a la bobina adyacente e inducen otra tensión en los cables de salida. La tensión que sale del transformador es proporcional al número de vueltas (espiras) de cada bobina. Los transformadores suelen ser los equipos más grandes y caros de las subestaciones, por lo que resulta muy fácil identificarlos.

Los aisladores que guían a los conductores dentro y fuera del transformador se llaman PASATAPAS. Soportan las líneas energizadas que pasan a través de la carcasa metálica hacia el transformador, protegiéndolas contra cortocircuitos. Es fácil saber cuáles son las líneas de mayor o menor tensión por la diferencia de tamaño. Cuanto mayor sea la tensión, mayor será el pasatapas para mantener la distancia precisa y evitar que se produzca un arco eléctrico.

Aunque los transformadores a esta escala son muy eficientes, no son ideales, pierden parte de su energía a causa del ruido y el calor. Si te acercas lo suficiente, escucharás el zumbido grave que se produce porque los campos magnéticos en constante cambio causan vibraciones en los componentes del interior del transformador. Además, se genera calor debido a la resistencia que oponen las bobinas de cobre al paso de la corriente y puede incluso llegar a dañar el transformador. Los transformadores suelen rellenarse con aceite para refrigerarlos. Los RADIADORES son ventiladores y disipadores de calor que se ven en la carcasa metálica exterior del transformador y sirven para disipar el calor y mantener frescos el aceite y otros componentes. También suelen incluir un DEPÓSITO DE EXPANSIÓN en la parte superior para contener el aceite y permitir que se expanda y se contraiga.

Casi todas las líneas y equipos de una subestación deben aislarse totalmente del resto del sistema energizado durante el mantenimiento o las reparaciones. Por ese motivo, casi siempre se instalan SECCIONADORES o DESCONECTADORES a ambos lados de cada equipo. Los seccionadores no sirven para interrumpir grandes corrientes a través del sistema y se usan estrictamente para aislar equipos y proteger a los trabajadores. Los seccionadores más comunes suelen ser de tipo BASCULANTE, están accionados de forma mecánica, consisten en una cuchilla con una bisagra y un contacto estacionario, ambos montados sobre aisladores. Los seccionadores de tipo PANTÓGRAFO suben y bajan con un movimiento de tijera para conectarse a las barras colectoras.

En ocasiones, es necesario interrumpir el flujo de electricidad en alguna parte de la red eléctrica. La mayoría de las veces, la interrupción es necesaria debido a una avería, que puede causar daños significativos a equipos costosos y vitales. Los INTERRUPTORES AUTOMÁTICOS o DISYUNTORES proporcionan los medios precisos para detener el flujo de electricidad y posibilitan aislar las averías del resto del sistema. No solo protegen a los demás equipos de la red, sino que también facilitan la detección de fallas y su pronta reparación. Sin embargo, interrumpir la corriente en líneas energizadas no es tan simple como parece. Casi cualquier cosa es capaz de conducir electricidad si la tensión es lo suficientemente alta; y eso incluye también al aire. Aun cuando se interrumpa una línea para desconectarla, la electricidad puede continuar fluyendo a través del aire, fenómeno conocido como arco eléctrico. Los arcos han de suprimirse lo más rápido posible para evitar daños en el interruptor y condiciones inseguras para los trabajadores, lo que significa que todos los disyuntores para equipos de alto voltaje deben incluir algún tipo de supresión de arco. En las tensiones más bajas, los disyuntores están ubicados en contenedores sellados al VACÍO para evitar que el aire conduzca la electricidad entre los contactos. Para tensiones más altas, los interruptores suelen

estar sumergidos en depósitos de ACEITE no conductor o de un gas denso llamado HEXAFLUORURO DE AZUFRE (SF_6). Otra opción es usar una ráfaga masiva de aire para soplar el arco. Todos los interruptores están conectados a unos dispositivos llamados relés, que se activan automáticamente durante las averías. También se pueden operar en modo manual para sacar un circuito de servicio si se precisa por motivos de mantenimiento o para deslastrar la carga durante períodos de demanda eléctrica extrema. Como muchas averías son temporales (por ejemplo, las causadas por rayos), algunos interruptores, llamados reconectadores, reactivan de forma automática el circuito cuando la avería se ha subsanado.

Los relés controlan la tensión, la corriente, la frecuencia y otros parámetros en la red para identificar problemas y activar los interruptores. Sin embargo, no es posible alimentar directamente equipos sensibles con alta tensión. Para ello, existen unos transformadores especiales llamados TRANSFORMADORES DE INSTRUMENTO, que convierten las altas tensiones y corrientes de los conductores a niveles más pequeños y seguros que se pueden enviar a los relés. Los transformadores de instrumento son los ojos de la red eléctrica y monitorean las condiciones para asegurarse de que todo funcione correctamente. Aunque parecen similares, hay una manera fácil de distinguirlos: la bobina primaria de los TRANSFORMADORES DE POTENCIAL (TP) casi siempre está conectada entre una fase y la tierra, por lo que solo verás un terminal de alta tensión. La bobina primaria de un TRANSFORMADOR DE CORRIENTE (TC) está conectada en línea (es decir, en serie) con el conductor, por lo que verás dos terminales de alta tensión.

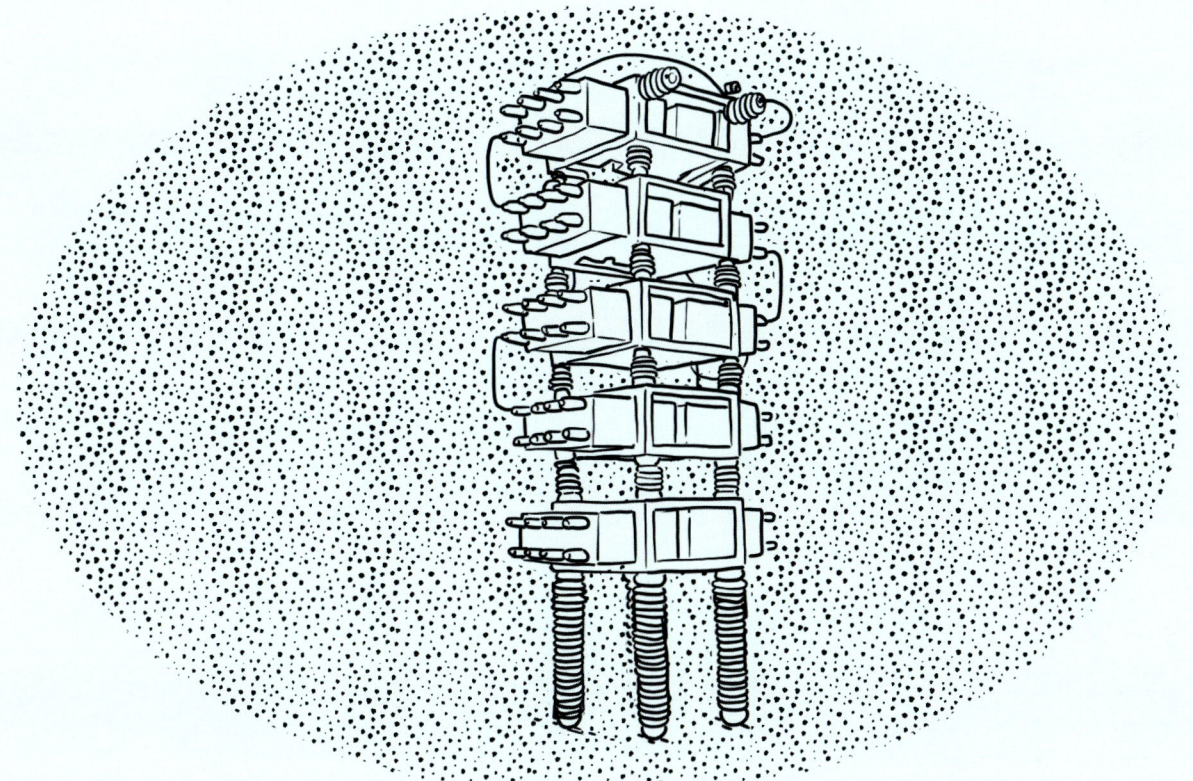

Uno de los grandes problemas de la CA es que la tensión y la corriente dejen de estar sincronizadas. Ciertos tipos de cargas eléctricas son reactivas, lo que significa que almacenan momentáneamente la energía antes de devolverla a la red. Esto hace que la corriente se retrase o se adelante a la tensión, reduciendo su capacidad y la eficiencia de todos los conductores y equipos que alimentan la red porque hay que suministrar más electricidad de la que realmente se utiliza. La medida de esta reducción se denomina *factor de potencia*. Algunas subestaciones incluyen bancos de condensadores para volver a sincronizar la corriente y el voltaje, y así mejorar el factor de potencia de las líneas. Los condensadores absorben parte o la totalidad del desfase entre la tensión y la corriente, lo que permite un uso más eficiente de conductores, transformadores y otros equipos, y ayuda a estabilizar la tensión de la red. Son como pequeñas cajas montadas sobre bastidores de acero.

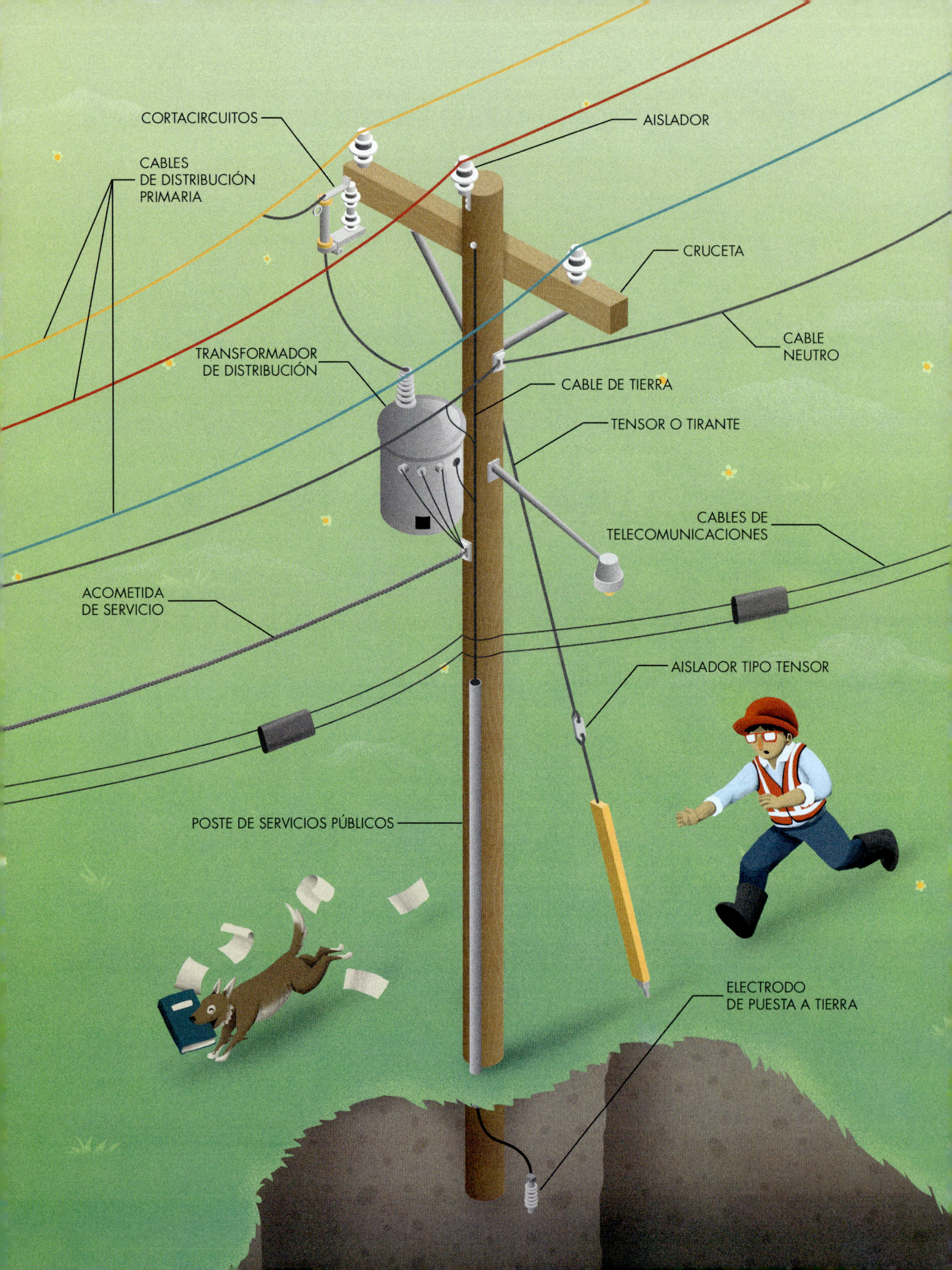

CORTACIRCUITOS

CABLES DE DISTRIBUCIÓN PRIMARIA

AISLADOR

CRUCETA

CABLE NEUTRO

TRANSFORMADOR DE DISTRIBUCIÓN

CABLE DE TIERRA

TENSOR O TIRANTE

CABLES DE TELECOMUNICACIONES

ACOMETIDA DE SERVICIO

AISLADOR TIPO TENSOR

POSTE DE SERVICIOS PÚBLICOS

ELECTRODO DE PUESTA A TIERRA

El poste de servicios públicos

No hay casi nada más omnipresente en el mundo de la construcción que un POSTE DE SERVICIOS PÚBLICOS o (*poste eléctrico*), elemento que desempeña un papel importante en la distribución de electricidad. La *distribución* describe la parte de la red eléctrica que lleva electricidad a los consumidores individuales. Si las líneas de transmisión son las autovías de la electricidad, las de distribución son las calles residenciales. Por lo general, comienzan en una subestación donde las líneas eléctricas individuales (llamadas alimentadores) se despliegan en forma de abanico para conectarse a los clientes residenciales, comerciales e industriales. De alguna manera, la distribución es casi idéntica a la transmisión de alta tensión. Después de todo, los cables son solo cables. Pero en otros aspectos, es sorprendentemente diferente. La diferencia más obvia radica en que la tensión se reduce a niveles más fáciles de aislar, por lo que también disminuye la altura de postes y conductores.

En la mayor parte de América del Norte, la madera es un recurso relativamente abundante, por lo que los postes de servicios públicos suelen están hechos de este material. Para tratar la madera y ralentizar su deterioro por la acción del clima y los insectos, se emplean *conservantes*. Los estándares varían en función de las distintas regiones, pero los postes de altura normal suelen estar enterrados de dos a tres metros en la tierra. La mayoría tienen su propio CABLE DE TIERRA que recorre toda la longitud del poste y se conecta a un ELECTRODO (o pica) enterrado en el suelo. Este cable proporciona un recorrido seguro para cualquier corriente parásita y evita que

viaje a través del propio poste, lo que podría provocar incendios y choques eléctricos.

Los postes ubicados en línea recta solo soportan el peso vertical de los cables en la parte superior. Sin embargo, los terminales y los ubicados en las esquinas, deben soportar fuerzas desequilibrantes hacia uno de sus lados. Aunque esta tensión no sea sustancial, la longitud del poste actúa como palanca: magnifica la fuerza en el suelo y, en consecuencia, podría derribarlo. Cuando las fuerzas horizontales en un poste no están equilibradas, se emplean TENSORES o TIRANTES para proporcionarle un apoyo adicional. Todos los tensores están equipados con AISLADORES para garantizar que, en caso de accidente, los voltajes peligrosos no lleguen a la sección inferior del cable.

Los CONDUCTORES DE DISTRIBUCIÓN PRIMARIA (o *cables*) que se ven en la parte superior de los postes suelen ser de media tensión, entre 4 y 25 kV. Las líneas energizadas son fáciles de identificar porque están sujetas con AISLADORES. A pesar de que esta tensión es mucho más baja que la de las líneas de transmisión, sigue siendo demasiado peligrosa para su uso en hogares y negocios. Los TRANSFORMADORES DE DISTRIBUCIÓN (que veremos en la sección siguiente) reducen la tensión a su nivel final (también conocida como *tensión secundaria* o *de red*) para su uso por clientes regulares. Las ACOMETIDAS que conectan los clientes a la red se hallan debajo de los cables primarios. Para garantizar la seguridad de los trabajadores, las líneas energizadas están siempre en la parte superior de los postes con espacio suficiente para que se pueda trabajar entre ellas y las LÍNEAS DE TELECOMUNICACIONES (teléfono, fibra óptica y televisión por cable). Consulta el capítulo 2 para obtener más información sobre la infraestructura de telecomunicaciones, que casi siempre discurre en paralelo a las líneas de distribución en los postes de servicios públicos.

Una diferencia importante con respecto a las líneas de transmisión es que el número de conductores en la red de distribución pasa de tres a cuatro debido a la forma de distribuir la demanda eléctrica entre las tres fases de la red. Para que pueda circular la corriente, los circuitos eléctricos deben estar cerrados, por lo que se requieren dos conductores: uno para suministrar la corriente y otro para devolverla a la fuente. En las líneas de transmisión de alta tensión, el uso de electricidad entre cada una de las tres fases está perfectamente equilibrado y se elimina la necesidad de una ruta de retorno. Cada par de fases sirve como fuente y ruta de retorno al mismo tiempo. Sin embargo, en el lado de la distribución, no siempre es tan simple. Muchos consumidores de electricidad (incluyendo la mayoría de los hogares residenciales) hacen uso de una sola fase. De hecho, en la red de distribución, las tres fases a menudo se dividen entre sí para dar servicio a diferentes áreas. Mira a tu alrededor en vecindarios residenciales y verás muchos postes sin CRUCETA, con un solo conductor primario. Los operadores de red intentan organizar las líneas de distribución para asegurarse de que las cargas de todas las fases sean similares, aunque no estén perfectamente sincronizadas. Estos desequilibrios entre fases requieren un cable NEUTRO que actúe como una ruta de retorno de la corriente parásita.

Gran parte de la complejidad de las redes eléctricas se debe a lo que hay que hacer para protegerla cuando las cosas van mal. Se denomina red por una razón. Es un sistema interconectado, lo que significa que, si no tenemos cuidado, los pequeños problemas pueden extenderse y afectar áreas mucho mayores. Los ingenieros establecen zonas de protección alrededor de cada elemento principal de la red eléctrica con fusibles e interruptores automáticos para aislar las averías y facilitar su detección y reparación. Estos dispositivos crean algo conocido como «cortes controlados» (al igual que los interruptores domésticos), en los que se protege el resto del sistema a costa de la pérdida de algunos servicios. El objetivo radica en que aislar determinados elementos cuando las cosas van mal acelera el proceso y reduce el coste de las reparaciones para que los clientes vuelvan a estar en red. Es fácil sentirse frustrado por los inconvenientes causados por los cortes de energía, pero deberíamos estar agradecidos porque eso suele significar que las cosas funcionan según lo planificado para proteger la red en su conjunto y garantizar una reparación rápida y rentable de la avería.

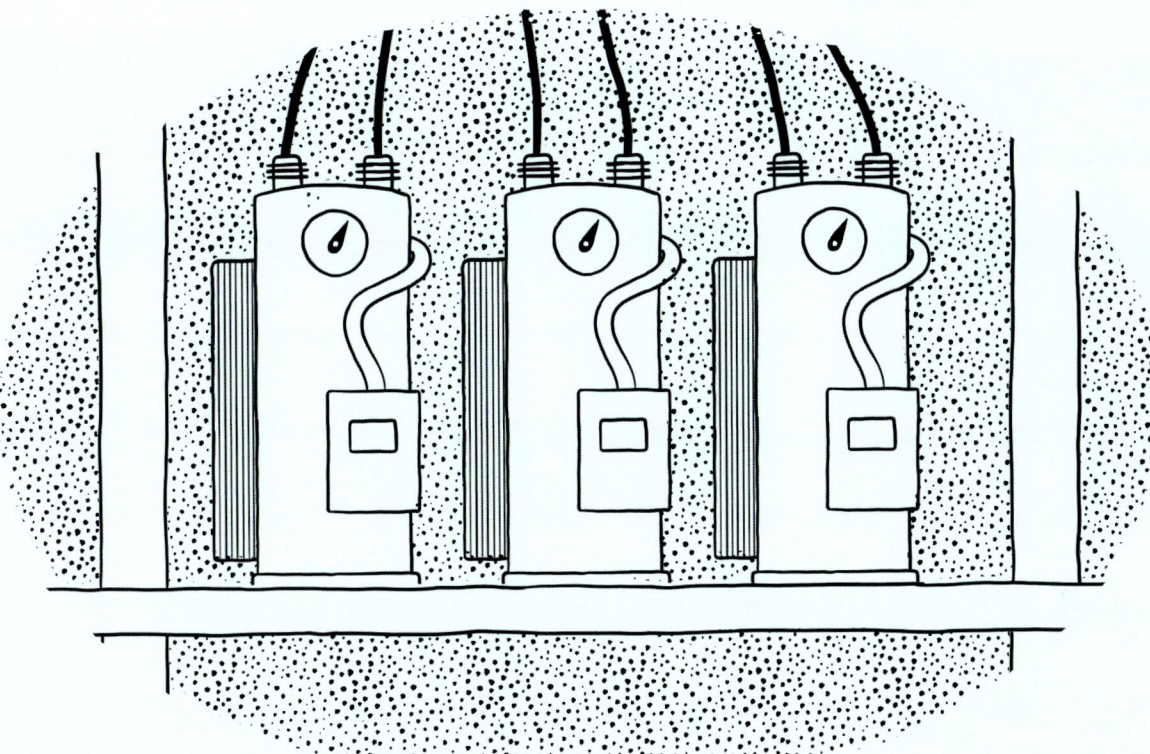

Las áreas rurales suelen estar conectadas a largas líneas de distribución primaria. Estas largas distancias crean una resistencia adicional y dificultan mantener un nivel de tensión constante. Otro problema es la creciente popularidad de las instalaciones de paneles solares conectados a la red. Las nubes que proyectan sombras temporales en los paneles pueden crear inestabilidad en la tensión de distribución de las áreas con muchos paneles conectados. Los *reguladores de tensión* son dispositivos con múltiples tomas que realizan pequeños ajustes en la tensión de distribución. Funcionan de manera similar a los transformadores, pero solo hacen ajustes menores, de alrededor del 10 %. Monitorean directamente la tensión de la línea o calculan de forma automática la caída de tensión, basados en la corriente medida para ajustar el cambiador de tomas. Parecen transformadores de distribución (uno por fase) con carcasas cilíndricas. Sin embargo, cuentan con algunas diferencias reconocibles. Tanto la entrada como la salida de los reguladores están conectadas a la línea de distribución primaria y ambos pasatapas son del mismo tamaño. Además, poseen un indicador de posición en la parte superior, que indica la posición de las tomas del regulador. Si tienes suerte, verás cuándo cambia de forma automática de posición para mantener la tensión correcta en la línea.

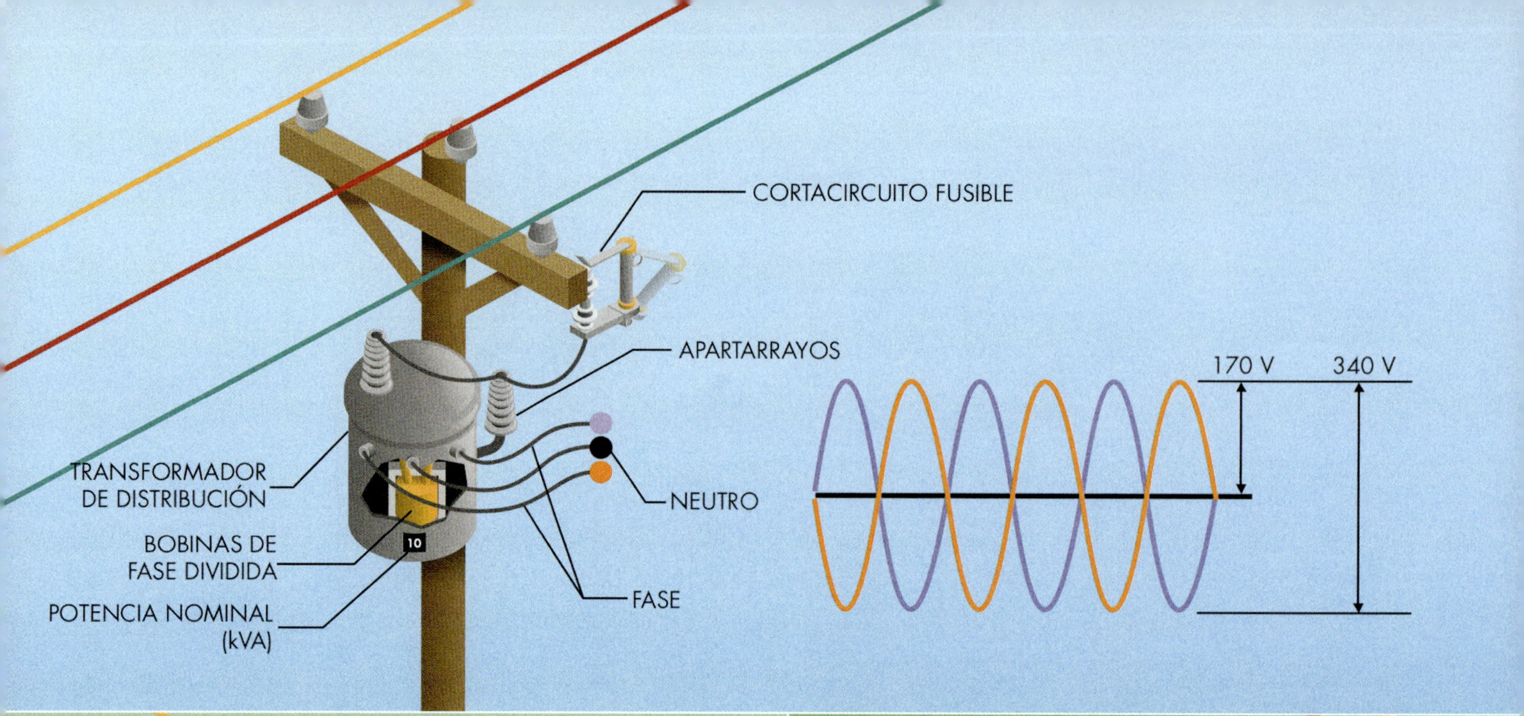

CORTACIRCUITO FUSIBLE

APARTARRAYOS

170 V   340 V

TRANSFORMADOR
DE DISTRIBUCIÓN

NEUTRO

BOBINAS DE
FASE DIVIDIDA

10

FASE

POTENCIA NOMINAL
(kVA)

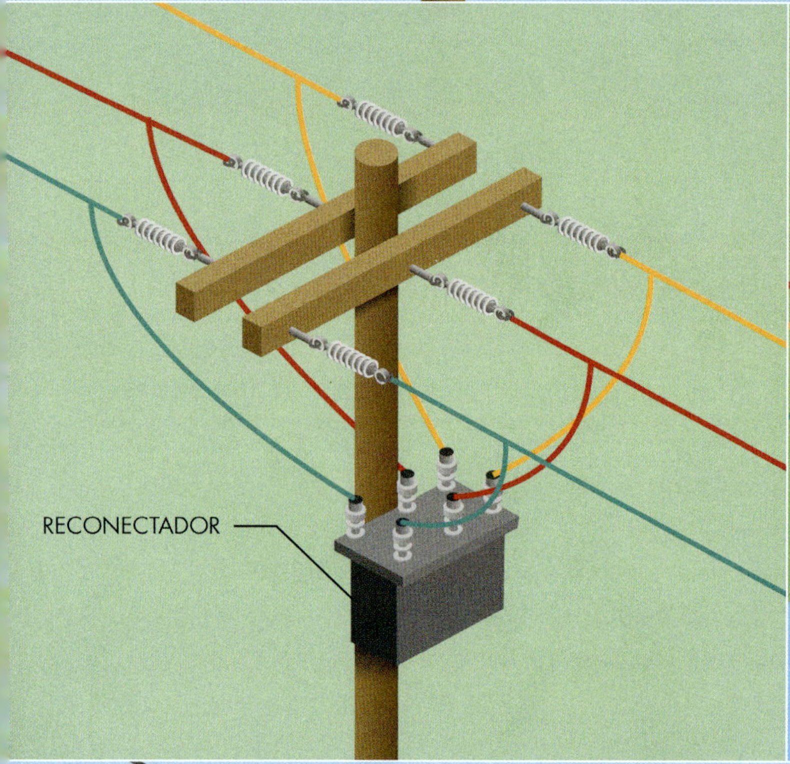

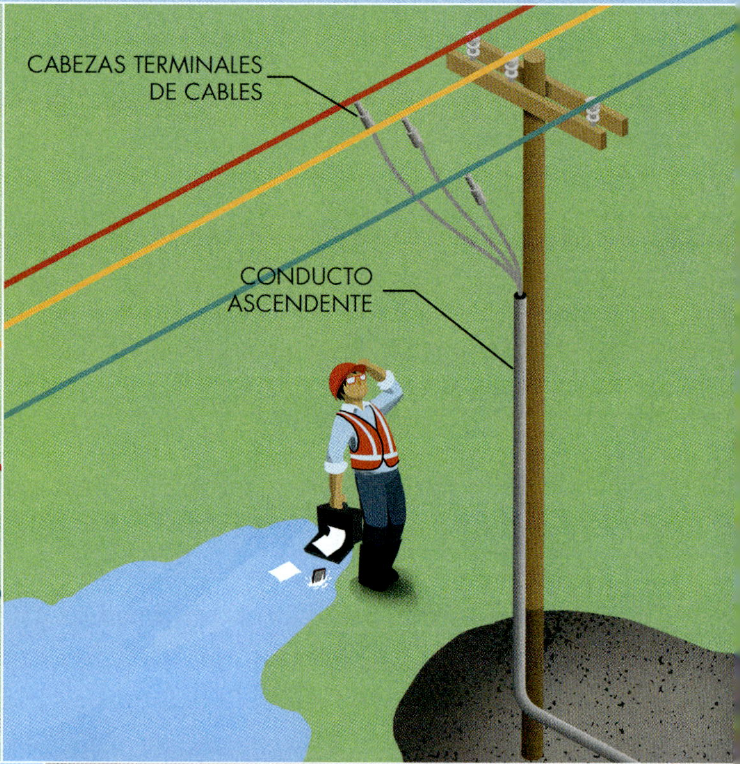

CABEZAS TERMINALES
DE CABLES

CONDUCTO
ASCENDENTE

RECONECTADOR

INTERRUPTOR DE
AISLAMIENTO
MONTADO EN UN POSTE

PASATAPAS DE
ALTA TENSIÓN

TRANSFORMADOR
DE PEDESTAL

PASATAPAS DE
BAJA TENSIÓN

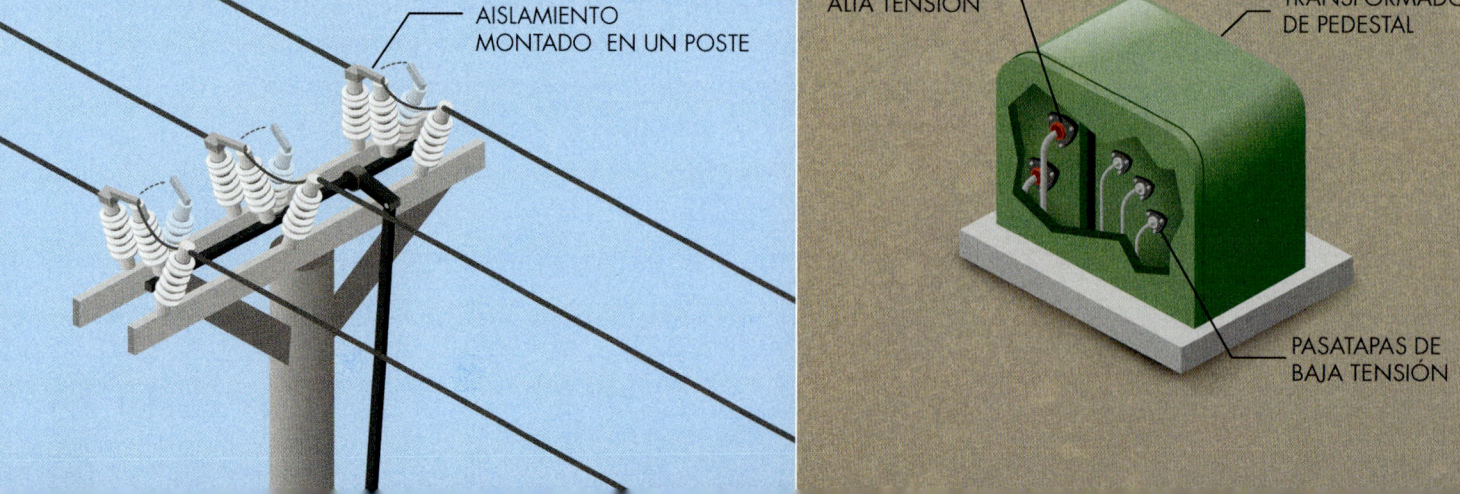

Los equipos de distribución eléctrica

Al igual que todas las partes de la red, la distribución de electricidad requiere varios equipos para garantizar tanto su fiabilidad como su seguridad. Y del mismo modo que en las subestaciones, la finalidad de uno de los equipos más importantes es el cambio de tensión. Aunque a una tensión significativamente más baja que la de transmisión, los circuitos de distribución primaria trabajan con muchos miles de voltios, una tensión muy superior de la que se puede usar con seguridad en la mayoría de las casas y negocios. Por tanto, se requiere otro transformador (llamado TRANSFORMADOR DE DISTRIBUCIÓN) para reducir la tensión hasta el nivel que precisan las lámparas, los electrodomésticos y otros dispositivos. Se trata de esos recipientes grises, que se ven con frecuencia en los postes de servicios públicos justo debajo de los cables. Están llenos de aceite, como los transformadores de las subestaciones, y funcionan casi de la misma forma.

Una diferencia interesante en muchos lugares del mundo es que la salida de las bobinas de los transformadores de distribución emplea un diseño de FASE DIVIDIDA. En esta configuración, se suministran al cliente dos líneas energizadas (o FASES) con un conductor NEUTRO conectado a tierra. Las líneas energizadas son inversas (como se aprecia en la ilustración). De esta manera, los electrodomésticos más pequeños pueden usar la tensión de línea a neutro, alrededor de 120 V nominal (170 V en los picos o crestas) en la mayor parte de América del Norte. Los dispositivos que requieren más energía (como radiadores, aires acondicionados y secadoras) se conectan entre las dos líneas energizadas para recibir el doble de tensión. En entornos residenciales suele bastar un transformador de distribución para abastecer a varios hogares. Si echas un vistazo, verás cómo compartes un transformador con algunos de tus vecinos. Los clientes con equipos más grandes (por ejemplo, grandes unidades de aire acondicionado) pueden aprovechar las tres fases de la red. En estos casos, verás tres transformadores monofásicos agrupados en el mismo poste. En la carcasa del transformador se indica la capacidad o POTENCIA NOMINAL en *kilovoltamperios* (un *kVA* es más o menos equivalente a un *kilovatio*).

Al igual que las líneas de transmisión y los equipos de las subestaciones, la red de distribución debe protegerse de rayos y averías. Gran parte de los equipos que se ven en la parte superior de los postes están ahí para cuando las cosas vayan mal. El CORTACIRCUITO FUSIBLE es un dispositivo de protección que actúa como interruptor automático y de aislamiento. El fusible protege de manera automática a los transformadores de cortocircuitos y sobretensiones. Si la corriente que pasa por el fusible es demasiado elevada, el elemento interior se derrite, detiene el circuito y desconecta el cierre para permitir que la tapa del fusible se abra. Estos fusibles suelen incluir un revestimiento explosivo para extinguir el arco eléctrico en su interior, por lo que es posible escuchar un fuerte estallido cuando se funden. A veces es tan fuerte que muchas personas asumen que el transformador ha explotado, cuando lo que ha sucedido en realidad es que el fusible lo ha protegido de sufrir daños.

Aunque el fusible no se haya fundido, los trabajadores pueden desacoplarlo para aislar la línea por mantenimiento o reparación. No obstante, los fusibles son solo los dispositivos de protección más simples. En ocasiones encontramos interruptores automáticos más sofisticados, como los RECONECTADORES, que suelen estar alojados en pequeños recipientes cilíndricos o rectangulares. Los reconectadores se abren cuando se detecta un error y, a continuación, se vuelven a cerrar para comprobar si el error ha desaparecido. La mayoría de las averías en la red son temporales, como las ocasionadas por los rayos o por pequeñas ramas de árboles que hacen contacto con líneas energizadas. Los reconectadores protegen los transformadores sin que ningún trabajador deba reemplazar ningún fusible por problemas menores. Por lo general, saltan varias veces y se vuelven a cerrar antes de decidir si la avería es permanente, para bloquearse en dichos casos. Si alguna vez la electricidad se va y regresa en un corto período de tiempo, la razón más probable será un reconectador. Hay otros tipos de INTERRUPTORES DE AISLAMIENTO ubicados en los postes de servicios públicos que permiten realizar reparaciones y trabajos de mantenimiento. Muchos emplean un mecanismo para desconectar las tres fases a la vez. Por último, al igual que en otras partes de la red eléctrica, en las líneas de distribución se usan APARTARRAYOS para redirigir a tierra de forma segura los aumentos repentinos de tensión provocados por rayos.

No toda la distribución de la energía de la red ocurre por vía aérea. En los núcleos urbanos de muchas ciudades, apenas verás líneas aéreas. En esos casos, la distribución tiene lugar mediante conductos subterráneos. Las urbanizaciones residenciales y comerciales modernas suelen optar por enterrar las líneas de distribución para evitar la apariencia desordenada de los cables aéreos. El uso de líneas de distribución subterráneas no es una elección trivial, porque son mucho más caras de instalar y suelen requerir más tiempo de reparación. Sin embargo, estas líneas están mejor protegidas ante condiciones climáticas adversas y no alteran la estética del paisaje urbano. Incluso, en los casos en los que no discurren todo el tiempo bajo tierra, no es raro que haya que enterrar alguna línea de distribución para evitar algún peligro aéreo (o para no obstruir alguna señal) y que vuelva a aparecer poco después.

Aunque las líneas de distribución subterráneas no son visibles, suele ser fácil detectar dónde comienzan. Busca algún poste con un gran CONDUCTO ASCENDENTE. Las líneas eléctricas subterráneas llevan una camisa aislante para protegerlas de la humedad y los cortocircuitos. Este aislamiento no puede comenzar y detenerse de cualquier modo porque la humedad podría entrar por esa vía. Las CABEZAS TERMINALES DE CABLE se emplean para sellar la transición entre cables aislados y desnudos.

Los cables subterráneos suben a la superficie en los puntos donde están ubicados los transformadores. Aunque es menos intrusivo visualmente que su equivalente aéreo, el TRANSFORMADOR DE PEDESTAL sirve de recordatorio de que la red eléctrica también circula sin líneas aéreas. Tal vez sientas curiosidad por saber qué hay dentro de esos armarios verdes: pues exactamente el mismo dispositivo que puedes ver instalado en los postes. La puerta del armario proporciona acceso a los PASATAPAS de alta y baja tensión, tal como sucede en los transformadores de los postes.

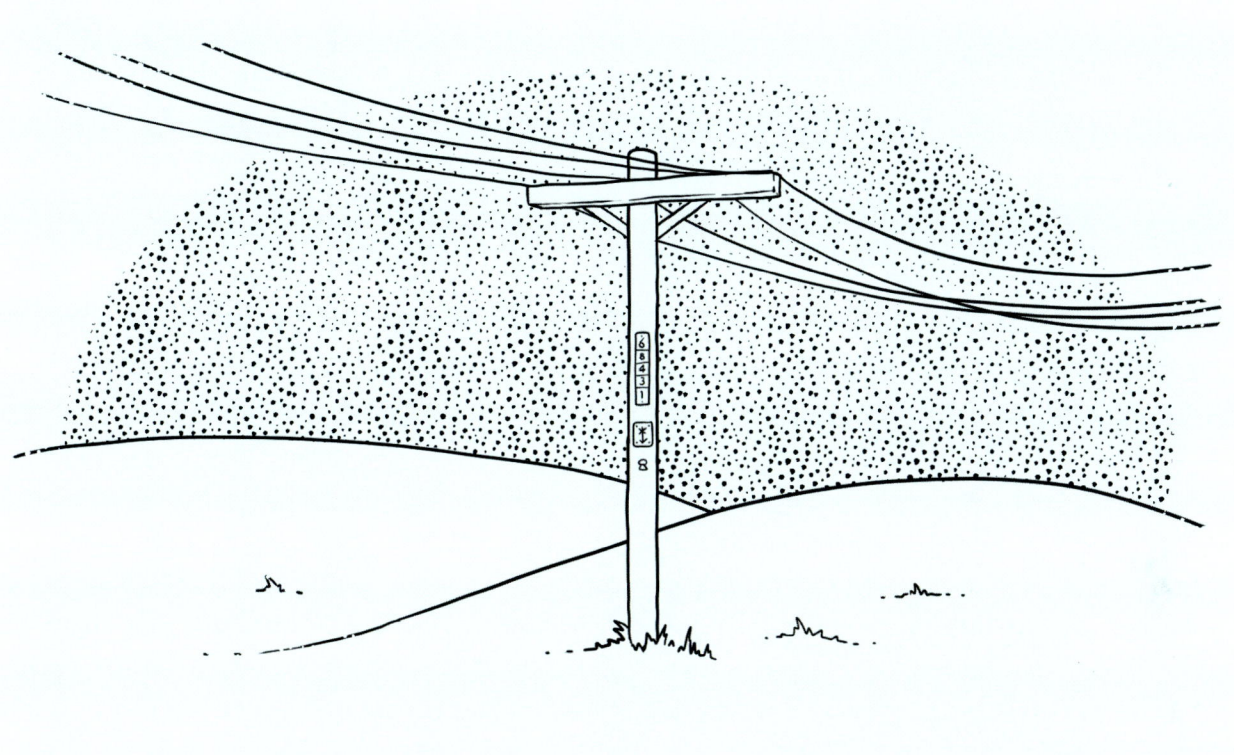

En los postes de servicios públicos suele haber unas marcas crípticas y unas etiquetas metálicas. A veces se trata simplemente de identificadores de su utilidad o de alguna marca del fabricante, pero no siempre. Las etiquetas rojas con flechas son advertencias para los trabajadores de que el poste está dañado para que tengan cuidado al trabajar o para que eviten escalarlo. También sirven para informar de la última vez que se inspeccionó o del tipo de tratamientos aplicados para protegerlo contra insectos y podredumbre. Por último, los sellos proporcionan pistas sobre dónde se fabricó el poste, las maderas empleadas e incluso su longitud. Observa los marcadores e intenta descifrar su significado.

2

LAS COMUNICACIONES

Introducción

La comunicación no es exclusiva de la especie humana, pero las telecomunicaciones sí. Compartir información más allá de la distancia que se puede alcanzar a gritos requiere una ingente innovación. Muchos de los avances más significativos de la humanidad se concentran en la forma de enviar y recibir mensajes a larga distancia. Desde las señales de humo y las palomas mensajeras hasta el GPS e Internet, las telecomunicaciones han tenido un impacto profundo en nuestra forma de vivir, trabajar y jugar.

En este capítulo exploraremos las formas de enviar y recibir información a larga distancia y, lo más importante, la infraestructura que lo hace posible o al menos que lo hacía en el momento de escribirlo. Ningún otro aspecto de la sociedad parece estar cambiando a mayor velocidad que la tecnología de las comunicaciones. En 10 años, este capítulo parecerá anticuado y, en 20 años, la tecnología descrita aquí probablemente será irreconocible. Es fácil darlo por sentado en la era de la información, pero aún existen detalles cautivadores en la ingeniería que hay tras la forma de transferir y compartir conocimiento, entretenimiento y mucho más.

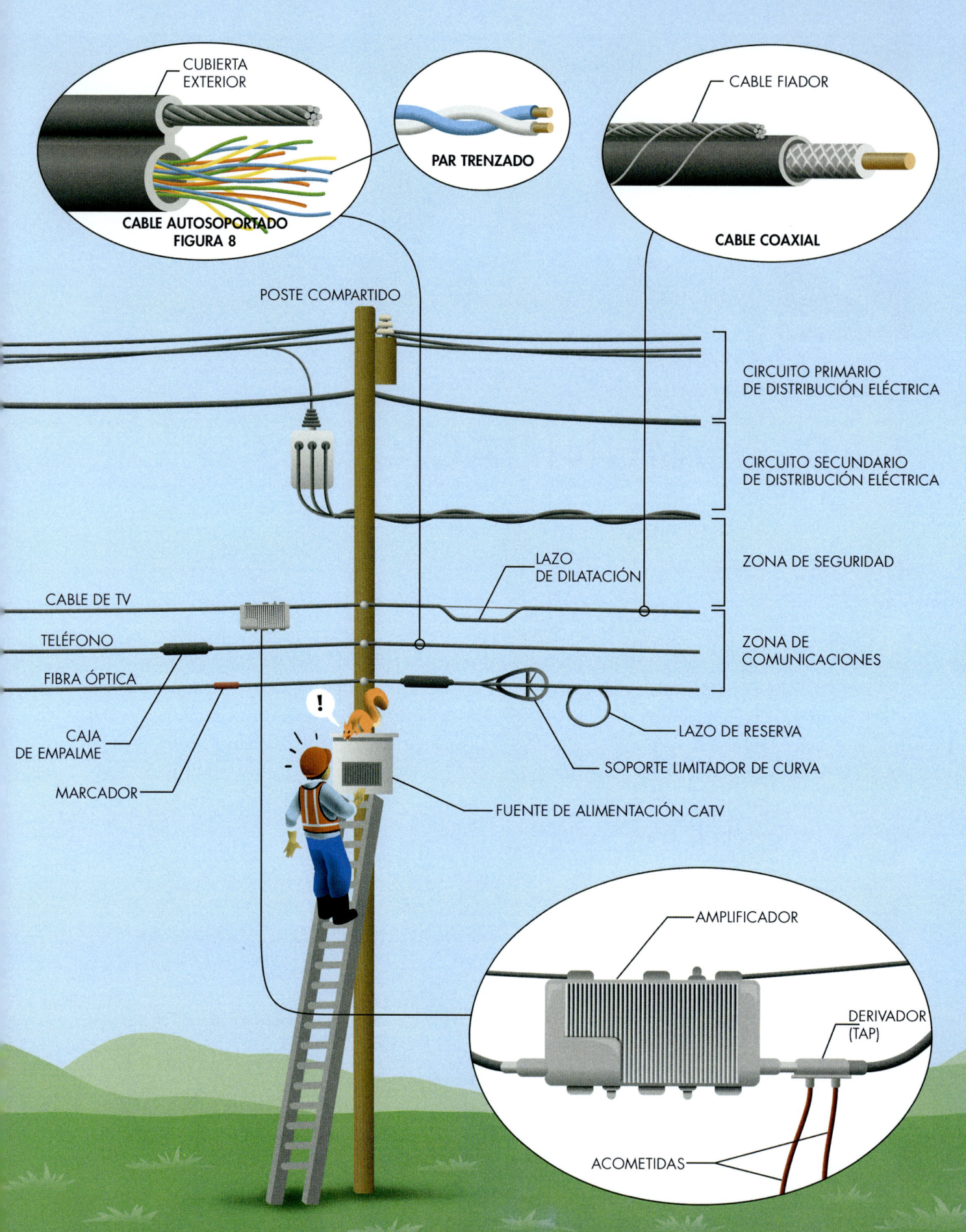

Telecomunicaciones aéreas

La mayoría de las *telecomunicaciones* tiene lugar a través de líneas físicas (cables metálicos o de fibra de vidrio) que, para evitar conflictos con otras actividades humanas, discurren mayormente por dos vías: aérea o subterránea (también lo hacen bajo el agua en determinadas situaciones). En esta sección abarcaremos la primera opción y en la siguiente, la segunda.

Las líneas aéreas de telecomunicaciones casi siempre comparten postes con otros servicios públicos. En el capítulo 1 echamos una mirada a los postes de servicios públicos para distribuir electricidad, pero ese no es el único uso que se les da. Los POSTES COMPARTIDOS se aprovechan para varios servicios públicos. No todos admiten cualquier tipo de servicios públicos, pero, sin importar el tipo de líneas que conducen, sus ubicaciones están todas cuidadosamente definidas. Las líneas del CIRCUITO PRIMARIO DE DISTRIBUCIÓN ELÉCTRICA se localizan en la parte superior, la más alejada del suelo, porque constituyen el mayor potencial de peligro. Las líneas del CIRCUITO SECUNDARIO DE DISTRIBUCIÓN, que dan servicio a los clientes, discurren justo por debajo de las primeras. Entre las líneas eléctricas y las de telecomunicaciones hay una ZONA DE SEGURIDAD para que los trabajadores realicen trabajos de mantenimiento sin estar expuestos al peligro de las líneas de alta tensión. La ZONA DE COMUNICACIONES es la más baja de los postes compartidos, porque no representa ningún peligro y requiere un mantenimiento más frecuente.

Aunque existen muchos tipos de líneas de comunicaciones, las de TELÉFONO, cable coaxial de TV y FIBRA ÓPTICA son las predominantes

No es raro ver cómo las tres discurren en paralelo por los mismos postes y es fácil distinguirlas si sabemos qué buscar.

El tendido de cables a través de largas distancias da lugar a significativas fuerzas de tensión y la mayoría de las líneas de comunicación no pueden soportar su propio peso, por lo que se apoyan en los postes. Los CABLES FIADORES de acero también proporcionan soporte. Los cables de comunicación van atados a un cable fiador o, como sucede en el caso de los CABLES AUTOSOPORTADOS FIGURA 8, el cable fiador se incorpora a su CUBIERTA EXTERIOR protectora.

Aunque la red de líneas de cobre que conforman el *servicio de telefonía básica* está desapareciendo a gran velocidad, todavía se puede ver por todas partes. Desde 1876, hemos estado transmitiendo señales de voz a través de cables de cobre y sigue siendo la forma más sencilla para que un hogar o negocio se conecte a la red telefónica en muchos lugares. Cada línea de telefonía fija consiste en un PAR TRENZADO de cables de cobre. Teniendo en cuenta que cada hogar y negocio puede contar con su propia línea directa hasta la *central telefónica local*, los cables llegan a contener cientos e incluso miles de pares. Las líneas se reúnen en cables cada vez más gruesos mediante empalmes, fácilmente distinguibles por las CAJAS DE EMPALME cuadradas y negras que hay cerca de los postes.

Tantos cables en paralelo podrían crear interferencia electromagnética y «diafonía» entre los circuitos. Sin embargo, trenzar cada par de cables de una línea telefónica resuelve este problema de manera creativa porque la interferencia no deseada afecta a cada cable del par trenzado por igual. La señal de comunicaciones deseada se envía en la diferencia de tensión entre ambos cables del par, por lo que se resta cualquier tensión no deseada.

Otro medio de telecomunicaciones omnipresente es la red de televisión por cable (a menudo abreviada como *CATV*). A pesar de su nombre, la mayoría de las redes de CATV admiten también el servicio de telefonía y de Internet de alta velocidad, además de la programación de televisión. Al igual que la red telefónica convencional, la red CATV comienza en una ubicación central denominada *cabecera*. A partir de ahí, las señales se distribuyen mediante CABLE COAXIAL, llamado así porque el conductor interno y la malla trenzada metálica circundante son concéntricos alrededor de un eje común. Estos cables pueden transportar señales de radio de alta frecuencia con pérdidas muy bajas sin problemas de interferencia debido al efecto de blindaje del conductor exterior. Comienzan como grandes cables troncales que alimentan múltiples líneas de distribución. Los AMPLIFICADORES (también conocidos como *extensores* y reconocibles por sus aletas disipadoras de calor) están espaciados a lo largo de los cables troncales para aumentar la señal. Una FUENTE DE ALIMENTACIÓN CATV proporciona la potencia necesaria a todos los amplificadores dentro de un amplio radio. Los DERIVADORES (TAP) de las líneas de distribución permiten conectar las ACOMETIDAS que brindan servicio a los clientes individuales. Los cables troncales y las líneas de distribución de CATV son fácilmente reconocibles por sus LAZOS DE DILATACIÓN. Estos lazos están presentes porque los cables coaxiales son rígidos y se expanden y se contraen con los cambios de temperatura de un modo diferente al del cable fiador. Si no se deja espacio suficiente para la dilatación térmica, los cables sufrirán tensiones y se deteriorarán llegando incluso a desprenderse.

En la actualidad, tanto los proveedores de cable como los de telefonía suelen emplear cables de fibra óptica combinados con cables de cobre y cables coaxiales para distribuir señales más fiables y de mayor calidad. En dichos cables se emplean haces de fibra de vidrio o plástico para transmitir señales en forma de pulsos de luz. Las señales de fibra óptica recorren grandes distancias con muy pocas pérdidas porque son inmunes a la interferencia electromagnética. En el exterior del cable se suele colocar un MARCADOR (una envoltura naranja o amarilla) para diferenciarlo del cable de teléfono o de CATV.

Las redes de fibra óptica están diseñadas para posibilitar futuras ampliaciones e incluyen más fibra de la necesaria. Sin embargo, uno de los grandes problemas de este tipo de cables es que son muy difíciles de empalmar. En vez de la simple conexión física requerida para realizar un empalme eléctrico, los cables de fibra óptica precisan de una actuación mucho más cuidadosa para evitar que la señal se disperse o se refleje. Es preciso retirar la protección de las fibras individuales, limpiarlas, escindirlas, alinearlas y unirlas con precisión, y con frecuencia hay que fusionarlas con calor. En vez de realizar esta delicada operación sobre una escalera o en una plataforma elevadora, muchas empresas de servicios públicos prefieren añadir nuevas conexiones o reparar sus cables de fibra óptica en *furgonetas-taller* especializadas en empalmar fibra óptica. Eso significa que los cables necesitan suficiente holgura para llegar hasta el suelo y se suelen dejar estos LAZOS DE RESERVA en el cable principal. Los cables de fibra óptica no admiten curvas ni torsiones pronunciadas porque se pueden romper, por lo que los SOPORTES LIMITADORES DE CURVA de fibra óptica tipo *raquetas de nieve* (por su apariencia) sirven para realizar cambios de dirección y acumular holgura sin dañar el cable.

Las señales eléctricas de los sistemas telefónicos de cable de cobre son relativamente pequeñas, por lo que no pueden recorrer largas distancias. Eso significa que casi todos vivimos y trabajamos a pocos kilómetros de alguna central telefónica local. En estos días, la mayoría de los conmutadores telefónicos ocurren en los servidores de los centros de datos, pero aún existen muchos de los edificios originales. Dichos edificios, también llamados oficinas centrales, son propiedad del proveedor de servicios y albergan los equipos y conmutadores que conectan las líneas individuales a la red telefónica. Por lo general, son genéricos y sin ventanas, difíciles de detectar a menos que se preste mucha atención. Algunas pistas para descubrirlos son las cámaras de seguridad, los aires acondicionados para mantener la temperatura adecuada y los generadores de reserva para alimentar el sistema en caso de apagón.

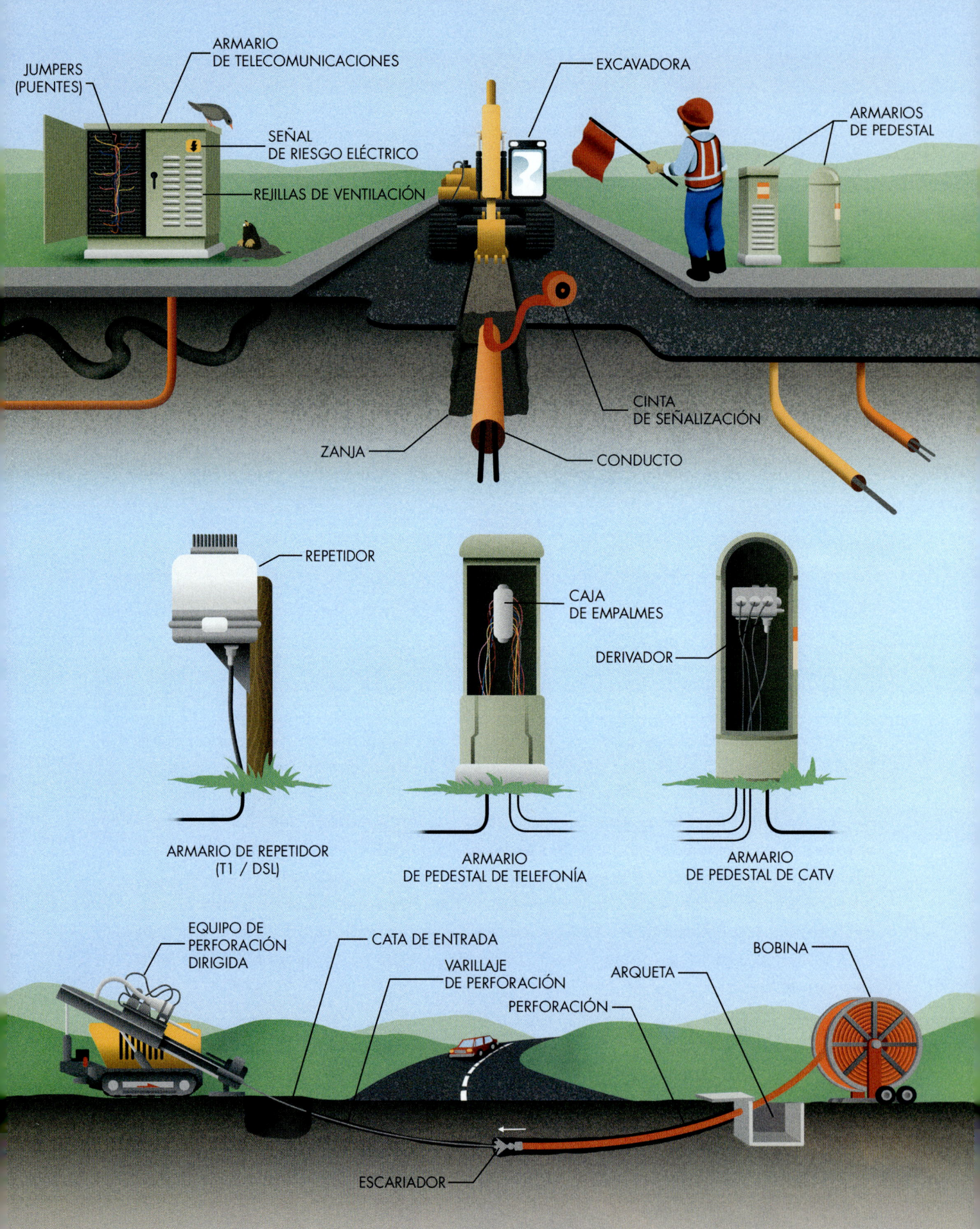

Telecomunicaciones subterráneas

Soterrar las líneas de comunicación, en vez de que discurran a lo largo de los postes de servicios públicos, brinda grandes ventajas. No se requiere un cable fiador para soportar el peso de los cables. También son menos molestas y no añaden contaminación visual al paisaje. Por último, están protegidas ante gran cantidad de amenazas, como aves, ardillas, viento, hielo, luz solar y choques de vehículos contra los postes. Eso significa que las líneas de comunicación subterráneas son más fiables, a pesar de su mayor coste inicial de instalación.

Por lo general, para su protección, los servicios públicos subterráneos discurren por el interior CONDUCTOS instalados en ZANJAS o mediante *perforación dirigida*. Las zanjas se ejecutan con una EXCAVADORA. El conducto se coloca en su interior y luego se rellena con tierra. Durante el relleno de zanja se coloca una CINTA DE SEÑALIZACIÓN para indicar la presencia del cable a cualquier persona que ejecute alguna excavación alrededor de la línea en el futuro. Algunas de estas cintas incluso llevan cables o cintas de acero para que sean detectables desde la superficie con objeto de facilitar su localización en el futuro. La principal desventaja de la excavación de zanjas está relacionada con las molestias que provocan a las actividades de la superficie. Es preciso cerrar la zona durante los trabajos de ejecución y hay que reparar la acera, la calzada y las zonas ajardinadas tras rellenar la zanja. Estas reparaciones nunca resultan tan duraderas ni atractivas como los elementos originales.

La perforación dirigida, que reduce la perturbación a nivel de superficie, instala los conductos en el interior de una PERFORACIÓN ejecutada sin excavar zanjas. Este método resulta muy ventajoso para canalizar líneas de telecomunicaciones a través de ríos, áreas urbanas congestionadas y carreteras importantes donde no sería factible excavar zanjas. Para empezar, el EQUIPO DE PERFORACIÓN DIRIGIDA ubicado en la superficie perfora un orificio piloto entre la CATA DE ENTRADA y la salida. Se colocan equipos de detección en el VARILLAJE DE PERFORACIÓN y en la superficie para que los trabajadores controlen la trayectoria de la perforación bajo tierra. El borde delantero del cabezal de perforación es asimétrico. El sistema de guiado permite cronometrar cualquier posición y el cabezal seguirá la dirección elegida durante la perforación. Una vez que se completa la perforación piloto, se procede a ensancharla en sentido inverso. Este proceso se ejecuta con un ESCARIADOR, mientras tira del conducto de una BOBINA, creando un recorrido continuo para los cables.

Al estar ocultas bajo la superficie, las líneas de telecomunicaciones subterráneas no son visibles como ocurre con las instalaciones aéreas. Sin embargo, tienen que salir a la superficie en determinados puntos, por lo que hay muchas oportunidades para detectarlas. La estructura más simple asociada con los servicios públicos subterráneos son las ARQUETAS, un recinto subterráneo por el que se accede a los conductos. En la superficie, estas arquetas se detectan por sus tapas, unos grandes elementos rectangulares que incluyen detalles sobre lo que hay dentro.

Otra estructura asociada con las telecomunicaciones subterráneas es el ARMARIO DE COMUNICACIONES de intemperie. Estos armarios están ubicados sobre el suelo y albergan una amplia variedad de equipos para diferentes tipos de servicios, por lo que hay que llevar a cabo cierta labor detectivesca para saber exactamente qué hay dentro. La primera pista son las etiquetas. A veces encontrarás el nombre de alguna empresa o cierta información de contacto que te proporcionará alguna pista sobre el tipo de equipos que hay en su interior. Por lo general, sirven de punto de conexión convenientemente accesible para empalmar un cable troncal o alimentador de alta capacidad a líneas de distribución más pequeñas que lleguen hasta los clientes. En esos casos, el armario alberga equipos que permiten a los técnicos realizar conexiones de CATV, teléfono o líneas de fibra óptica: los JUMPERS o puentes.

Algunos albergan *dispositivos activos* (en otras palabras, energizados). En estos casos, es probable que haya alguna SEÑAL DE RIESGO ELÉCTRICO en algún punto exterior y la carcasa tendrá REJILLAS DE VENTILACIÓN, porque estos dispositivos necesitan disipar el calor. Entre los dispositivos activos se encuentran fuentes de alimentación para la red CATV o *nodos ópticos* para convertir las señales de fibra óptica en frecuencias de radio para su distribución mediante cables coaxiales.

Por último, estos armarios ocasionalmente contienen equipos más sofisticados que permiten que una línea telefónica transmita información a gran velocidad y con una fidelidad muy elevada (superior a lo que lo haría si estuviera conectada directamente a la central telefónica más cercana). Estos dispositivos, llamados *concentradores remotos*, digitalizan las señales de los clientes individuales y las combinan en una señal de fibra óptica que va directo a la oficina central, lo que permite a las compañías telefónicas atender a un mayor número de clientes y proporcionar servicios de voz y datos de alta velocidad de mayor calidad.

Otra pista de la existencia de líneas de comunicación subterráneas son los armarios de PEDESTAL. Estas omnipresentes carcasas suelen ser puntos terminales, para conectar las líneas de distribución a los cables más pequeños de las acometidas de clientes de CATV, teléfono u otros servicios de telecomunicaciones. Es frecuente que incluyan un panel de acceso o permiten retirar la carcasa para que los técnicos realicen conexiones y solucionen problemas. Los de la red de CATV suelen incluir un DERIVADOR (TAP) para proporcionar múltiples acometidas. Por lo general, los armarios de telefonía solo ocultan EMPALMES y poco más.

Un último equipo asociado con los servicios públicos subterráneos es el REPETIDOR. *T1* y *DSL* son dos tipos habituales de señales digitales de alta velocidad que se transmiten a través de las líneas telefónicas de cobre estándar. Sin embargo, a causa de su alta frecuencia en comparación con las señales de voz, estas señales digitales de alta velocidad no pueden recorrer largas distancias sin atenuarse o distorsionarse. En áreas rurales donde las oficinas telefónicas están más distanciadas, estas líneas precisan repetidores para mantener la fidelidad de la señal. Por norma, los repetidores se alojan en armarios impermeables con forma de bote de pintura. Aparecen a intervalos regulares de dos o tres kilómetros a lo largo de la línea.

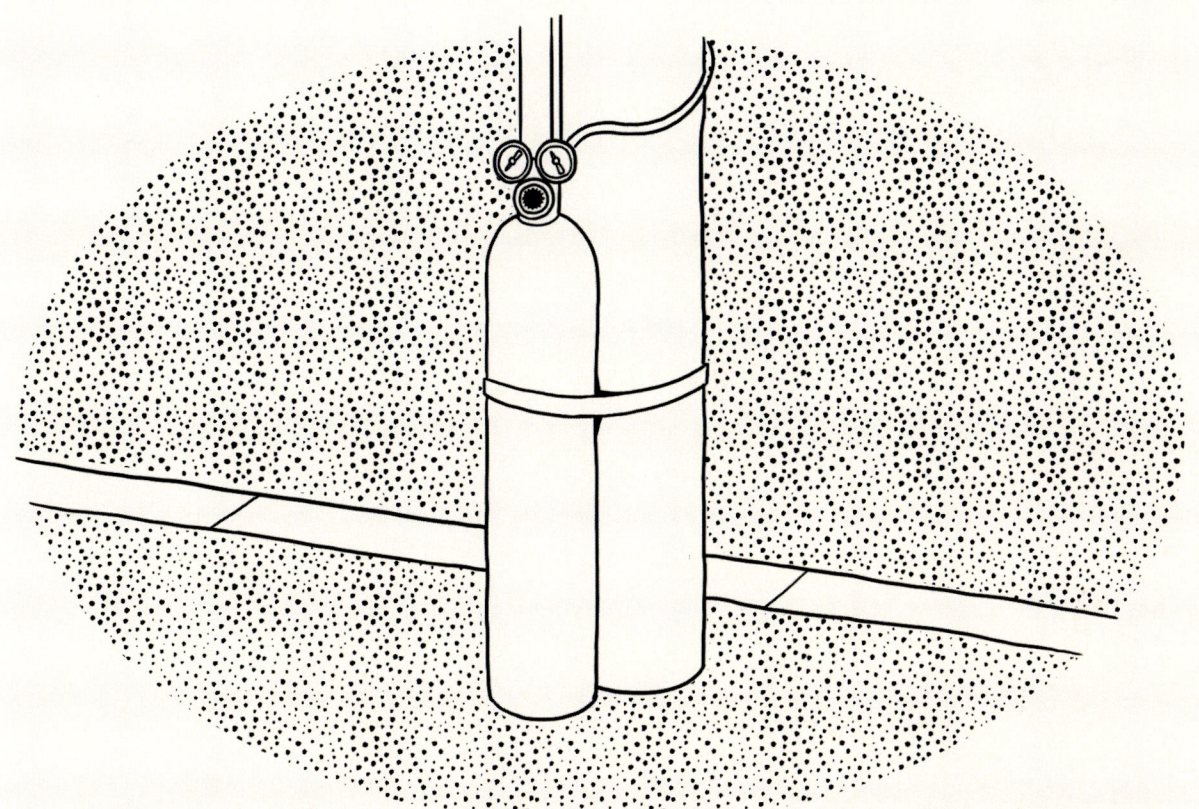

Los cables subterráneos ofrecen otra gran desventaja aparte de su coste: la humedad. La lluvia, la nieve derretida y el agua subterránea pueden llegar a los conductos que transportan las líneas de telecomunicaciones. El agua no solo causa corrosión si entra en contacto con el cable, sino que también puede provocar cortocircuitos y degradar la señal. La humedad es, sobre todo, un gran problema para las líneas telefónicas (a diferencia de los cables coaxiales o de fibra óptica), pues están formadas por muchos cables de cobre individuales, y los cables más antiguos solían aislarse solo con papel. Para contrarrestar la humedad, muchos cables telefónicos se presurizan con aire mediante un compresor cerca de la central telefónica local. Sin embargo, a veces también verás algún depósito de nitrógeno en la acera o a un lado de la calle para presurizar las líneas subterráneas. Este proceso ayuda a evitar la intrusión de agua. Por otro lado, al monitorear la presión, los técnicos pueden encontrar y diagnosticar algunos problemas antes de que ocurra un deterioro grave. Cualquier rotura en la línea permitirá que el aire o el nitrógeno se filtren y disminuya la presión con el tiempo. Los cables telefónicos más nuevos están rellenos de un gel repelente al agua, aunque muchas de estas líneas subterráneas llenas de aire son testimonio del uso inteligente de la presión para el mantenimiento preventivo.

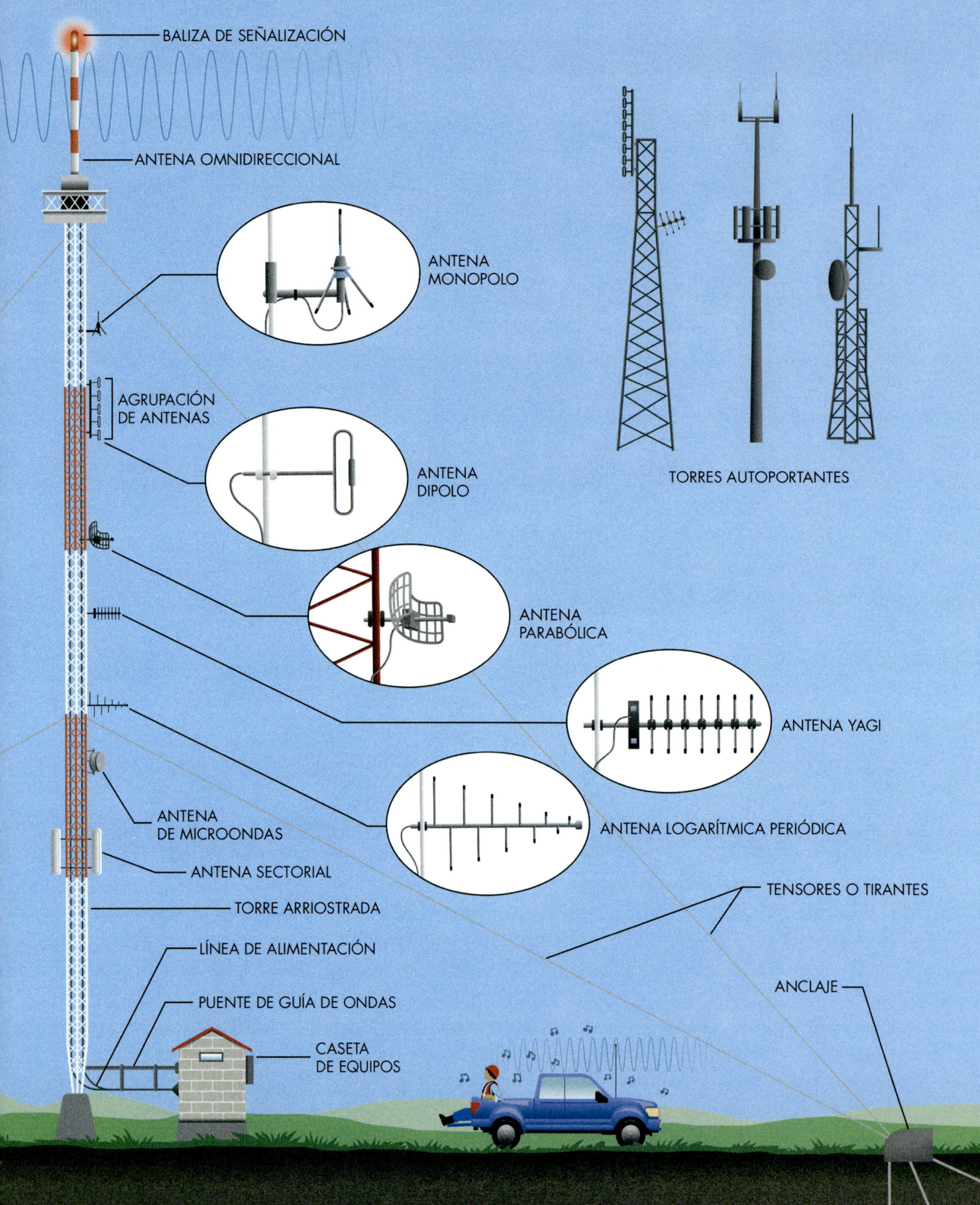

BALIZA DE SEÑALIZACIÓN

ANTENA OMNIDIRECCIONAL

ANTENA MONOPOLO

AGRUPACIÓN DE ANTENAS

ANTENA DIPOLO

ANTENA PARABÓLICA

ANTENA YAGI

ANTENA LOGARÍTMICA PERIÓDICA

ANTENA DE MICROONDAS

ANTENA SECTORIAL

TORRE ARRIOSTRADA

LÍNEA DE ALIMENTACIÓN

PUENTE DE GUÍA DE ONDAS

CASETA DE EQUIPOS

TENSORES O TIRANTES

ANCLAJE

TORRES AUTOPORTANTES

Torres de radiodifusión

La comunicación por radio se produce mediante ondas invisibles de radiación electromagnética que transportan información a través del espacio. Esta tecnología sencilla pero notable posibilita una amplia variedad de dispositivos inalámbricos, desde mandos para abrir puertas de garaje hasta teléfonos móviles. Si fuéramos capaces de percibir todo el espectro de radiación electromagnética, estaríamos completamente abrumados por el volumen y la variedad de información que se mueve a través de las ondas.

Muchas de las frecuencias empleadas para la comunicación, incluidas las transmitidas por las estaciones de radio y televisión, requieren una línea visual, es decir, el recorrido entre el transmisor y el receptor debe estar relativamente despejado. Por lo general, las señales de radio no llegan más allá del horizonte, motivo por el que muchas *antenas* se instalan sobre TORRES gigantescas (también denominadas *mástiles*). Cuanto más alto se ubican, más lejos se extiende su señal. Las torres de telecomunicaciones son algunas de las estructuras más altas creadas por el hombre: muchas superan los 600 metros. Son tan altas que a menudo representan un peligro para los aviones, por lo que suelen pintarse con bandas alternas de color naranja y blanco y cuentan con BALIZAS DE SEÑALIZACIÓN en su parte más elevada. Estas torres desempeñan un papel fundamental en la sociedad moderna y posibilitan la transmisión de las señales de radio y televisión, las comunicaciones para los equipos de emergencia y muchas otras cosas más.

Las torres de telecomunicaciones y radiodifusión adoptan muchas formas, pero hay dos categorías principales (aparte de las antenas que se colocan en la parte superior de edificios altos): AUTOPORTANTES y ARRIOSTRADAS o ATIRANTADAS. Las torres autoportantes están diseñadas para ser independientes y estables por sí solas. Por lo general, están fabricadas de acero u hormigón con una base ancha que les proporciona rigidez para soportar las fuerzas de la madre naturaleza. No ocupan mucho espacio, por lo que son ideales en áreas urbanas donde este escasea. Sin embargo, son más caras de construir debido al material adicional requerido para garantizar su estabilidad contra las cargas laterales del viento.

Por su parte, las torres arriostradas suelen ser delgadas estructuras reticuladas sostenidas por múltiples cables de acero (TENSORES o TIRANTES). Las torres arriostradas son estrechas porque no han de permanecer rígidas contra la fuerza del viento. Los tirantes proporcionan sujeción lateral para que la torre solo soporte su propio peso. De hecho, algunas torres arriostradas ocupan tan poco espacio en el suelo que cualquier balanceo causará solo un giro en vez de doblar o flexionar la torre. Los tirantes se montan formando un triángulo equilátero para proporcionar soporte sin importar la dirección del viento.

Hay muchas maneras de anclar los tirantes al suelo, en función del tipo de suelo y de las cargas esperadas. Los ANCLAJES son unos agujeros profundos con una varilla de acero recortada en su interior para crear una conexión rígida con la tierra. Como los cables se insertan muy lejos de la base, las torres arriostradas ocupan mucho más espacio que las estructuras autoportantes. En su mayoría se ubican en áreas rurales donde el suelo es más barato.

La programación de televisión y otras señales llegan a la torre para su transmisión desde un emisor de radio. Por lo general, el emisor se encuentra fuera de la torre dentro de una CASETA DE EQUIPOS con control ambiental. En el caso de las estaciones de RADIO AM, la torre es la propia antena y puede haber una caseta de sintonización en la base de la torre que alberga el equipo necesario para transferir la energía del transmisor a la torre de un modo eficiente. Para las estaciones de RADIO FM y TV, la LÍNEA DE ALIMENTACIÓN (también llamada línea de transmisión) lleva la señal desde el transmisor hasta la antena que va unida a la estructura de la torre. En las zonas frías, el recorrido horizontal de la línea de alimentación desde el transmisor hasta la torre está protegido por un PUENTE DE GUÍA DE ONDAS. La *antena* es el dispositivo que irradia la señal en forma de ondas electromagnéticas. Como las torres son bastante caras y molestas, suelen compartirse por varias estaciones y usuarios (*soluciones compartidas*). Los propietarios de la torre alquilan espacio dentro de la caseta de equipos y en la estructura de la torre a las estaciones de radio y televisión, a los departamentos de bomberos y policía, a las agencias gubernamentales y a múltiples compañías privadas para instalar sus propios sistemas de comunicación inalámbrica.

Al igual que las torres donde van colocadas, las antenas presentan gran variedad de formas interesantes, dependiendo de la frecuencia, la dirección y la potencia de la señal. Las ANTENAS OMNIDIRECCIONALES transmiten las ondas de radio por igual en todas direcciones y casi siempre son cilíndricas. En este grupo se incluyen las ANTENAS MONOPOLO, elementos conductores rectos que requieren un plano de tierra (unas veces el propio suelo y otras, conductores radiales horizontales). Las ANTENAS DIPOLO son otro tipo de antenas omnidireccionales formadas por dos elementos idénticos, uno encima del otro.

Por su parte, las *antenas direccionales* dirigen las ondas de radio en una dirección específica.

Las ANTENAS PARABÓLICAS consisten en una antena sólida o cuadriculada para reflejar y enfocar las ondas de radio. Las ANTENAS YAGI emplean un solo dipolo energizado y varios elementos no energizados para enfocar las ondas en la dirección deseada. Similares en apariencia, las ANTENAS LOGARÍTMICAS PERIÓDICAS utilizan una serie de dipolos de longitud ligeramente diferente para enviar o recibir una amplia gama de frecuencias de radio. Los elementos simples, como los dipolos, se combinan para formar AGRUPACIONES (ARRAYS) que trabajan juntas para dirigir las ondas en un haz o patrón específico (en otra sección hablaremos sobre otros tipos de antenas, incluidas las del servicio de telefonía móvil).

Como toda infraestructura, las torres de telecomunicaciones requieren mantenimiento. Los encargados de inspeccionar y dar mantenimiento a estas estructuras son técnicos con formación especial para realizar trabajos en altura y con riesgos eléctricos. Algunas de las torres más altas están equipadas con ascensores para facilitar el acceso para trabajos de pintura, reparaciones y cambios de equipo. En los demás casos, los técnicos deberán escalarlas.

Aunque por sus frecuencias las comunicaciones inalámbricas son *radiaciones no ionizantes* (lo que significa que las ondas no separan los electrones de los átomos), eso no implica que no sean peligrosas. La radiación electromagnética genera calor en los objetos que contienen agua, incluidas las personas (los hornos microondas aprovechan este efecto para calentar nuestra comida), motivo por el que está restringido el acceso del público a las áreas con antenas que transmiten a alta potencia.

Los trabajadores que realizan el mantenimiento de estas torres deben asegurarse de mantener la distancia de seguridad hasta las antenas energizadas o apagarlas antes de trabajar cerca para evitar la exposición a estos riesgos.

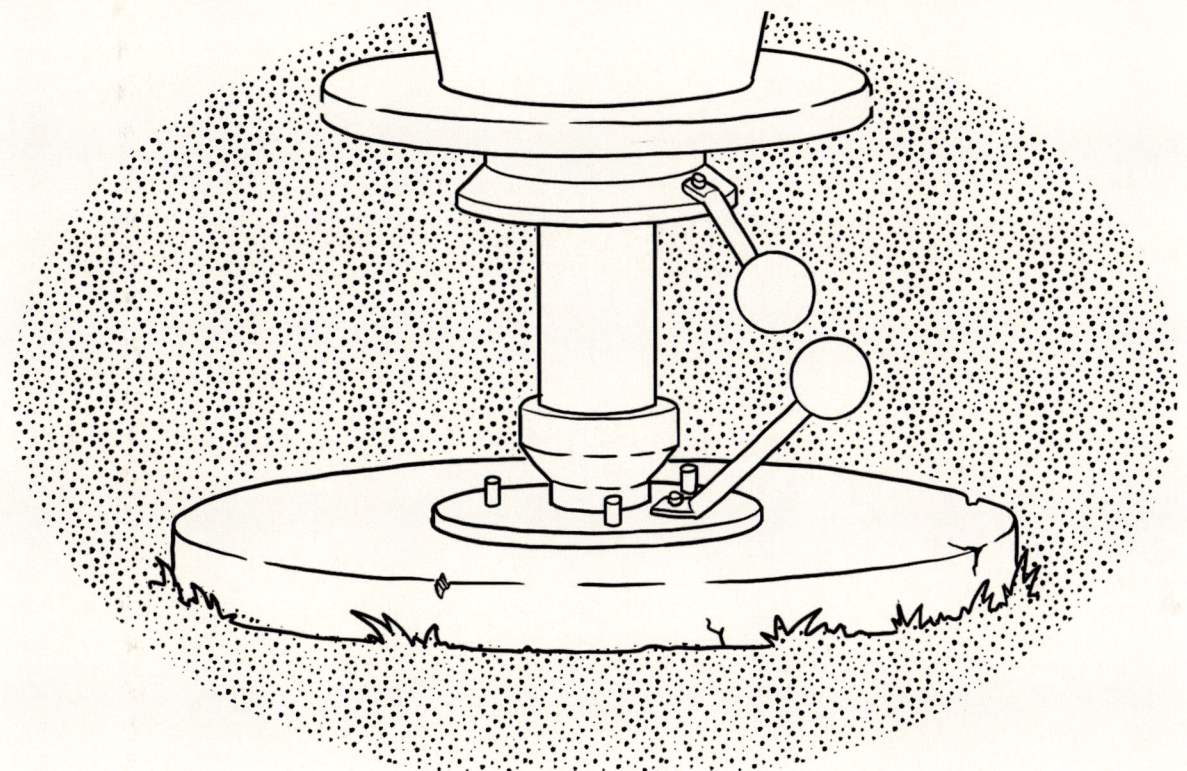

La frecuencia de las *señales de radio AM* es muy baja y, por ello, se precisan antenas muy grandes. En la mayoría de los casos, las estaciones de radio AM emplean la propia torre de metal como antena para transmitir. Como toda la torre está energizada, hay que aislarla del suelo. Si observas estas torres de cerca, verás que casi siempre están colocadas sobre un pequeño aislador cerámico. La necesidad de aislarlas del suelo por completo crea una serie de desafíos interesantes, uno de los cuales radica en su protección (tanto de la torre como de todo el equipo adjunto) contra los daños por rayos. En muchas torres AM se usan *descargadores* para mantener la torre aislada, mientras las sobretensiones se desvían de forma segura hacia el suelo. Durante el funcionamiento normal, no se conduce corriente. Sin embargo, cuando cae un rayo en la torre, el aire entre los contactos se ioniza y crea un arco que proporciona una ruta a tierra para derivar el pico de voltaje.

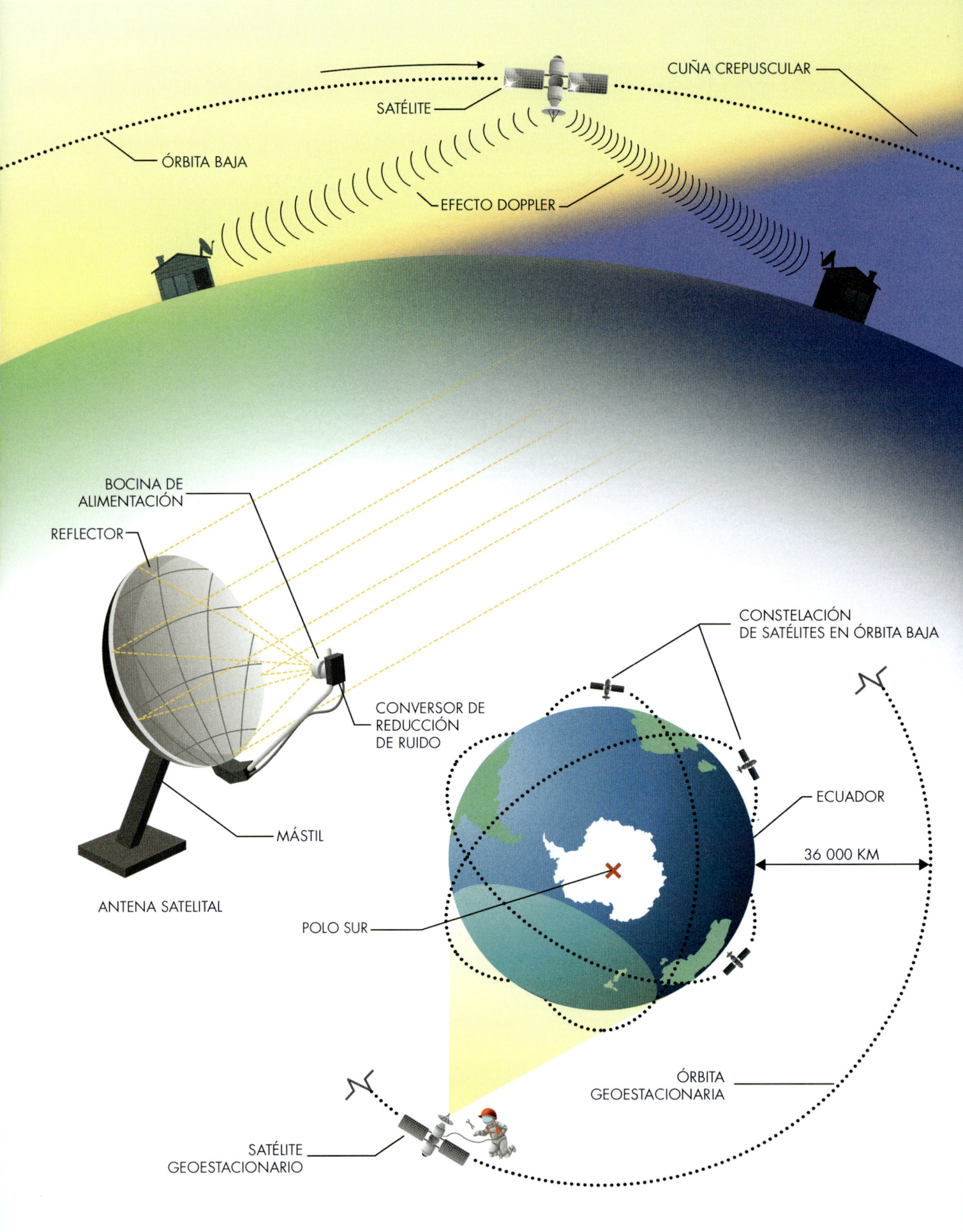

CUÑA CREPUSCULAR

SATÉLITE

ÓRBITA BAJA

EFECTO DOPPLER

BOCINA DE
ALIMENTACIÓN

REFLECTOR

CONVERSOR DE
REDUCCIÓN
DE RUIDO

MÁSTIL

ANTENA SATELITAL

CONSTELACIÓN
DE SATÉLITES EN ÓRBITA BAJA

ECUADOR

36 000 KM

POLO SUR

ÓRBITA
GEOESTACIONARIA

SATÉLITE
GEOESTACIONARIO

Comunicaciones por satélite

Existe un límite práctico para la altura de los mástiles de telecomunicaciones. En algún momento, los problemas financieros, los de ingeniería y los de seguridad hacen inviable incrementar la altura de las construcciones. Por suerte, hay otra forma de colocar una antena en lo más alto. Los SATÉLITES son dispositivos puestos en órbita alrededor de la Tierra mediante cohetes. Son el culmen de las comunicaciones inalámbricas, al menos en términos de alcance. Muchos satélites son capaces de transmitir y recibir señales de radio de un tercio del globo de forma simultánea y es evidente que pueden hacerlo desde una altura muy superior a la de las torres más elevadas. En estos días, los satélites se utilizan para una amplia gama de comunicaciones, entre las que se incluyen radio, televisión, Internet, telefonía, navegación, clima, monitoreo ambiental, entre otras. Los satélites empleados en las comunicaciones son esencialmente relés, que reciben señales de algún punto del suelo y las amplifican y redirigen a otro lugar de la Tierra. Este relé crea un canal de comunicaciones que no requiere una conexión directa mediante cables y cuyo alcance no está tan limitado por la curvatura del globo terráqueo como el de las antenas terrestres.

Los satélites de comunicación se colocan en una amplia variedad de órbitas alrededor de la Tierra. La velocidad de un satélite está directamente relacionada con su *altitud*. Cuanto mayor es la altitud de la órbita, más tiempo tarda en dar la vuelta alrededor de la Tierra. Los satélites ubicados en la ÓRBITA BAJA orbitan alrededor de nuestro planeta muchas veces al día, por lo que solo permanecen sobre determinada ubicación cortos períodos de tiempo. Esto obliga a colocar un grupo de satélites en órbitas superpuestas, llamado CONSTELACIÓN, para dar continuidad al servicio. Cada satélite está ubicado de un modo estratégico para que cualquier lugar a nivel del suelo tenga al menos un satélite dentro de su línea de visión en todo momento. Los satélites en órbita baja requieren menos energía para transmitir y recibir señales; y las comunicaciones experimentan menos retraso porque están más cerca de la Tierra. Tampoco hacen falta grandes antenas para recibir sus señales. De hecho, probablemente lleves en tu bolsillo alguna antena que regularmente se conecta a los satélites en órbita baja: la antena *GPS* del teléfono móvil. Sin embargo, los satélites de la órbita baja deben tener en cuenta el EFECTO DOPPLER. Como los satélites se mueven tan rápido en relación con cualquier observador ubicado en la Tierra, las ondas de radio se comprimen cuando se acercan hacia una antena y se alargan a medida que se alejan, lo que complica el trabajo de recibir y decodificar las señales.

A una altitud aproximada de 36 000 km, el *período orbital* de un satélite es de 24 horas, exactamente la duración de un día. Un satélite que orbita a esta altitud alrededor del ECUADOR de la Tierra está en una ÓRBITA GEOESTACIONARIA porque, visto desde la Tierra, parece permanecer en una posición fija del cielo. Aunque se necesita un esfuerzo considerable para colocarlos en una órbita tan alta sobre la Tierra, los SATÉLITES

GEOESTACIONARIOS tienen grandes ventajas. Como no se mueven en relación con el suelo, las antenas se pueden montar en una posición fija, lo que simplifica su diseño. Deben su gran alcance a que su línea de visión cubre alrededor del 40 % del planeta. No obstante, desde estas órbitas resulta difícil alcanzar los POLOS terrestres.

Una limitación de los satélites geoestacionarios es que han de ubicarse en un anillo llamado *Cinturón de Clarke*, localizado sobre el ecuador de la Tierra. Para evitar que unos satélites interfieran con las señales de los otros, la comunidad internacional de telecomunicaciones acordó designar ubicaciones individuales (llamadas posiciones orbitales) alrededor de este anillo como parcelas de bienes raíces. El anillo geoestacionario está tan congestionado que tiene lista de espera. Cuando un satélite ha llegado al final de su vida útil, debe moverse fuera de su posición orbital para que su reemplazo o un nuevo satélite de la lista de espera ocupe su lugar.

Otra desventaja de los satélites geoestacionarios es su gran distancia de la Tierra. Enviar y recibir señales de radio a través de esta gran extensión es un ingente desafío. Para superar esta distancia se precisan unas antenas fácilmente reconocibles. Los PLATOS SATELITALES están formados por un REFLECTOR curvo que recoge las señales de radio débiles y las concentra en la BOCINA DE ALIMENTACIÓN (o *feedhorn*). Este cono de metal hace la transición de las ondas en el BLOQUE CONVERSOR DE REDUCCIÓN DE RUIDO, el corazón de la antena satelital con circuitos electrónicos para realizar dos funciones principales. La primera consiste en amplificar la señal de radio débil y llevarla a un nivel más utilizable. La segunda es

captar las señales de alta frecuencia de las transmisiones a larga distancia y *reducirlas* a una frecuencia que permita su distribución a través del cableado coaxial.

Las antenas que transmiten señales a satélites geoestacionarios suelen ser enormes, pero por lo demás funcionan de la misma manera: con equipos para amplificar y convertir la frecuencia y un reflector para dirigir las ondas a la ubicación correcta en el cielo. El MÁSTIL que soporta el plato se puede conectar a un soporte permanente o a uno motorizado de seguimiento, dependiendo de si se comunica con uno o con varios satélites geoestacionarios.

Algunos satélites son lo suficientemente grandes y brillantes para ser vistos desde la Tierra por la noche. De hecho, con tantos satélites orbitando la Tierra en estos días, detectarlos se ha convertido en un pasatiempo popular. Muchos sitios web realizan un seguimiento de las órbitas de los satélites y ofrecen predicciones sobre cuándo y dónde podrían verse y cuánto brillarán en el cielo. Ese brillo proviene de los rayos de luz solar reflejados en los paneles solares y las superficies brillantes hasta la Tierra, por lo que los satélites son más visibles durante unas pocas horas justo después del anochecer o antes del amanecer. Durante ese tiempo, el cielo está oscuro por la sombra de la Tierra (a veces llamada CUÑA CREPUSCULAR), pero el sol está en una posición cerca del horizonte que le permite iluminar los objetos muy elevados. El satélite más famoso que orbita la Tierra, la Estación Espacial Internacional, es también el más grande y visible. En la mayor parte del mundo, se aprecia esta hazaña de ingeniería moderna en el cielo nocturno al menos varias veces al mes: una visión espectacular.

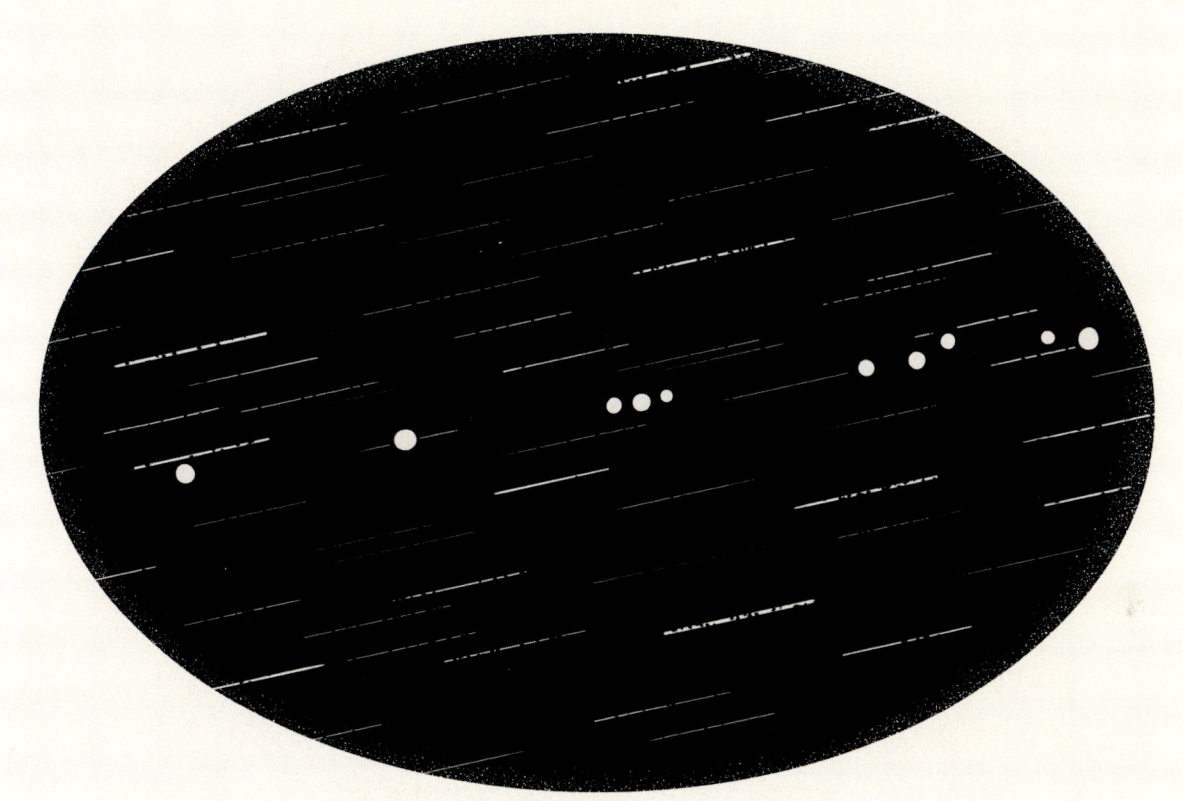

Como orbitan a gran distancia de la Tierra, los satélites geoestacionarios están iluminados por el sol durante toda la noche. Sin embargo, esa distancia significa que están atenuados en el cielo nocturno. Por lo general, estos satélites solo se ven con telescopio, pero hay otra forma inteligente de observarlos: la fotografía de larga exposición. Monta una cámara en un trípode, apúntala hacia el ecuador celeste y abre el obturador de dos a cuatro minutos. En la fotografía resultante, verás las estelas de las estrellas (por la rotación de la Tierra) y, si miras bien, deberías advertir una fila de luces puntuales: los satélites geoestacionarios que al orbitar a la misma velocidad de la rotación terrestre siempre aparecerán en el mismo lugar del cielo.

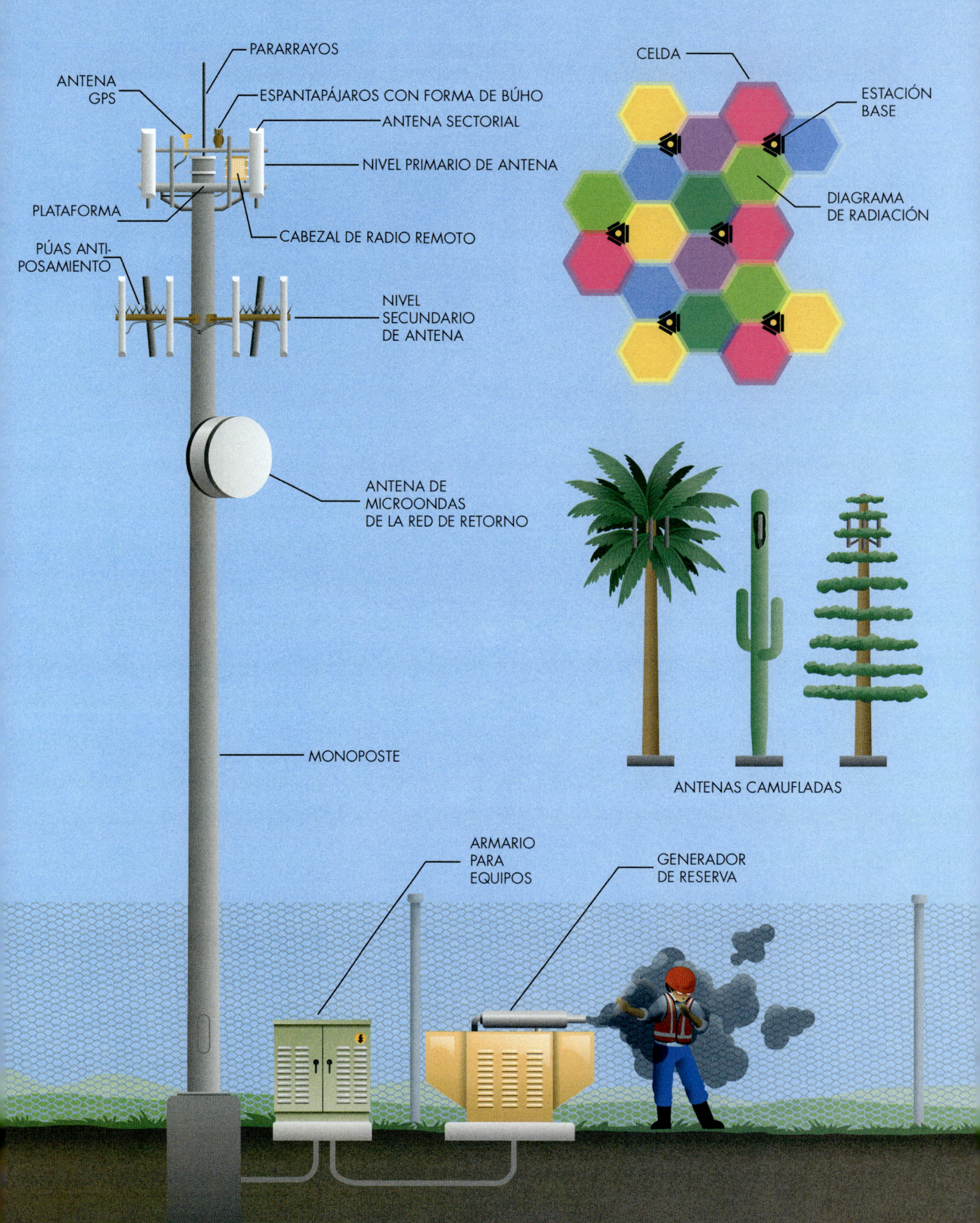

PARARRAYOS

ANTENA GPS

ESPANTAPÁJAROS CON FORMA DE BÚHO

ANTENA SECTORIAL

NIVEL PRIMARIO DE ANTENA

PLATAFORMA

CABEZAL DE RADIO REMOTO

PÚAS ANTI-POSAMIENTO

NIVEL SECUNDARIO DE ANTENA

ANTENA DE MICROONDAS DE LA RED DE RETORNO

MONOPOSTE

CELDA

ESTACIÓN BASE

DIAGRAMA DE RADIACIÓN

ANTENAS CAMUFLADAS

ARMARIO PARA EQUIPOS

GENERADOR DE RESERVA

Telefonía móvil

La mayoría de las comunicaciones inalámbricas implican la transmisión unidireccional de señales (por ejemplo, las ondas de radio AM y FM) o bidireccional entre un grupo limitado (como una red policial). La disponibilidad de frecuencias en el espectro electromagnético empleado por «canales» separados de comunicación es limitada. Además de eso, hay mucha competencia por esas bandas limitadas entre la amplia variedad de usuarios de señales de radio, incluidos los servicios públicos (bomberos y policía), militares, control de tráfico aéreo, estaciones de radio y televisión, entre otros. Habilitar la telefonía inalámbrica y la conectividad a Internet para el público es un gran desafío de ingeniería. Dentro de un estrecho rango de frecuencias, los operadores de servicios inalámbricos se han visto obligados a innovar para crear formas de conectar a cualquier persona que posea un dispositivo móvil tanto a la red telefónica como a Internet. La innovación fundamental que hace posible todo esto es la subdivisión de grandes áreas de servicio en CELDAS más pequeñas, de ahí el nombre de comunicaciones celulares que recibe en algunas partes del mundo.

Tal vez pueda parecer más económico montar las antenas de comunicación sobre torres muy elevadas que permitan abarcar áreas enormes; sin embargo, de ese modo solo se conseguirían unas pocas conexiones simultáneas (una por canal dentro de la banda disponible de frecuencias de radio). De hecho, los operadores han optado por instalar muchas antenas pequeñas repartidas por todo el paisaje para atender a grupos manejables de clientes. Esta estrategia posibilita miles de millones de transmisiones inalámbricas individuales por día en apenas unos pocos cientos de canales, gracias a que las celdas no adyacentes pueden utilizar los mismos canales

(mostrados con diferentes colores en la ilustración). Cada operador de telefonía móvil (servicios celulares) construye su propia red de celdas que brinda cobertura a todas las áreas, excepto a las menos transitadas. Aunque se han dibujado como hexágonos regulares, el tamaño y la forma de cada celda están determinados por la topografía, la disponibilidad de ubicaciones para instalar antenas y, sobre todo, por la demanda de servicio. Las celdas de las áreas densamente pobladas son más pequeñas, mientras que en áreas rurales suelen ser mucho más grandes.

La creación de todas estas celdas ha dejado huella por todo el paisaje en forma de ESTACIONES BASE. Una estación base (también conocida como *sitio de telefonía móvil*) tiene toda la infraestructura necesaria para proporcionar servicio a una o más celdas. Por lo general, incluyen una torre, antenas, amplificadores, equipos de procesamiento de señales, una conexión de retorno (*backhaul*) a la red y, a veces, baterías o un GENERADOR DE RESERVA para cortes de energía.

Las omnipresentes torres donde se instalan las antenas ya nos resultan más que familiares. En entornos urbanos, suelen ser MONOPOSTES o torres reticuladas. Con frecuencia el procesamiento de la señal tiene lugar en un CABEZAL DE RADIO REMOTO ubicado junto a las antenas, otras veces el equipo de radio se instala dentro de un ARMARIO PARA EQUIPOS a nivel del suelo. Los PARARRAYOS protegen a los equipos sensibles del impacto de los rayos. Las antenas también necesitan elementos disuasorios para evitar los daños que provoca la fauna silvestre. Si observas con atención, verás una amplia variedad de enfoques creativos para enfrentar este tipo de problema. Los más comunes son los ESPANTAPÁJAROS (generalmente con forma de búhos) para ahuyentar a las aves y las PÚAS

ANTIPOSAMIENTO de plástico que dificultan a las aves trepar o posarse en las antenas. Otro elemento que se aprecia en estas torres son las ANTENAS GPS. Suelen tener forma ovoide y captan de los satélites una señal de reloj precisa muy necesaria para sincronizar el equipo de procesamiento de señales.

Sin embargo, las estaciones base no siempre son torres independientes. Mantén los ojos abiertos en las áreas urbanas y detectarás antenas ubicadas en casi todas las estructuras elevadas, como edificios, torres de agua, postes de servicios públicos e incluso vallas publicitarias. De hecho, se ha desarrollado una vasta economía en torno al arrendamiento de espacios para instalar estaciones base, con agentes, empresas de inversión y todos los demás actores del mercado inmobiliario tradicional. Con frecuencia, los operadores comparten las estructuras para ahorrar costes y reducir el impacto visual en el paisaje de estos llamativos elementos. A menudo verás más de un NIVEL DE ANTENAS en una misma torre. Otro modo de disminuir la obviedad de estas torres consiste en disfrazarlas de objetos naturales como árboles, por ejemplo. Algunas de estas ANTENAS CAMUFLADAS son más sigilosas que otras.

En estos días, casi siempre es posible hallar algún conjunto de ANTENAS SECTORIALES rectangulares (empleadas en el envío y recepción de señales para dispositivos móviles) a la vista. Estas antenas son altamente direccionales, gracias a lo cual mantienen bien definidos los límites entre las células y casi siempre apuntan a un sector o franja de territorio de alrededor de 120°. Las PLATAFORMAS triangulares que hay en la parte superior de algunas torres hacen posible que las antenas den servicio a tres celdas desde la misma estación, cada una de las cuales se direcciona con meticulosidad para evitar interferencias con las celdas vecinas. Algunas antenas están inclinadas hacia abajo para evitar

que la señal se propague más allá de los límites de la celda. El DIAGRAMA DE RADIACIÓN de cada sector de antena es más bien circular. Al tener en cuenta la superposición imprescindible para la transferencia digital de un dispositivo que se mueve de una celda a otra, se obtiene una forma bastante hexagonal.

La conexión de cada estación base a la red central se denomina *red de retorno o backhaul*. En la mayoría de los casos, el retorno de una estación base se logra mediante un cable de fibra óptica hasta el centro de conmutación más cercano. Cuando no es factible la instalación de fibra óptica, los operadores pueden usar una red de retorno inalámbrica. Los objetos circulares que a veces se ven en las torres de telecomunicaciones con forma de tambor son en realidad ANTENAS DE MICROONDAS de alta capacidad. Bajo la cubierta protectora hay un plato parabólico similar a los que se usan para enviar y recibir señales de satélites. Estas antenas son direccionales. Si pudieras colocarte en su interior y observar desde allí, verías que su pareja instalada en otra torre mira directamente hacia ti.

La infraestructura de telefonía móvil es probablemente la que evoluciona a mayor velocidad de todos los temas tratados en este libro. Lo que comenzó como un medio para dar servicio de telefonía móvil es ahora el principal acceso a Internet de muchas personas. Las conversaciones de voz se han convertido en una función secundaria de los teléfonos móviles hasta el punto de que muchos prefieren emplear el término «dispositivo» en vez de «teléfono». A medida que más y más dispositivos obtienen conectividad a Internet, también definido como *Internet de las cosas*, se espera que la demanda de servicios inalámbricos de alta velocidad continúe incrementándose. Los operadores inalámbricos tendrán que seguir innovando. Por tanto, la infraestructura del mañana no se parecerá mucho a la actual.

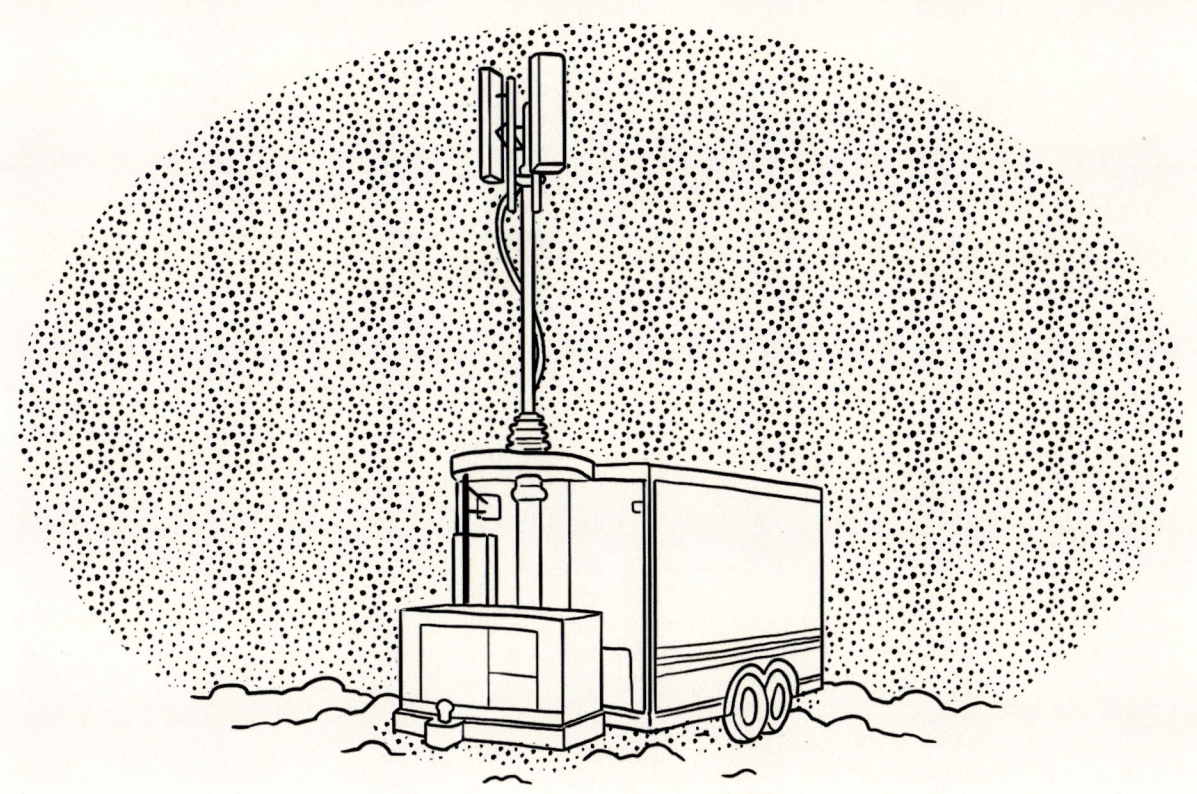

Durante eventos importantes como juegos deportivos y conciertos, la demanda de la red puede exceder con creces su capacidad. Por otro lado, los desastres y las emergencias pueden interrumpir las redes de comunicación existentes justo cuando más se necesitan. Las unidades móviles de telecomunicaciones permiten la expansión bajo demanda de las redes para añadir capacidad o expandir de modo temporal el servicio a nuevas áreas. Conocidas cariñosamente como COW[1], por sus siglas en inglés, estas torres montadas en camiones o remolques se pueden alquilar para desplegarlas en cualquier momento. Intenta divisar alguna torre telescópica conectada a un remolque o camión en el próximo evento importante al que asistas y agradécele el hecho de poder acceder con un billete electrónico en tu teléfono móvil y enviar algún vídeo del evento.

---

[1] *N. de la T.*: Aparte de significar 'vaca' en inglés, COW son las siglas de *Cell On Wheels*, 'antena sobre ruedas'.

3

LOS CAMINOS

Introducción

De todos los elementos de nuestro entorno construido, es probable que en los que menos nos fijemos sean las carreteras, pero son casi tan imprescindibles como el aire que respiramos. Es casi seguro que hayas llegado a donde quiera que estés ahora a través de algún camino y es muy probable que algún otro te lleve a donde quiera que vayas después. Los primeros caminos de la historia se formaron porque grupos de personas o animales siguieron la misma ruta el tiempo suficiente para erosionar un sendero entre dos puntos. De alguna forma, siempre han existido, pero no siempre han sido seguros, cómodos o capaces de acomodar la enorme cantidad ni el peso de los vehículos que recorren nuestro sistema actual de carreteras a diario. A lo largo de los años, la demanda de carreteras y caminos ha ido en constante crecimiento en la medida en que más personas y bienes se han puesto en movimiento. Su diseño ha evolucionado junto a la demanda. Puede que no siempre lo parezca, pero ahora las carreteras llevan más vehículos y son más pesados que nunca en la historia. Es fácil pasar por alto su valor para la sociedad porque son omnipresentes. Pero los ingenieros, contratistas y equipos de obras públicas que estudian, diseñan, construyen y conservan nuestras carreteras saben lo importantes que son para transportar tanto personas como mercancías. Sin importar si te gusta o no que dominen el paisaje, debería maravillarte el hecho de que, en la mayor parte del mundo moderno, cualquiera puede subir a un autobús, coche, ciclo, camión, motociclo o escúter para ir a casi cualquier lugar con relativa facilidad y comodidad.

VÍAS COLECTORAS   VÍAS ARTERIALES   AUTOVÍAS

GRIETAS EN EL PAVIMENTO

EXPLANADA

LENTEJÓN DE HIELO

BACHE

BACHE REPARADO

INTERSECCIÓN CONTROLADA POR SEÑALES   INTERSECCIÓN CONTROLADA POR SEMÁFOROS   GLORIETA O ROTONDA

FAROLA

PAVIMENTO (FIRME)

BORDILLO Y RIGOLA (CAZ)

ACERA   ALCORQUE CORRIDO   BANDA DE ESTACIONAMIENTO   CARRIL BICI   CARRIL   CARRIL   CARRIL BICI   ALCORQUE CORRIDO   ACERA

Las arterias urbanas y las vías colectoras

Nada ha tenido un impacto mayor en la planificación y el diseño de las ciudades a lo largo de los últimos cien años que el coche. Con la explosión de su popularidad a principios del siglo XX, los vehículos a motor se convirtieron en el medio estándar de transporte urbano. En consecuencia, las ciudades necesitaron vías para acomodar el creciente volumen de tráfico. Hay muchas buenas analogías entre las ciudades y la anatomía humana, y las carreteras no son una excepción. De hecho, las vías a menudo se conocen por sus equivalentes cardiovasculares. Las AUTOVÍAS son como la aorta, de gran capacidad y con un único destino principal. Las pequeñas VÍAS COLECTORAS son como capilares con poca capacidad, pero conectan con las casas y negocios. Entre ambas están las llamadas VÍAS ARTERIALES, unas conexiones de capacidad media en los centros urbanos. Todas juntas forman la red de transporte urbano que permite que los vehículos se desplacen de un modo eficiente entre dos lugares del mapa.

Aunque no siempre parezca ser el caso, las vías urbanas crean rutas para los coches y para muchas otras cosas más. Las vías colectoras y arteriales conforman el sistema circulatorio de las ciudades y son las vías de desplazamiento de coches, camiones, autobuses, ciclos, peatones, servicios públicos e incluso para la escorrentía de aguas pluviales. Aunque cada una sea diferente, la mayoría de las vías urbanas comparten muchas características. En esta sección proporcionaremos una visión general de los elementos más comunes que podrás ver en tu ciudad.

Una forma de caracterizar las vías se basa en el modo en que se interceptan, conocido como *cruce* o *intersección*. Habitualmente las vías colectoras y arteriales se cruzan al mismo nivel. Eso significa que solo puede cruzar un flujo de tráfico muy pequeño de forma simultánea y, en consecuencia, dicho flujo se interrumpe. Y justo ahí es donde tiene lugar la gran mayoría de los accidentes. Por esas razones, los ingenieros de tráfico dedican mucho tiempo a pensar y analizar el diseño de las intersecciones para hacerlas lo más seguras y eficientes posible. Este desafío casi siempre requiere un compromiso entre numerosas consideraciones que entran en conflicto, como espacio, coste y tipos y volúmenes de tráfico; así como con factores humanos, entre los que se encuentran hábitos, expectativas y tiempos de reacción. Las más sencillas son las INTERSECCIONES CONTROLADAS POR SEÑALES, donde hay señales de «Stop» o «Ceda el paso» para gestionar el flujo de tráfico. Son rentables y no requieren espacio adicional, pero no permiten manejar grandes volúmenes de tráfico porque crean una interrupción para cada vehículo que llega al cruce. Las INTERSECCIONES CONTROLADAS POR SEMÁFOROS emplean semáforos para indicar el flujo de tráfico que puede continuar (trataremos los semáforos en detalle más adelante). Las ROTONDAS O GLORIETAS son intersecciones circulares que mantienen el tráfico fluyendo alrededor de una isla central. Aunque a veces ocupan más espacio que otros tipos de uniones, ofrecen ciertas ventajas interesantes: manejan el tráfico de manera eficiente porque no interrumpen el flujo y crean menos colisiones peligrosas debido a que el tráfico fluye en una única dirección y a velocidad reducida. Por supuesto, dentro de estas tres categorías básicas existe una variedad infinita de configuraciones. Si has conducido el tiempo suficiente, habrás visto la amplia variedad de tipos de intersecciones y diseños creados por los ingenieros para hacer que el flujo de tráfico vial sea seguro y eficiente.

Las calzadas disponen de CARRILES DE CIRCULACIÓN y, en ocasiones, también destinan espacio para CARRILES BICI y BANDAS DE ESTACIONAMIENTO. La superficie de la calzada generalmente tiene su nivel más alto en el centro con pendientes (BOMBEO) hacia los bordes exteriores para eliminar el agua de lluvia de la superficie de conducción. En los laterales, el BORDILLO separa el PAVIMENTO (también llamado *firme*) de la zona urbanizada, y el CAZ (o *rigola*) proporciona un canal para el agua de lluvia. Muchas ciudades y pueblos incluyen una franja estrecha entre la calzada y la ACERA para incrementar la seguridad entre los vehículos (que circulan a cierta velocidad) y los vulnerables peatones. Esta área recibe múltiples nombres regionales, como ALCORQUE CORRIDO y *margen*, por ejemplo. También proporciona una ubicación para los postes de servicios públicos, las señales y las FAROLAS.

Por desgracia, el pavimento no es invencible. Una de las cosas que más nos frustra al conducir por la ciudad son los BACHES. Son molestos, sí, pero son algo peor que eso. Los baches provocan la pérdida de miles de millones de dólares en daños a neumáticos y amortiguadores de vehículos. Peor aún, son muy peligrosos. Los coches se desvían para evadirlos, incluso cuando circulan a gran velocidad, y si una bicicleta, motocicleta o escúter se topa

con alguno, podría ser una mala noticia para su conductor. La formación de un bache ocurre por etapas. La primera es el deterioro de la superficie del pavimento. Pueden parecer inocuas, pero las GRIETAS son críticas para el sistema de carreteras porque permiten la entrada de agua. El suelo bajo el pavimento puede quedar anegado por las precipitaciones, lo que ablanda y debilita la EXPLANADA. El agua debajo de la carretera también puede congelarse y convertirse en algo llamado LENTEJÓN DE HIELO. El agua se expande cuando se congela, y lo hace con una fuerza tremenda, separando el firme de la explanada. Cuando los lentejones se descongelan, el hielo que sostenía el pavimento retrocede y se crea un vacío. Cada vehículo que pasa presiona estas zonas debilitadas y agrava su estado. Al principio, es un proceso lento, pero cada fragmento de explanada erosionada bajo el firme significa menos soporte, y menos soporte implica más volumen de agua que el tráfico bombea hacia dentro y hacia fuera. Con el tiempo, el pavimento llega a perder apoyo suficiente hasta colapsar, romperse y crear un bache.

Como los baches son tan destructivos e inconvenientes, los propietarios de las carreteras gastan mucho tiempo y dinero para evitar su formación e intentan repararlos en cuanto aparecen. La prevención básicamente es sellar las grietas para evitar la entrada de agua. El volumen de las reparaciones depende de los materiales, los costes y las condiciones climáticas. Pero todas consisten en reemplazar el suelo y el pavimento perdidos y (con suerte) sellar el área para evitar que el agua se siga filtrando. Si la reparación no crea una buena conexión con la calzada existente, es posible que el bache se vuelva a abrir en el mismo lugar.

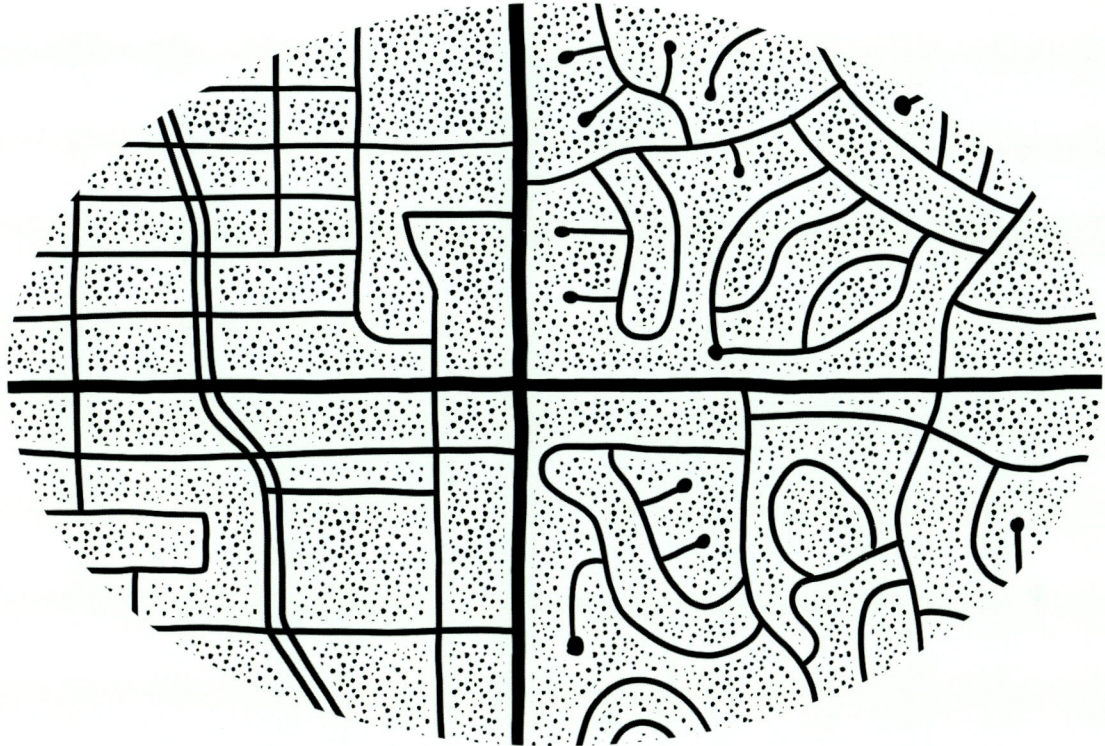

El diseño de las calles varía por todo el mundo e incluso en el interior de las propias ciudades. Muchas urbes se diseñan siguiendo un patrón de cuadrícula, tan antiguo como la historia humana, y muchas de las primeras organizaron sus calles a intervalos regulares y en ángulo recto. Este patrón facilita la orientación y da muchas opciones para seleccionar una ruta. Sin embargo, tiene sus desventajas. Por un lado, crea numerosas intersecciones donde hay más probabilidad de que ocurran accidentes. Y, por otro, las cuadrículas hacen que muchas calles sean *calzadas con prioridad*, lo que a menudo conlleva más ruido y conductores poco cuidadosos con su entorno.

Muchas de las nuevas urbanizaciones se diseñan para quedar desconectadas de las principales redes de transporte y desalentar el tráfico. Las calles se disponen en lazos curvilíneos, con intersecciones en «T» y *calles sin salida* para ralentizar el tráfico y reducir el número de accidentes. Las conexiones con las vías principales ocurren solo en algunos puntos, así, los coches que circulan por sus calles son principalmente de residentes, quienes (con toda probabilidad) conducirán con más precaución. Sin embargo, este estilo de diseño no está exento de desventajas. Las vías desconectadas y tortuosas, por lo general, dificultan el uso de cualquier modo de transporte que no sea un vehículo motorizado. En muchos lugares del mundo, la planificación moderna de vecindarios se enfoca en mejorar la conectividad para peatones, ciclistas y usuarios del transporte público.

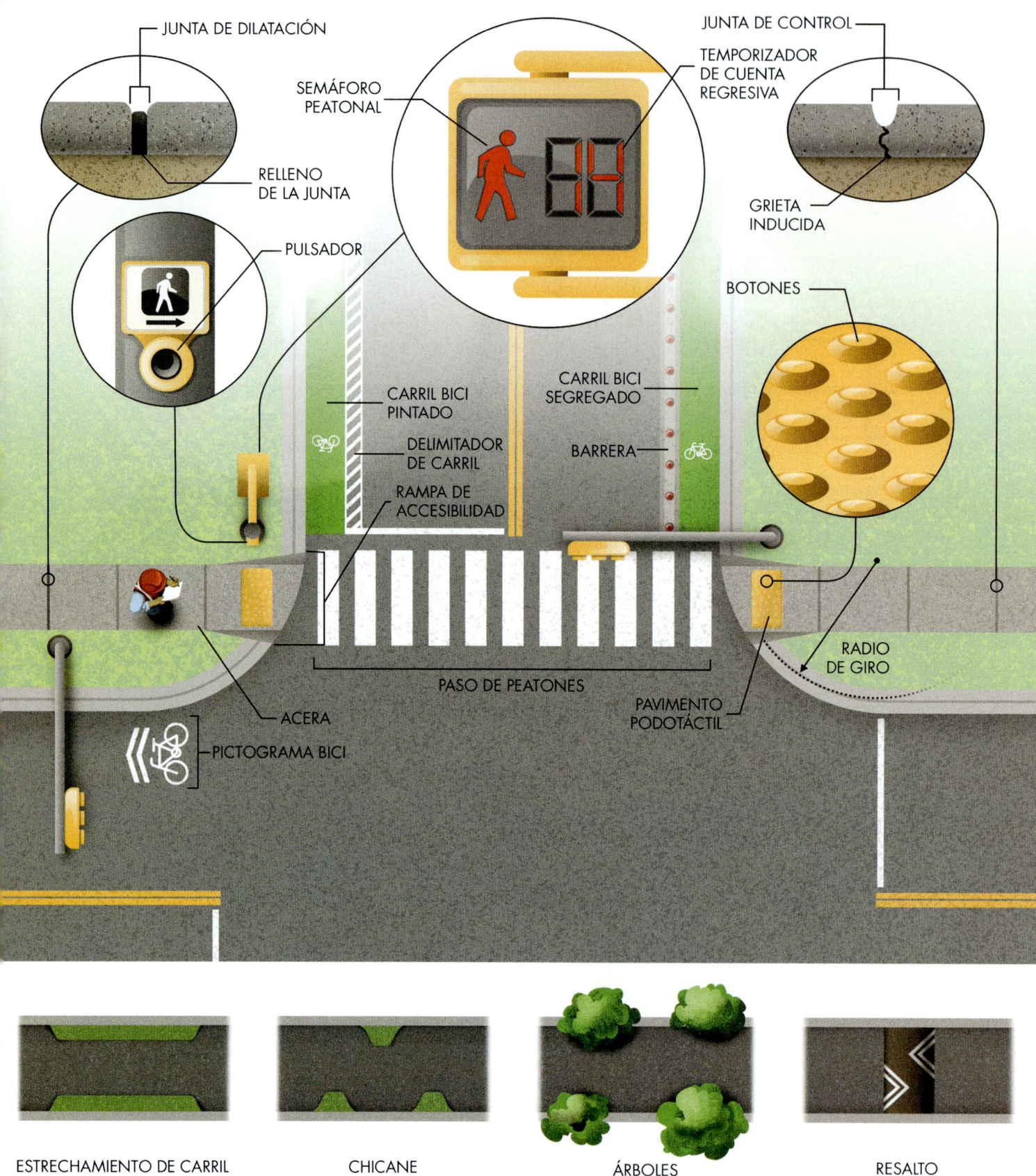

JUNTA DE DILATACIÓN

RELLENO DE LA JUNTA

SEMÁFORO PEATONAL

JUNTA DE CONTROL

TEMPORIZADOR DE CUENTA REGRESIVA

GRIETA INDUCIDA

PULSADOR

BOTONES

CARRIL BICI PINTADO

CARRIL BICI SEGREGADO

DELIMITADOR DE CARRIL

BARRERA

RAMPA DE ACCESIBILIDAD

RADIO DE GIRO

ACERA

PASO DE PEATONES

PAVIMENTO PODOTÁCTIL

PICTOGRAMA BICI

ESTRECHAMIENTO DE CARRIL

CHICANE

ÁRBOLES

RESALTO

MEDIDAS DE TEMPLADO DE TRÁFICO

Infraestructura peatonal y ciclista

Gran parte de nuestro sistema actual de carreteras fue diseñado para cumplir con un único objetivo de rendimiento: el movimiento seguro y eficiente del tráfico de vehículos motorizados. Hubo un tiempo en que los coches no eran tan fundamentales en nuestra vida urbana. Sin embargo, durante los últimos cien años (más o menos), parecen haberse convertido en la consideración principal de toda la planificación y el diseño de las ciudades. Por desgracia, este enfoque centrado en el coche pone en desventaja al resto de usuarios de las vías urbanas, incluidos peatones y ciclistas. En muchos lugares del mundo, deberás enfrentarte a una serie de peligros e inconvenientes si intentas desplazarte por la ciudad en algo que no sea un coche. Por suerte, las ciudades se están dando cuenta de la importancia de poder transitar a pie o en bicicleta y su significado en términos de habitabilidad. En estos días aspiramos a tener *calles integrales*, donde la seguridad y la conveniencia para todos los usuarios estén equilibradas.

Una de las ubicaciones peatonales más evidentes es la ACERA, un camino estrecho generalmente separado de la calzada. Estos senderos se construyen de diferentes materiales, pero en la mayoría de las ciudades estadounidenses consisten en cintas de hormigón. Las aceras pueden parecer sencillas, pero su diseño y construcción implica un nivel considerable de ingeniería. Es inevitable que el hormigón se fisure. Las raíces de los árboles invaden el subsuelo, los ciclos de congelación y descongelación levantan el suelo y los vehículos imponen cargas imprevistas. Las aceras se diseñan con JUNTAS DE CONTROL que debilitan el hormigón de forma artificial para restringir la ubicación de las grietas a un patrón regular. Estas GRIETAS INDUCIDAS son preferibles a la antiestética distribución aleatoria que ocurriría de no existir esas juntas de control. Además, el hormigón se contrae y se expande con las variaciones de temperatura. En estructuras pequeñas, esto podría resultar imperceptible, mientras que, en el caso de elementos alargados (como las aceras), el movimiento térmico se acumula. En el hormigón se dejan unos espacios ocasionales, llamados JUNTAS DE DILATACIÓN, para evitar que las aceras se levanten y presenten grandes grietas. Las juntas generalmente están rellenas de madera, corcho o GOMA, para permitir los movimientos de dilatación o contracción.

Accesibilidad es el término empleado para describir lo que hay que hacer para que las aceras y otras infraestructuras peatonales sean seguras y eficientes para todos los usuarios, incluidos aquellos con discapacidades. Las aceras tienen anchos y pendientes mínimos específicos para asegurarse de que no sea demasiado difícil atravesarlas. En las uniones de aceras y bordillos suele construirse una rampa hasta la superficie de la calzada, denominada RAMPA DE ACCESIBILIDAD, que garantiza que los usuarios de sillas de ruedas, andadores y bastones lleguen con facilidad a la calzada, al igual que los peatones con carros y cochecitos e incluso los niños en bicicleta. En las aceras también se suele emplear PAVIMENTO PODOTÁCTIL: unas áreas con relieves para que las personas con discapacidad visual puedan delinear el límite entre la acera y la calzada. Son advertencias detectables para quienes de otra manera no podrían identificar un peligro potencial; se incluyen en líneas de metro, pendientes pronunciadas, escaleras y cruces de calles. Suelen ser de un color contrastante, por lo que son fáciles de reconocer y en muchos casos se emplea una textura familiar conocida como textura de BOTONES.

Otro aspecto esencial de la infraestructura peatonal es que los peatones crucen las calles de manera segura. Los PASOS DE PEATONES son las áreas designadas para cruzar y son más visibles y predecibles para los conductores. Por lo general, los encontramos en las intersecciones y están señalizados mediante grandes barras blancas. Los SEMÁFOROS PEATONALES (ubicados en cada extremo) indican a los peatones cuándo cruzar. Además, algunos semáforos peatonales incluyen TEMPORIZADORES (DE CUENTA REGRESIVA) para mostrar cuántos segundos quedan para cruzar. En función del volumen de tráfico, puede haber luz verde simultánea para el tráfico de vehículos y peatones o una fase en la que solo se permite el cruce de peatones. Hay semáforos que escalonan las fases, por lo que los peatones cuentan con cierta ventaja sobre los conductores. Algunos operan exclusivamente con un temporizador preprogramado, mientras que otros se accionan mediante un PULSADOR. Sin embargo, el hecho de que exista un pulsador no significa que esté en realidad conectado al regulador del semáforo. A veces, se trata simplemente de *botones placebo* o solo funcionan durante ciertos momentos del día.

Circular en bicicleta es una de las formas más eficientes, saludables y divertidas de desplazarse, pero hacerlo en una ciudad sin infraestructura para ciclistas se percibe como algo potencialmente mortal. La mayoría de los lugares tienen leyes que permiten que las bicicletas usen los mismos carriles que los vehículos motorizados, pero pocos ciclistas se sienten cómodos haciéndolo, excepto en las calles poco concurridas. Existen múltiples enfoques para adaptar el tráfico de bicicletas a las ciudades. Una de las medidas más sencillas es el PICTOGRAMA BICI, una marca vial empleada para indicar la vía preferible para ciclistas en carriles compartidos. La *uniformidad* es un concepto crucial en la ingeniería de tráfico. Si todos los usuarios de la carretera saben qué esperar, es menos probable que cometan errores de juicio que conduzcan a colisiones. Los pictogramas bici no proporcionan ni protección explícita ni separación para los ciclistas, pero ayudan a definir las expectativas entre automovilistas y ciclistas para evitar confusiones (y, con suerte, tensiones) en la vía.

El siguiente paso en la infraestructura para bicicletas es el CARRIL BICI PINTADO. Estas vías no proporcionan separación física de los vehículos. Aun así, las separan visualmente de los carriles primarios, pues crean una división perceptiva entre las dos corrientes de tráfico (que suelen presentar velocidades muy diferentes). En Estados Unidos las vías ciclistas a veces se pintan de color verde para diferenciarlas aún más del resto de la calzada y, en ocasiones, se usan SEPARADORES pintados para crear más espacio entre los vehículos y los ciclistas. Los CARRILES BICI SEGREGADOS proporcionan el más alto nivel de seguridad y comodidad. Se trata de carriles exclusivos para ciclistas con una BARRERA física de algún tipo que los separa de la carretera principal. Por supuesto, tanto los carriles pintados como los segregados requieren una inversión significativa, por lo que a menudo se reservan solo para las vías con mucho tráfico.

Una forma de mejorar la seguridad de peatones y ciclistas consiste en reducir la velocidad y el volumen de vehículos motorizados. Solo cambiar el límite de velocidad no suele ser suficiente para reducir la velocidad de los coches, por lo que los ingenieros y planificadores urbanos emplean métodos más creativos para TEMPLAR EL TRÁFICO. Por ejemplo, reducir el RADIO DE GIRO de las intersecciones ralentiza a los vehículos y acorta la distancia de cruce para los peatones. Sin embargo, hacerlo es factible solo en áreas sin tráfico de camiones (que necesitan más espacio para girar). Las opciones de templado de tráfico fuera de las intersecciones incluyen ESTRECHAMIENTOS DE CARRILES para restringir el ancho de la vía, CHICANES para añadir giros suaves, ÁRBOLES para reducir la distancia de visibilidad y RESALTOS LIMITADORES DE VELOCIDAD para incorporar impedimentos físicos a los vehículos que circulan a gran velocidad.

PRESTA ATENCIÓN

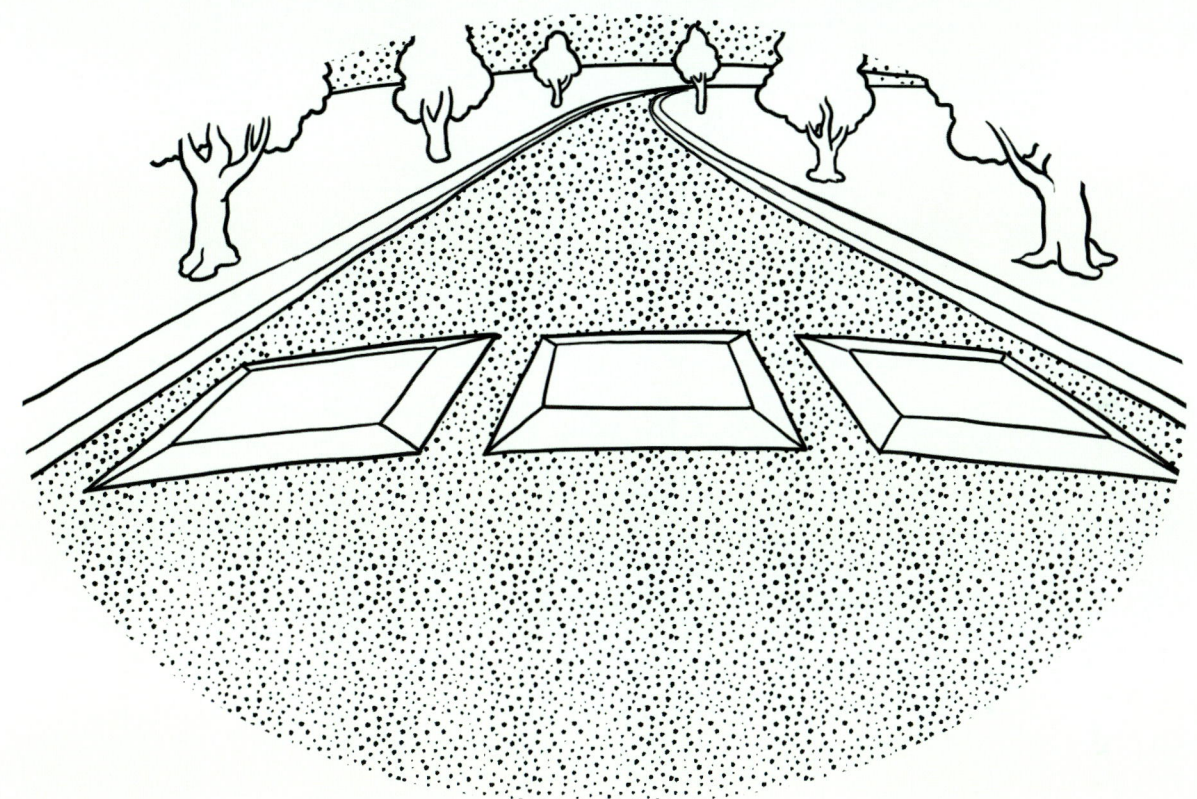

¿Alguna vez te has preguntado cuál es la diferencia entre resaltos y badenes? Un *resalto limitador de velocidad* es una herramienta que mide alrededor de cuatro metros de ancho y cuyo propósito es reducir la velocidad de los vehículos en la vía pública[1]. Un *badén* es una depresión en la calzada. En EE. UU. emplean un dispositivo para templar el tráfico similar a los resaltos denominado *speed lump*, con espacios precisos para permitir que los vehículos de emergencia pasen sin reducir la velocidad. A los conductores no les suelen gustar estos obstáculos, sobre todo porque son incómodos incluso a baja velocidad. Hay nuevos diseños que emplean fluidos «inteligentes» que se endurecen solo cuando los conductores van demasiado rápido, mientras que, a velocidades inferiores al límite establecido, se deforman y no ofrecen resistencia al paso de los vehículos.

---

[1] *N. de la T.:* En España hay dos tipos de resaltos: los de sección transversal trapezoidal (o paso peatonal sobreelevado) y los de sección transversal circular (o de lomo de asno).

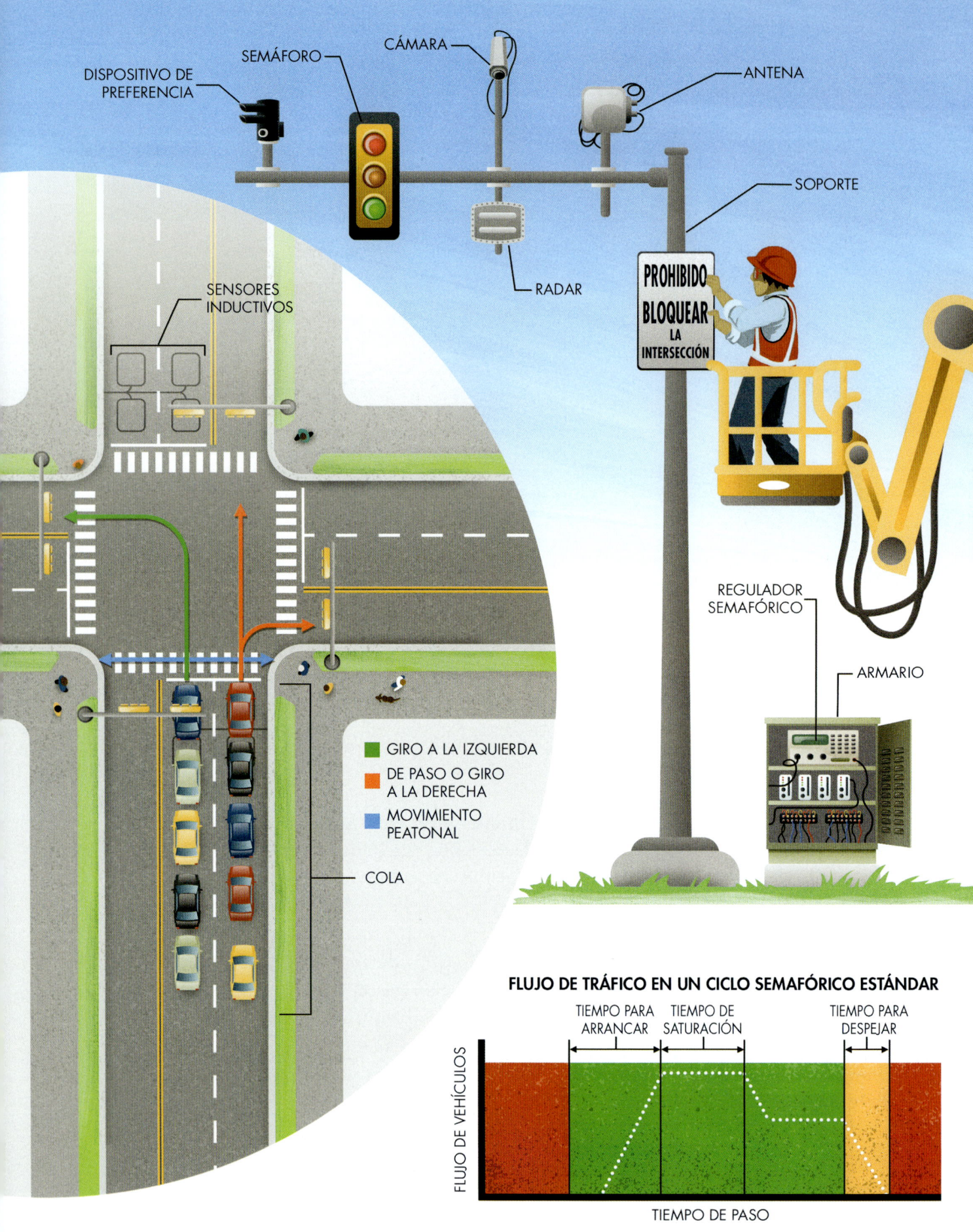

DISPOSITIVO DE PREFERENCIA

SEMÁFORO

CÁMARA

ANTENA

SOPORTE

RADAR

PROHIBIDO BLOQUEAR LA INTERSECCIÓN

SENSORES INDUCTIVOS

REGULADOR SEMAFÓRICO

ARMARIO

GIRO A LA IZQUIERDA

DE PASO O GIRO A LA DERECHA

MOVIMIENTO PEATONAL

COLA

FLUJO DE TRÁFICO EN UN CICLO SEMAFÓRICO ESTÁNDAR

TIEMPO PARA ARRANCAR

TIEMPO DE SATURACIÓN

TIEMPO PARA DESPEJAR

FLUJO DE VEHÍCULOS

TIEMPO DE PASO

Los semáforos

La gestión del tráfico en áreas urbanas densas es un problema complejo, con una serie de objetivos y desafíos contradictorios. Uno de los más complicados tiene lugar en las intersecciones donde múltiples flujos de tráfico (vehículos motorizados, ciclos y peatones) necesitan cruzar de manera segura y eficiente. Una de las formas más habituales de regular el *orden de preferencia* en las intersecciones son los semáforos. Su uso no es una panacea para todos los problemas de tráfico, pero proporcionan cierto equilibrio entre múltiples consideraciones esenciales, como su capacidad para manejar grandes volúmenes de tráfico con interrupciones menores, a la vez que ocupan muy poco espacio, entre otros.

Debe existir una estandarización muy rigurosa para que, al llegar a una intersección desconocida, conozcas perfectamente tu papel en la cuidadosa y, a la vez, caótica danza de vehículos y peatones. Es por eso que casi todos los semáforos de una zona geográfica o país específico son similares. En su forma más simple, los semáforos incluyen un conjunto de CABEZAS dirigidas a cada uno de los carriles de la intersección. Las cabezas se colocan en cables suspendidos o en SOPORTES rígidos. En general, cuando están en verde, los vehículos del carril pueden cruzar; y cuando están en rojo, no. La luz ámbar advierte que está a punto de cambiar de verde a rojo. Más allá de esta función principal, los semáforos son capaces de asumir innumerables complejidades para adaptarse a todo tipo de situaciones.

En las vías que se aproximan a la intersección, los vehículos pueden elegir una de tres opciones, que se denominan *movimientos*: de PASO, giro a la DERECHA y giro a la IZQUIERDA. Por lo general, la circulación de frente y el giro a la derecha se agrupan en un solo movimiento, por lo que una intersección tipo de cuatro vías cuenta con dos movimientos vehiculares y uno PEATONAL en cada sentido. Estos movimientos se agrupan en fases: por ejemplo, es posible agrupar los movimientos de giro a la izquierda en sentidos opuestos en una sola fase porque pueden fluir de forma simultánea sin conflictos. Los ingenieros de tráfico determinan la agrupación de movimientos en fases y el orden de cada fase a través de ciclos para acomodar diferentes volúmenes y tipos de tráfico.

Otra decisión crítica radica en el tiempo que debe durar cada secuencia de fases. Lo ideal es que la luz verde dure al menos el tiempo suficiente para despejar la COLA acumulada durante la luz roja, pero no siempre es posible, sobre todo durante las horas pico en las intersecciones más concurridas. Cuando la intersección esté SATURADA, la luz verde puede alargarse para reducir el número de ciclos, debido a que cada uno incluye los tiempos necesarios para ARRANCAR y DESPEJAR el cruce, períodos durante los cuales la intersección no se utiliza a su máxima capacidad.

La luz ámbar debe durar lo suficiente para que los conductores perciban la advertencia y desaceleren sus vehículos hasta detenerse a un ritmo cómodo. Las pautas de diseño consideran muchos factores, pero la duración de la luz ámbar generalmente se establece en alrededor de un segundo por cada 15 km/h en el límite de velocidad. En la mayor parte de América del Norte, se permite ingresar en la intersección durante toda la duración de la luz ámbar, lo que significa que debe haber un momento en que todas las fases tengan una luz roja para permitir que el cruce se despeje. Este intervalo suele ser de un segundo aproximadamente, pero se puede ajustar hacia arriba o hacia abajo según el límite de velocidad y el tamaño de la intersección.

Algunos semáforos funcionan con una secuencia de tiempo programada en un regulador semafórico, pero muchos son bastante más sofisticados. Sistema de *semáforos accionados por el tráfico* es el término que usamos para los semáforos que reciben información del exterior para ajustar sobre la marcha el tiempo de paso y la secuencia de fases. Los semáforos accionados por el tráfico se basan en datos de sistemas de detección de tráfico como CÁMARAS, RADARES y SENSORES INDUCTIVOS integrados en la superficie de la carretera. Estos sensores son esencialmente detectores de metales que pueden medir si hay algún vehículo grande presente (en detrimento de ciclos, motociclos y escúteres que son demasiado pequeños para activarlos). Todos estos sistemas de detección envían sus datos a un ARMARIO PARA EQUIPOS ubicado cerca. Probablemente hayas visto cientos de estos armarios sin conocer su propósito.

Dentro de estos armarios hay un REGULADOR SEMAFÓRICO, un ordenador sencillo programado para determinar cuándo y cuánto durará cada fase en función de la información suministrada por los detectores. Los sistemas de semáforos accionados por el tráfico proporcionan mucha más flexibilidad para manejar las variaciones en la carga de tráfico. Por ejemplo, si se pretende cerrar una vía y desviar su tráfico a través de una intersección que no suele tener una demanda tan alta, es posible que deba reprogramarse el regulador semafórico antes de hacerlo. Sin embargo, si el semáforo estuviera equipado con control accionado podría detectar por su cuenta el tráfico adicional y ajustar sus fases en consecuencia. Lo mismo ocurre con eventos especiales, como conciertos y partidos, que crean demandas de tráfico colosales en horarios irregulares. Otra de las ventajas de los sistemas

de semáforos accionados por el tráfico radica en que evitan largas esperas ante la luz roja si no hay vehículos en la otra dirección. Por último, este sistema permite dar prioridad a vehículos de emergencia y de transporte público equipados con transmisores especializados. Los DISPOSITIVOS DE PREFERENCIA (equipados con sistemas infrarrojos o acústicos) se comunican con los transmisores de los vehículos con prioridad para indicar al regulador semafórico que active la luz verde.

Sin embargo, el sistema de control accionado por el tráfico no es el pináculo de la complejidad. Después de todo, considera cada intersección como una entidad aislada cuando en realidad es solo un componente de una red mayor. Cada elemento de la red de tráfico impacta en las demás partes del sistema. El ejemplo clásico de esto son los *atascos*, donde las colas de vehículos bloquean las intersecciones adyacentes de un modo que detiene el flujo de tráfico. Una solución a este problema es la *coordinación semafórica* que permite sincronizar los semáforos. Estos semáforos coordinados suelen emplearse en largas avenidas atravesadas por múltiples calles transversales pequeñas y se programan para que un gran grupo de vehículos, denominado *pelotón* por los ingenieros de tráfico, realice parte o todo el recorrido sin interrupciones. Esta coordinación consigue aumentar de un modo significativo el volumen de tráfico capaz de atravesar las intersecciones, pero funciona solo en tramos sin otras fuentes de interrupción del tráfico, como incorporaciones y negocios. Si el pelotón no puede mantenerse unido, se reducen los beneficios de coordinar los semáforos.

El siguiente paso en la eficiencia consiste en coordinar la mayoría o todos los semáforos dentro de una red de tráfico. Este trabajo corresponde a las *tecnologías de control adaptativo*. En los sistemas adaptativos, se introduce toda la información de los detectores en un sistema centralizado (suele llevarse a cabo por vía inalámbrica mediante ANTENAS ubicadas en los semáforos) que emplea algoritmos avanzados para optimizar el flujo de tráfico de toda la ciudad, en vez de hacerlo solo con grupos individuales de semáforos. Estos sistemas reducen de forma drástica la congestión. Muchas ciudades han implementado tecnologías adaptativas en sus sistemas de semaforización.

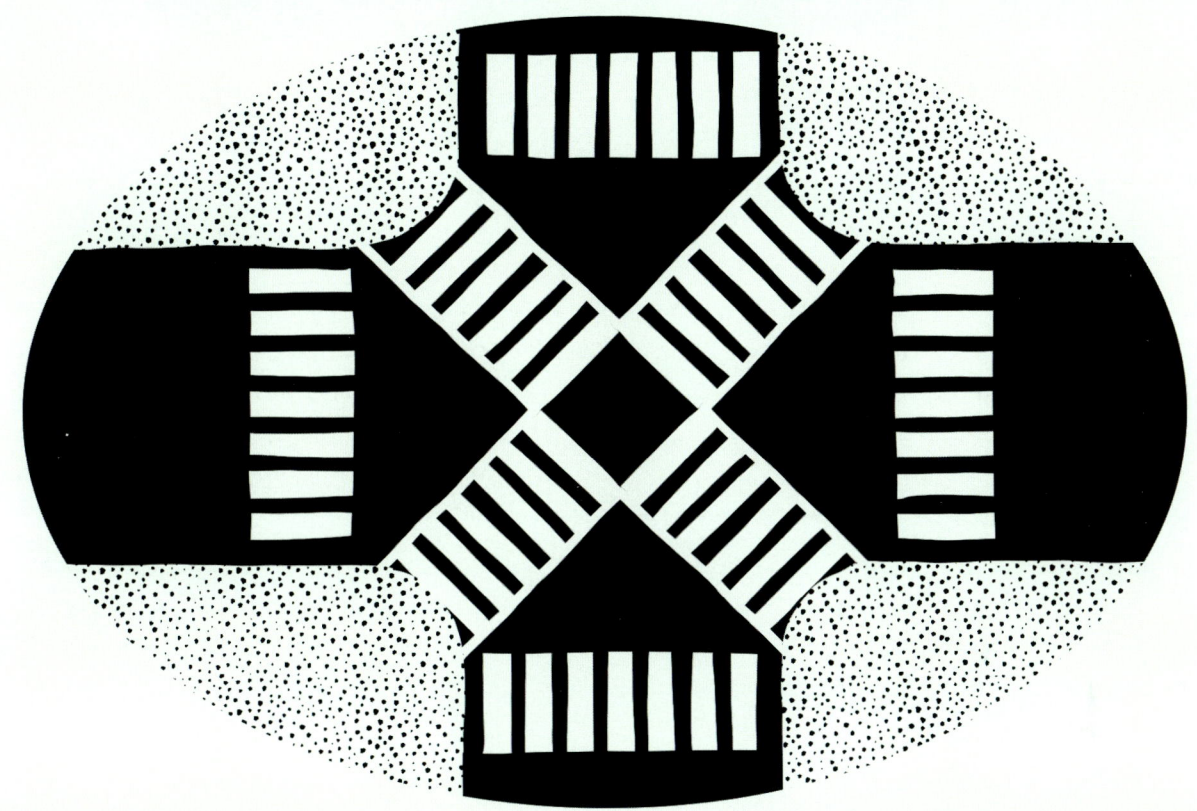

Existen unos cruces que detienen todo el tráfico vehicular y permiten a los peatones cruzar la intersección en todas direcciones, incluso en diagonal. El más famoso de todos es el cruce de Shibuya, se denominan *pedestrian scramble*, *x-crossing* o *scramble crossing*. Esto solo es factible en cruces con alto volumen de tráfico peatonal, debido a que el cruce en diagonal es más largo y alarga el tiempo de espera de los conductores. Son habituales en el centro de las ciudades donde los vehículos que giran tendrían que dejar cruzar un gran número de peatones si los movimientos de vehículos y peatones fueran simultáneos.

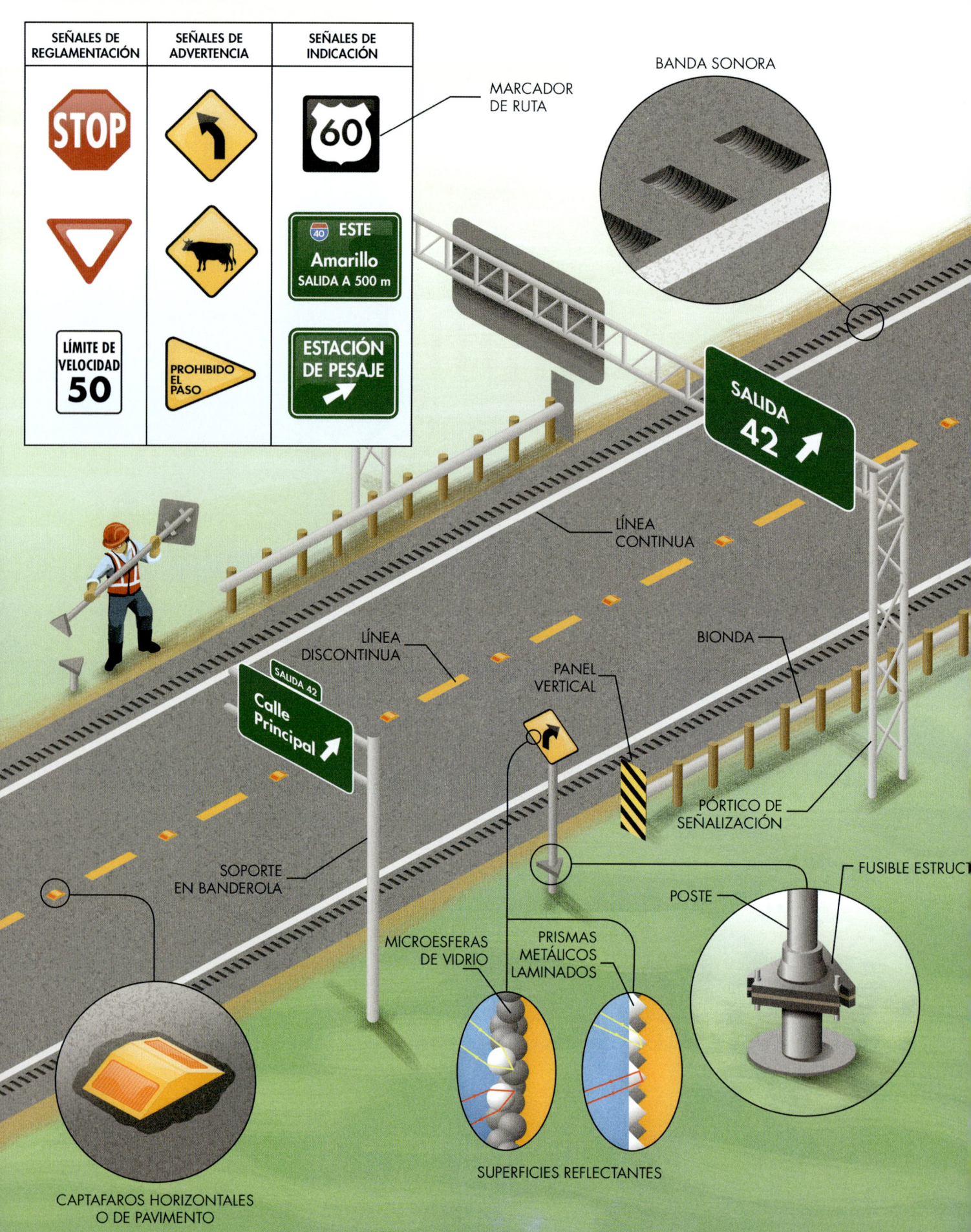

SEÑALES DE REGLAMENTACIÓN	SEÑALES DE ADVERTENCIA	SEÑALES DE INDICACIÓN
STOP	(flecha curva izquierda)	60 MARCADOR DE RUTA
(triángulo ceda el paso)	(vaca)	I-40 ESTE Amarillo SALIDA A 500 m
LÍMITE DE VELOCIDAD 50	PROHIBIDO EL PASO	ESTACIÓN DE PESAJE ↗

BANDA SONORA

MARCADOR DE RUTA

LÍNEA CONTINUA

SALIDA 42 ↗

BIONDA

LÍNEA DISCONTINUA

PANEL VERTICAL

PÓRTICO DE SEÑALIZACIÓN

SALIDA 42 Calle Principal ↗

SOPORTE EN BANDEROLA

FUSIBLE ESTRUCT

POSTE

MICROESFERAS DE VIDRIO

PRISMAS METÁLICOS LAMINADOS

SUPERFICIES REFLECTANTES

CAPTAFAROS HORIZONTALES O DE PAVIMENTO

Las señales y marcas viales[2]

Uno de los aspectos más importantes para que las vías sean seguras y eficientes es la uniformidad de las señales y marcas viales. Los conductores deben tomar decisiones rápidas mientras se desplazan a gran velocidad. Cuando las señales se reconocen y comprenden de forma instantánea, los conductores y otros usuarios de la vía experimentan menos confusión y sorpresa. Eso significa que es menos probable que juzguen mal un peligro o tomen una mala decisión. Las señales y marcas viales empleadas para regular, advertir o dirigir el tráfico en las vías se conocen colectivamente como *dispositivos de control de tráfico*. Casi todos los aspectos de su diseño están rígidamente estandarizados dentro de cada país (y a veces internacionalmente). Para garantizar que los conductores se sientan cómodos y sean capaces de circular por las carreteras sin importar a dónde se dirijan, es preciso prescribir con extremo cuidado parámetros como el tamaño, la forma, la ubicación, el color, los símbolos y las palabras que figuran en ellos. De este modo, también se consigue que la infraestructura sea más rentable porque los materiales, productos y equipos están estandarizados en todo el país. En Estados Unidos, el manual que rige la uniformidad de los dispositivos de control de tráfico tiene más de 800 páginas e incluye pautas para casi cualquier situación que se pueda encontrar en el diseño de carreteras.

Las *señales de tráfico* deben transmitir información de la manera más clara y directa posible porque los usuarios de la vía solo cuentan con un momento para reconocerlas, comprenderlas y actuar en consecuencia. Están destinadas a transmitir su mensaje primero por su forma, luego por su color y finalmente por su significado. Las señales más importantes se reconocen simplemente por su forma (por ejemplo, la señal octogonal de «Stop»).

En las vías se emplean tres categorías principales de señales (junto a muchas otras categorías menores): las de reglamentación, las de advertencia y las de indicación. Las SEÑALES DE REGLAMENTACIÓN informan a los usuarios de la vía sobre las leyes de tráfico, entre ellas se incluyen las de limitación de velocidad, stop y ceda el paso. En su mayoría utilizan una combinación de colores negro, blanco y rojo. Las SEÑALES DE ADVERTENCIA alertan a los usuarios sobre peligros y condiciones inesperadas. Casi siempre se trata de rombos amarillos con texto de color negro. Los PANELES VERTICALES son otro tipo de señal de advertencia para indicar obstáculos permanentes en la vía o junto a ella y se distinguen por sus rayas diagonales amarillas y negras. Las SEÑALES DE INDICACIÓN brindan a los usuarios información útil para la circulación y los guían a lo largo de su ruta (casi siempre son verdes con un reborde blanco e incluyen algún mensaje). Los MARCADORES DE RUTA son otro tipo de señales de indicación. Cuentan con colores para diferenciar la clasificación de la vía y formas específicas (casi siempre de escudo).

La mayoría de las señales se colocan a los lados de la vía sobre POSTES metálicos. Estos mantienen la señal a la altura precisa para que resulten visibles a todos los usuarios de la vía. Hay otra opción para el montaje de señales: las estructuras aéreas, más habituales en autopistas y autovías porque el tráfico puede obstaculizar la vista de las señales a los carriles centrales. Los

---

[2] *N. de la T.:* Todo lo que aparece en este apartado corresponde al sistema estadounidense de señalización de tráfico. Cada país cuenta con su propio sistema. Por tanto, algunas de las cuestiones explicadas aquí podrían no coincidir con el sistema vigente en España.

soportes de señales aéreas proporcionan mejor visibilidad para todos los carriles de tráfico, y los hay de dos tipos. Cuando son transportados por un solo elemento vertical, se denominan SOPORTES EN BANDEROLA, que solo alcanzan cierta distancia porque la carga está desequilibrada. En las vías más anchas, los soportes se sostienen a ambos lados por una estructura llamada PÓRTICO de señalización.

Aunque las señales son fundamentales para mantener las vías seguras y eficientes, también representan un riesgo. Las finas estructuras de los postes pueden atravesar muchas partes de un vehículo como si fuera de mantequilla. Si un vehículo fuera de control golpea una señal o su soporte, las consecuencias del accidente empeorarían significativamente, por lo que se requiere que las señales presenten *resistencia a las colisiones*. En la mayoría de los casos, los postes deben poseer *fusibilidad estructural* (deben poder desprenderse o abatirse con facilidad) para reducir su impacto contra el vehículo que lo embista, minimizando el potencial de lesiones a los ocupantes. En los postes de madera se perforan agujeros, para que se rompan con facilidad al ser golpeados. Los POSTES FUSIBLES metálicos poseen unos dispositivos para su desprendimiento o abatimiento. Estas fijaciones se conectan mediante pletinas con pernos en ranuras abiertas. Al ser golpeado el poste, los pernos se deslizan y la señal se desprende. Estos dispositivos tienen el beneficio adicional de agilizar el reemplazo de las señales abatidas. El hormigón y la base permanecen intactos, por lo que instalar una nueva señal sobre la fijación original es tan simple como atornillarla. No es posible aplicar esta solución a las señales sobre pórticos porque una señal caída en la vía podría poner en peligro a otros usuarios. En cambio, los soportes están protegidos contra colisiones mediante BIONDAS, BARRERAS DE PROTECCIÓN y atenuadores de impacto (más adelante encontrarás más información sobre estas estructuras).

Las marcas dibujadas en la superficie de las vías son otro dispositivo de control de tráfico. Las MARCAS LONGITUDINALES Y TRANSVERSALES se pintan en el pavimento para proporcionar información y orientación a los usuarios de la vía. Dependiendo de los niveles de tráfico y el presupuesto, se emplean diferentes materiales, desde la simple pintura acrílica hasta la *termoplástica* que se funde en la superficie de la carretera. En las zonas frías donde las nevadas son habituales, con frecuencia las marcas viales se empotran en el pavimento para protegerlas contra los quitanieves.

Los CAPTAFAROS HORIZONTALES o DE PAVIMENTO son otra marca vial para guiar a los conductores. Proporcionan retroalimentación tanto visual como táctil, porque conducir sobre ellos resulta bastante incómodo. Estos captafaros también se conocen como *ojos de gato* porque funcionan de manera similar a la forma en que los ojos de un gato parecen brillar por la noche cuando se someten a la luz. Los colores de los captafaros reflectantes tienen diferentes significados. El blanco y el amarillo se utilizan para marcar los carriles. Los azules indican la ubicación de las bocas de incendio. Si alguna vez ves reflectantes rojos, ¡date la vuelta! Suelen instalarse en la parte posterior de los captafaros horizontales para advertir a los conductores de que circulan en sentido contrario. Las BANDAS SONORAS son unos dispositivos de seguridad que no se ven, sino que se escuchan. Para crearlas, se hacen ranuras en el pavimento a intervalos regulares. Cuando un vehículo se sale de su carril, el sonido y la vibración de la banda sonora advierten al conductor de la desviación.

Los dispositivos de control de tráfico no son útiles si no son visibles en la oscuridad. Antes se solían iluminar las señales de tráfico por la noche o durante el mal tiempo. Ahora, casi todas las señales y marcas viales son *reflectantes*, lo que significa que reflejan la luz hacia la fuente en la dirección en que la reciben. Las SUPERFICIES REFLECTANTES aprovechan la luz de los faros y provocan que rebote directamente hacia el vehículo (y hacia el conductor que hay en su interior). Esto hace que las señales y marcas viales parezcan mucho más brillantes que su entorno no reflectante. Los carteles se recubren con láminas de plástico incrustadas con MICROESFERAS DE VIDRIO o PRISMAS METÁLICOS LAMINADOS. Las microesferas de vidrio reflectantes también se incrustan en las marcas viales, lo que las hace más visibles para los vehículos que llevan los faros encendidos.

PRESTA ATENCIÓN

A veces, los mensajes o advertencias son tan importantes que se escriben sobre la superficie de la calzada donde seguro los conductores podrán verlos. Sin embargo, a diferencia de las señales ubicadas a la altura de los ojos del conductor, las marcas viales solo se pueden ver desde muy cerca: parecen estar en escorzo y resultan difíciles de leer. Y empeora aún más cuando los conductores circulan a gran velocidad. Por ejemplo, la mayoría de las personas subestiman la longitud de las líneas de la vía: parecen más cortas que los tres metros que miden en realidad. Por ese motivo, letras y símbolos son alargados para combatir esta ilusión óptica y mejorar su legibilidad. En la mayoría de los casos, las marcas viales se alargan de dos a cinco veces su tamaño estándar en la dirección de la marcha. Si sostienes este libro en el ángulo correcto con respecto a tus ojos, el texto de la ilustración se verá perfectamente normal.

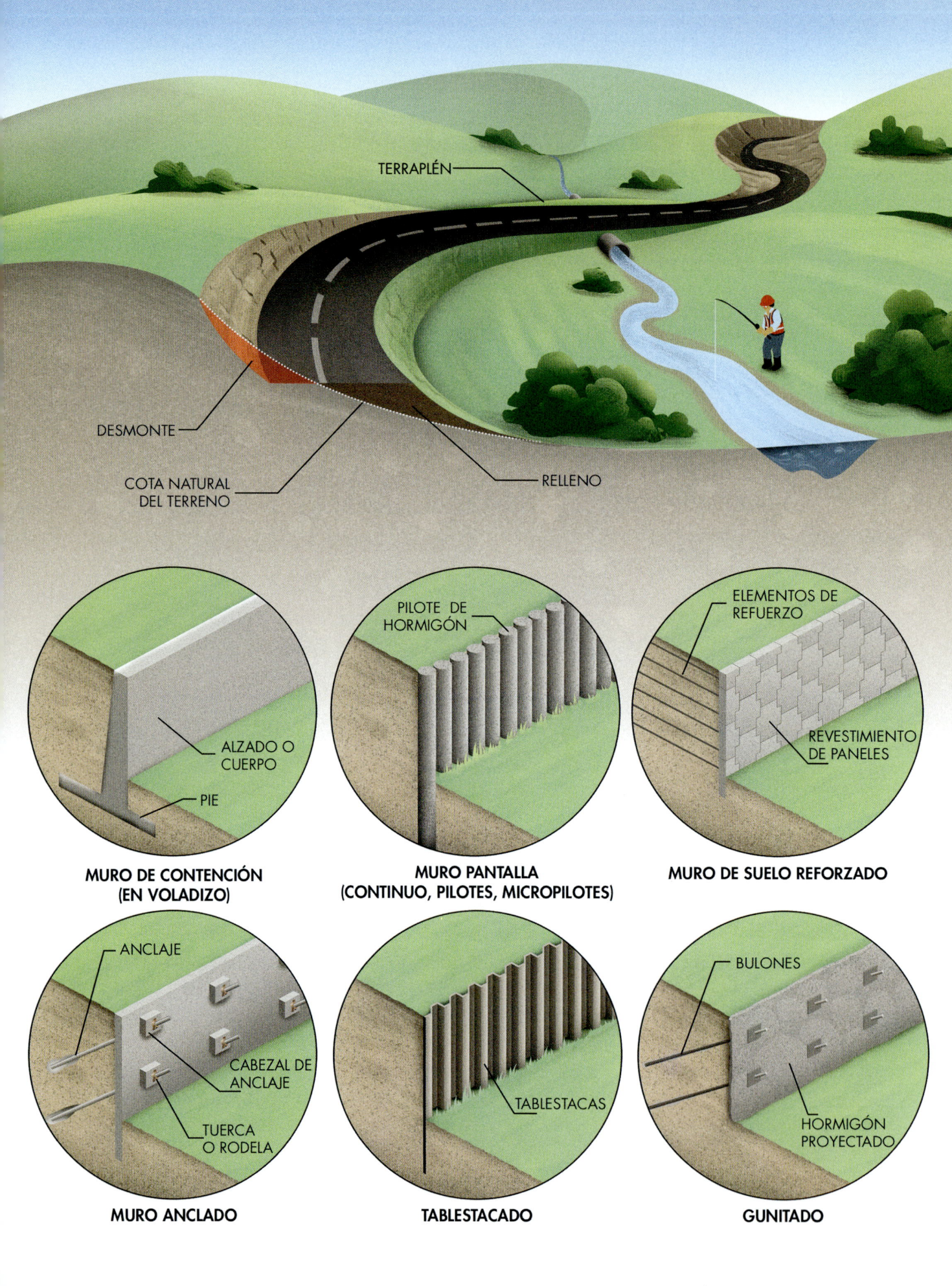

TERRAPLÉN

DESMONTE

COTA NATURAL
DEL TERRENO

RELLENO

**MURO DE CONTENCIÓN
(EN VOLADIZO)**

ALZADO O
CUERPO

PIE

**MURO PANTALLA
(CONTINUO, PILOTES, MICROPILOTES)**

PILOTE DE
HORMIGÓN

MURO DE SUELO REFORZADO

ELEMENTOS DE
REFUERZO

REVESTIMIENTO
DE PANELES

MURO ANCLADO

ANCLAJE

CABEZAL DE
ANCLAJE

TUERCA
O RODELA

TABLESTACADO

TABLESTACAS

GUNITADO

BULONES

HORMIGÓN
PROYECTADO

El movimiento de tierras y los muros de contención

El paisaje natural nunca se adapta perfectamente al trazado de la carretera que queremos construir. El terreno es demasiado desigual para recorrerlo a velocidades rápidas con facilidad. Un viaje seguro y eficiente requiere curvas y pendientes suaves. Se precisa que las pendientes no sean demasiado empinadas y que las rutas sean bastante directas entre los puntos de salida y llegada. Eso significa que, para construir una carretera, debemos «suavizar» de alguna manera la superficie del terreno. Todas las técnicas empleadas para modificar la forma y la estructura del terreno se conocen colectivamente como *movimiento de tierras* y constituyen el aspecto más crucial de un proyecto de construcción de carreteras.

Los ingenieros y contratistas usan la *sección transversal* para explicar la forma de la carretera. Este dibujo muestra diferentes cortes de la carretera a lo largo de toda su longitud y constituye el lenguaje literal de la construcción de carreteras. En una sección transversal, se puede ver el nivel de la tierra antes de iniciar los trabajos (llamado COTA NATURAL) y la superficie propuesta tras su finalización. Cualquier diferencia en esas dos líneas significa que se requerirá algún tipo de movimiento de tierras. Las áreas por encima de la carretera propuesta deben ser excavadas, acción conocida como DESMONTE. La excavación es necesaria cuando la cota final es más baja que el terreno circundante, por ejemplo, si hay que atravesar una ladera empinada. Las áreas ubicadas por debajo de la cota propuesta deben elevarse mediante RELLENO, por ejemplo, si hay que pasar por encima de un arroyo o en la transición a un puente. Las áreas más grandes de relleno suelen llamarse TERRAPLENES. El desmonte (excavación) y el terraplén (relleno)

son los elementos fundamentales de cualquier proyecto de movimiento de tierras. Por supuesto, es imposible comparar visualmente el antes y el después del movimiento de tierras, pero a menudo es evidente dónde se ha modificado el paisaje natural si se presta un poco de atención.

Como habrás apreciado, la excavación y el relleno suelen enlazar con la pendiente natural del terreno. Esto se debe a que la resistencia del terreno depende casi por completo del rozamiento interno entre las partículas individuales. Vierte un poco de arena sobre una mesa y comprobarás que la pila no se eleva, sino que forma una pendiente. El ángulo más pronunciado en el que un suelo puede descansar de forma natural se denomina *ángulo de reposo*. Cuanto más peso añadas en la parte superior de la pila, antes colapsará.

La estabilidad de una pendiente o *talud* varía significativamente en función del tipo de suelo y la carga que debe soportar, pero los ingenieros rara vez confían en ángulos de más de 25°. Eso significa que una pendiente construida debe ser al menos dos veces más larga que alta, lo que suele constituir un problema por dos razones. Primero, se necesita aportar aproximadamente el doble de material que para una pendiente más vertical y, en consecuencia, mucha más excavación o relleno. En segundo lugar, ocupa más espacio, que suele escasear bastante, sobre todo en las abarrotadas ciudades. En muchas situaciones, tiene sentido soslayar estos problemas construyendo un MURO DE CONTENCIÓN capaz de soportar una pendiente pronunciada (o incluso vertical).

El terreno no fluye con la misma facilidad que el agua, pero pesa casi el doble. Por lo tanto, la fuerza ejercida sobre un muro de contención, llamada *empuje lateral del terreno*, puede ser enorme. En consecuencia, los muros de contención deben ser suficientemente fuertes para soportar esta presión. Existen múltiples tipos de muros de contención que resuelven este problema de diferentes maneras. Podrás observar gran variedad de estos muros en tu entorno si sabes dónde buscarlos. No se emplean únicamente en proyectos de construcción de carreteras, pues tienen múltiples aplicaciones. Los muros de contención más básicos dependen de la gravedad para su estabilidad. A menudo se usa un PIE para crear un MURO EN VOLADIZO. En esta configuración, el muro emplea el peso del terreno que contiene en su provecho. La tierra se asienta sobre el pie, que actúa a modo de palanca y mantiene el muro erguido contra el empuje lateral.

Algunos muros de contención emplean ANCLAJES para proporcionar estabilidad horizontal. Los anclajes son barras de acero que se introducen en el terreno detrás del muro. Una vez instalados, un gato hidráulico aplica tensión en estos anclajes, y las RODELAS o TUERCAS los bloquean con firmeza contra el muro. Los CABEZALES DE ANCLAJE, que suelen emplearse para distribuir la carga sobre una superficie mayor, son fáciles de detectar desde el exterior por su patrón repetitivo.

Otro sistema de contención es la utilización de *pilotes*, unos elementos verticales perforados o hincados en el terreno. Consisten en PANTALLAS DE HORMIGÓN ARMADO instaladas con una plataforma de perforación y podrían parecerse a los postes de unas vallas gigantescas. También existen unas estructuras de acero entrelazadas llamadas TABLESTACAS. Las pantallas de pilotes también se emplean en excavaciones temporales durante los proyectos de construcción porque se pueden construir antes de comenzar la excavación y garantizar de este modo el soporte de la excavación durante toda su ejecución.

Uno de los tipos más habituales de muros de contención implica reforzar una masa de suelo para que actúe como su propio muro de contención. Esto se ejecuta durante la operación de relleno, durante la que se colocan los elementos de refuerzo por capas entre cada tongada, una técnica llamada MUROS DE SUELO REFORZADO o ESTABILIZADO MECÁNICAMENTE. Los REFUERZOS pueden ser armaduras de acero o unas telas hechas de fibras plásticas llamadas *geotextiles* o *geomalla*. Sin embargo, cuando hay que excavar en vez de rellenar para conseguir desniveles verticales o de ángulo pronunciado, no es factible añadir capas de refuerzo. En cambio, se pueden insertar unos clavos o BULONES en la pendiente a modo de refuerzo, que se conoce como SUELO CLAVETEADO. Al igual que los anclajes, los bulones son unas varillas de acero que se introducen en agujeros perforados. Pero, a diferencia de los anclajes, no están tensados. En vez de aplicar la fuerza a la superficie del muro, su trabajo es asegurar la masa del suelo para que pueda sostenerse a sí misma y al terreno que hay detrás.

Tanto en el suelo reforzado como en el claveteado, se proyecta hormigón en la cara exterior del muro. Este revestimiento rara vez soporta gran parte de la carga. Por el contrario, su trabajo consiste en proteger el suelo expuesto contra la erosión y mejorar la apariencia del muro en aplicaciones permanentes. En actuaciones temporales, el revestimiento consiste en HORMIGÓN PROYECTADO (GUNITADO), un tipo de hormigón que se proyecta a alta presión mediante un cañón (*gun* en inglés) o manguera. En las instalaciones permanentes, con frecuencia se emplean PANELES de hormigón entrelazados con un patrón decorativo a modo de revestimiento. Aparte de ser decorativos, estos paneles permiten drenar el agua a través de las juntas, así como cierto asentamiento del terreno.

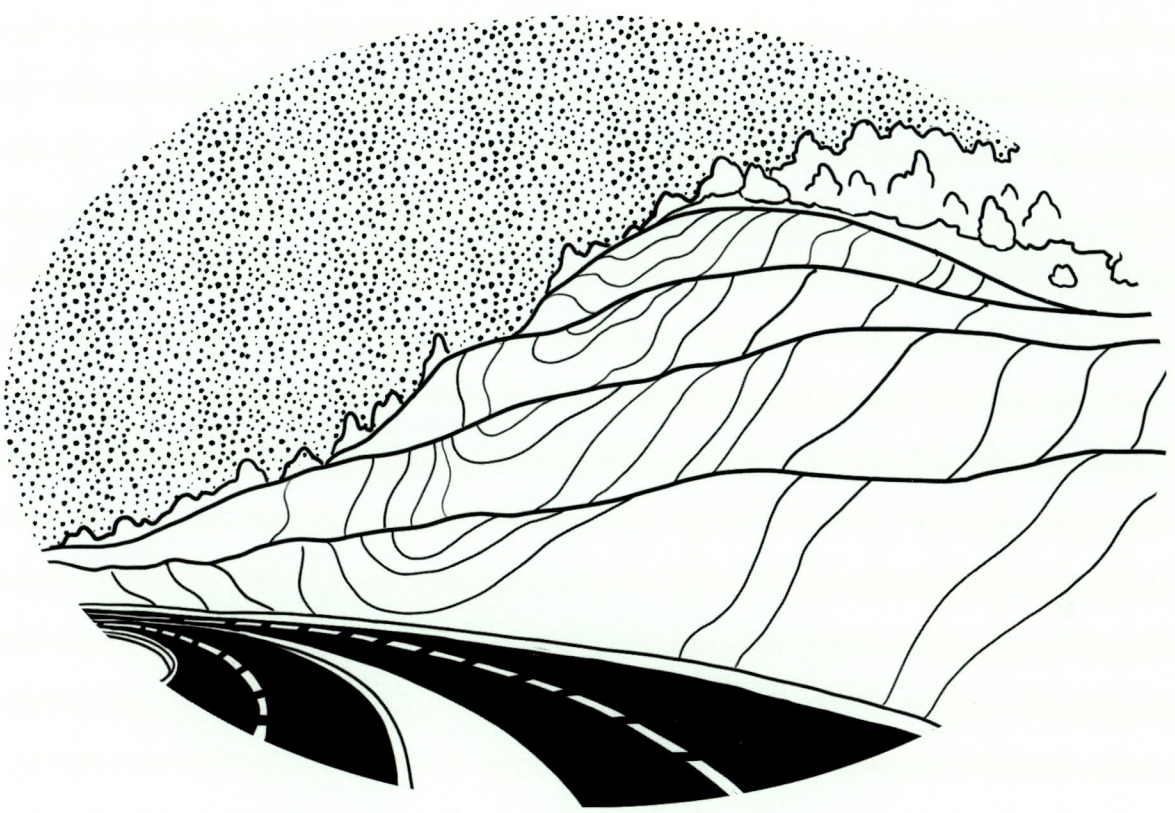

A veces es necesario ejecutar un desmonte en suelos principalmente rocosos. Es mucho más difícil excavar este tipo de suelos, pero, a cambio, no precisan muros de contención para soportar las caras expuestas (puesto que, tras estudios geotécnicos detallados, a menudo se puede confiar en los suelos rocosos para garantizar su propia contención). Eso significa que muchos de estos cortes quedan completamente descubiertos y revelan instantáneas extraordinarias de la superficie de la Tierra. Tal vez a primera vista estos cortes parezcan aburridos muros de roca, pero, para un geólogo, sus estratos constituyen una visión indispensable de cómo se formaron los diferentes paisajes. De hecho, en muchas partes del mundo, la geología de carreteras es un pasatiempo en sí misma, del que incluso existen guías especializadas. Obtendrás una apreciación completamente nueva de nuestro planeta rocoso desde la comodidad de tu coche: desde la blanquecina piedra caliza hasta el arremolinado mármol. Sin embargo, ten cuidado, porque este pasatiempo puede ser una pendiente resbaladiza, tanto en sentido literal como figurado. Tal vez quieras planificar algunas rutas por carretera en función de las rocas visibles, pero nunca olvides tomar precauciones tanto si decides detenerte en carreteras concurridas como si prefieres trepar por terrenos escarpados.

CAPA DE BASE
ZAHORRA
AGREGADOS ÁRIDOS
CAPA DE BASE
BETÚN
COMPACTADOR
CAPA DE RODADURA
BOMBEO
BASE
EXPLANADA
ZONA DESPEJADA
CARRILES
ARCENES
PLATAFORMA
MEDIANA
CUNETA

OBSTÁCULO
BIONDA
TERMINAL DE IMPACTO
BIONDA DEFORMADA TRAS EL IMPACTO

AMORTIGUADOR O ATENUADOR DE IMPACTO
BARRERA NEW JERSEY

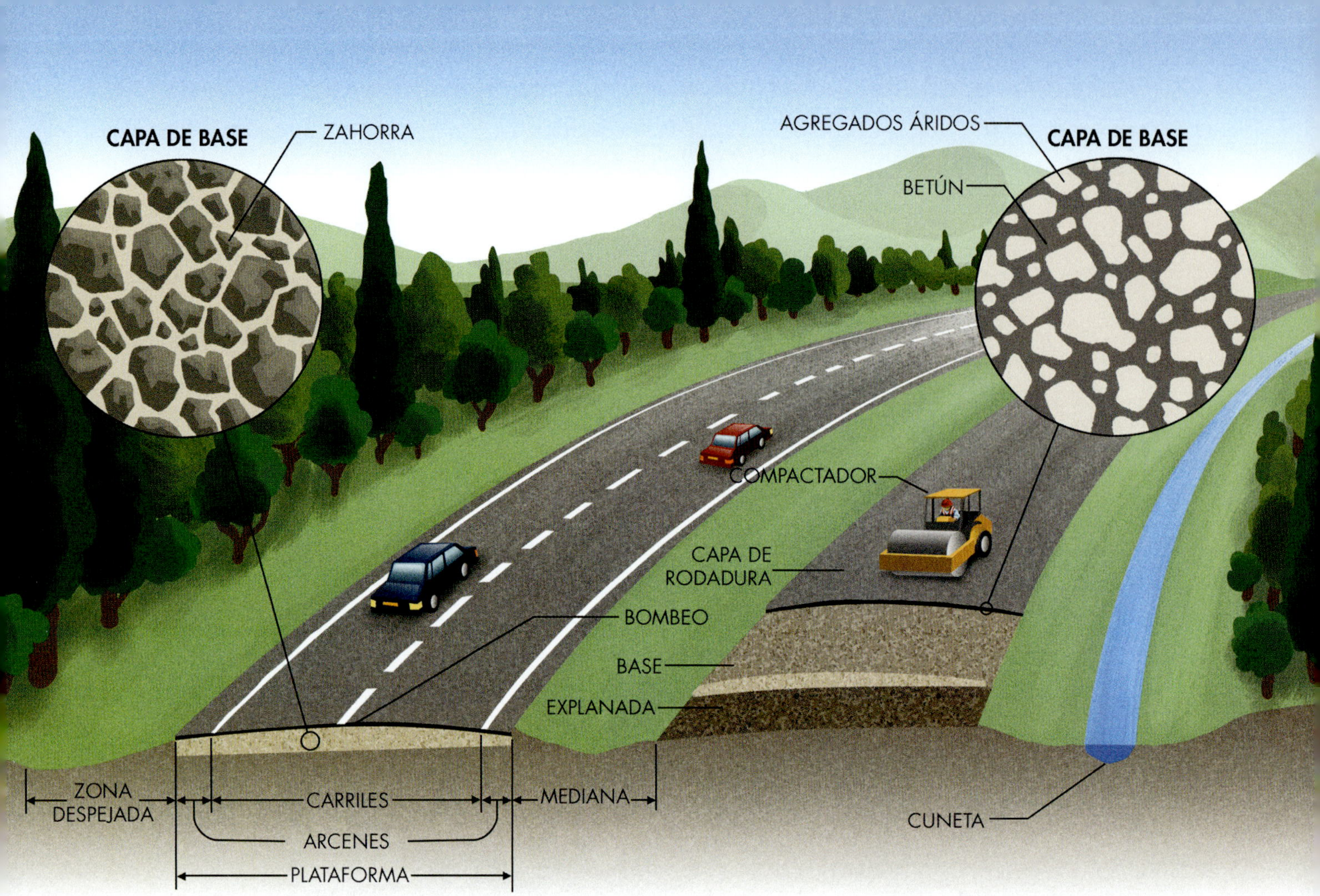

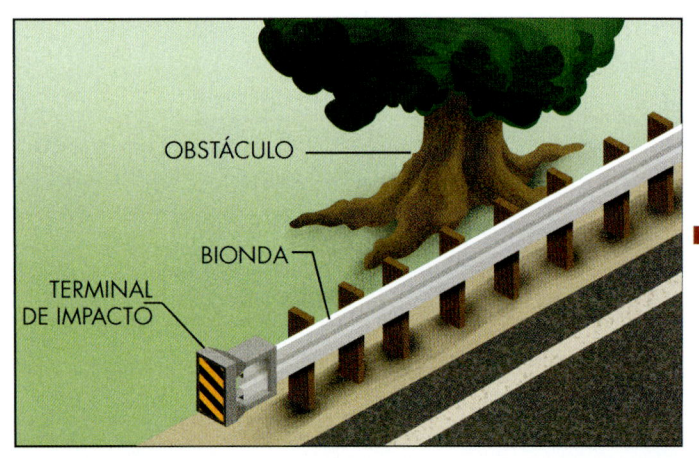

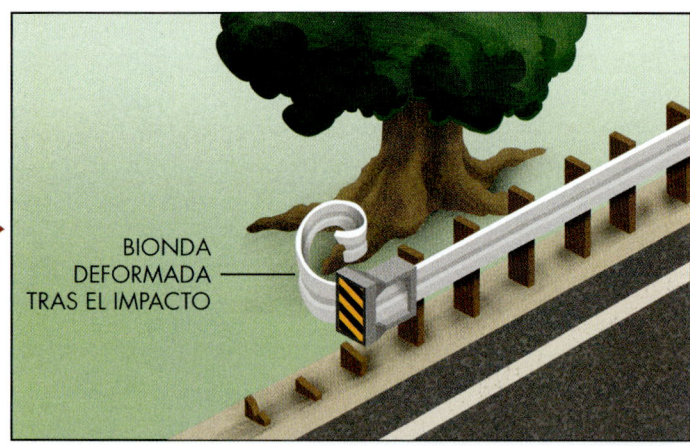

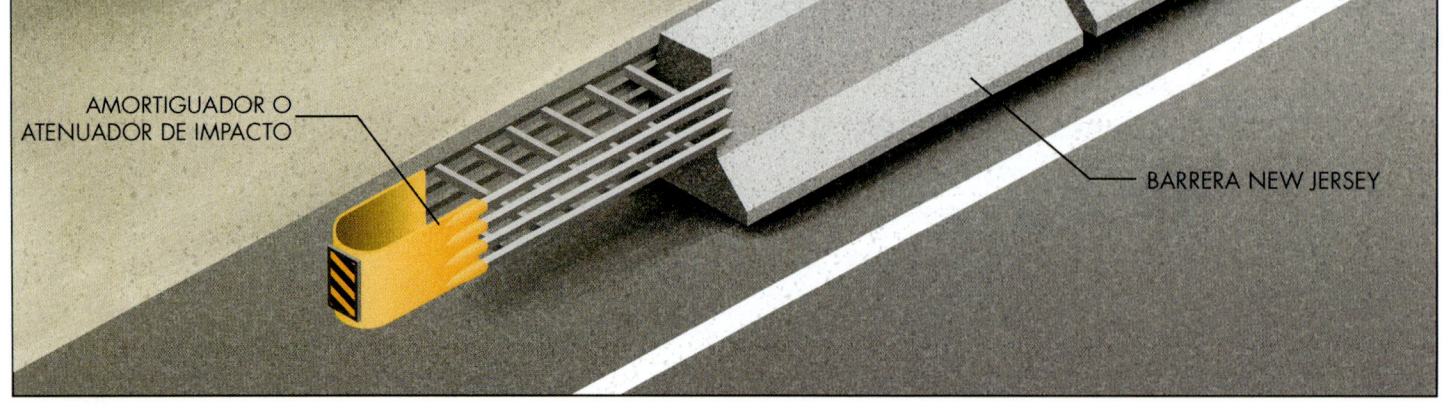

La sección tipo de una carretera

Con frecuencia, me preguntan por qué los proyectos de construcción de carreteras tardan tanto cuando el producto terminado es solo una simple cinta de asfalto en el suelo. No se debe a que los trabajadores de la construcción sean perezosos ni los contratistas, deshonestos; sino a que construir una carretera es bastante complicado. Garantizar que las carreteras puedan transportar la cantidad y el peso de los vehículos modernos y permitirles viajar de manera segura a velocidades tan increíbles no es tarea fácil. La única razón por la que nos parece normal es que las carreteras están diseñadas y construidas con extremo cuidado. Partiendo de cero, las autopistas proporcionan muchas características que hacen posible viajes rápidos y eficientes.

Cuando conducimos solo vemos la superficie exterior; sin embargo, bajo la superficie, la estructura de la carretera precisa de muchos elementos. Las carreteras se construyen por capas, para hacerlas resistentes y duraderas. Antes de construir una nueva carretera, hay que ejecutar el movimiento de tierras para adaptar la cota del terreno (como se describe en la sección anterior). La capa de suelo existente sobre la que se construye una carretera se llama EXPLANADA y no siempre es adecuada para soportar las tremendas y frecuentes cargas del tráfico. Encima de la explanada, se colocan y compactan una o varias capas de BASE, casi siempre de materiales granulares como la zahorra (roca triturada). La base de la carretera tiene varias funciones. Proporciona una plataforma estable durante la construcción, distribuye el peso de los vehículos de un modo uniforme a la explanada, permite drenar el agua que se filtra debajo de la carretera y protege el pavimento de las heladas.

La capa superior del pavimento es la CAPA DE RODADURA y es la más expuesta al caos controlado del tráfico constante de vehículos motorizados. En carreteras de mucho tráfico se usa hormigón como capa de rodadura porque es excepcionalmente fuerte y duradero. El hormigón está formado por cemento, grava (piedras conocidas como ÁRIDOS en la industria) y agua, y puede soportar grandes volúmenes de tráfico pesado mejor que cualquier otro tipo de pavimento. Pero el hormigón también tiene sus desventajas. Es caro de instalar, difícil de reparar porque su curado toma mucho tiempo (lo que alarga la duración de los cierres de carriles y carreteras), y puede resultar demasiado resbaladizo cuando está mojado, por lo que hay que ranurarlo para garantizar la adherencia de los neumáticos. Ese es el motivo de que la mayoría de las carreteras estén pavimentadas con ASFALTO y no con hormigón.

El asfalto tiene solo dos ingredientes principales: áridos y BETÚN (un aglutinante grueso y viscoso), por lo que también se conoce como *mezclas bituminosas*. Cumple muchos de los requisitos de las carreteras modernas. Los materiales que lo componen son abundantes y accesibles. Proporciona una excelente adherencia a los neumáticos sin necesidad de ranurarlo. Es flexible y, por tanto, capaz de admitir cierto asentamiento de la explanada. Por último, es fácil de reparar. El asfalto se calienta hasta lograr una mezcla viable, se coloca sobre la capa base y luego se compacta *in situ* con unos pesados COMPACTADORES. Está listo para el tráfico casi tan pronto como se enfría.

El término PLATAFORMA se usa para describir todo el ancho de la carretera pavimentada. Incluye los CARRILES por los que circulan los vehículos y los ARCENES, que sirven como carriles para que los vehículos que se averían puedan efectuar una parada de emergencia. Los arcenes suelen ser más estrechos que los carriles de circulación y a veces se pavimentan con menor grosor para ahorrar costes, por lo que no son válidos para circular de modo habitual. Aunque las carreteras pueden parecer planas, en los tramos rectos su superficie se inclina desde el centro hacia los bordes. Las superficies planas no evacúan el agua con rapidez. La acumulación de agua sobre la calzada la hace más resbaladiza y permite la formación de hielo en invierno. Esta inclinación transversal de la calzada, llamada BOMBEO, acelera el drenaje del agua de las precipitaciones y mantiene seca la superficie. Una vez que el agua ha llegado al borde, necesita un lugar a donde ir. De lo contrario, podría ablandar y debilitar las capas inferiores. Las CUNETAS suelen discurrir paralelamente a la carretera para conducir el agua de lluvia (en el capítulo 7 encontrarás más detalles sobre las estructuras de drenaje).

Algunos de los accidentes más peligrosos ocurren cuando un vehículo se sale de la calzada. Muchos de los elementos de seguridad de la calzada están diseñados para evitar que las salidas de la vía se conviertan en colisiones graves. Las principales autovías suelen separar los dos sentidos del tráfico con una MEDIANA y crear una calzada dividida. La mediana entre las carreteras es un área cubierta de hierba para evitar que los vehículos fuera de control crucen hacia los carriles de sentido contrario, con objeto de reducir las colisiones frontales. La mayoría de las carreteras también incluyen una ZONA DESPEJADA[3] a lo largo de su exterior, un área sin obstrucciones que proporciona a los conductores espacio para detenerse o recuperar el control si su vehículo sale de la

calzada. La zona despejada se mantiene libre de obstáculos, como árboles, carteles y postes de servicios públicos que podrían agravar las consecuencias del accidente al añadir una colisión. Cuando se precisa colocar señales en esta área, tienen postes fusibles para reducir el impacto de una posible colisión. Y cuando un obstáculo no se puede eliminar ni hacerlo resistente a las colisiones, debe protegerse con una barrera.

Las barreras longitudinales evitan que los vehículos se salgan de la calzada cuando hay OBSTÁCULOS peligrosos presentes o existe posibilidad de caída. También se utilizan en lugar de las medianas o en las carreteras con calzadas separadas o como un añadido a estas. Hay muchos tipos de barreras para diversas situaciones y todas deben pasar las pruebas de resistencia a las colisiones a gran escala antes de su utilización en vías activas. Las BIONDAS de acero se deforman al ser golpeadas para reducir las consecuencias de la colisión, pero esto significa que deben reemplazarse. Otro tipo común de barrera longitudinal es la NEW JERSEY, que se fabrica de hormigón. Su forma permite que los neumáticos suban por el costado y, con frecuencia, consiguen reconducir el vehículo sin causar daños significativos.

Uno de los problemas de las barreras de seguridad longitudinales radica en que sus extremos constituyen un obstáculo peligroso. La mayoría de estas barreras cuentan con tratamientos especiales en sus extremos para disminuir la gravedad de las colisiones en caso de ser golpeadas. Las biondas de acero suelen incluir una TERMINAL DE IMPACTO que se desliza a lo largo de la barrera cuando es golpeada y la DEFORMAN para absorber la energía del impacto mientras la redirige hacia un lado para proteger

---

[3] *N. de la T.:* Esta definición no tiene equivalente en las carreteras españolas donde se contemplan varias zonas a ambos lados de las carreteras (zonas de dominio público, de servidumbre y de afección). No obstante, la definición de ninguna de ellas se corresponde con la presentada aquí por el autor.

La sección tipo de una carretera

a los ocupantes del vehículo. Con frecuencia, las barreras rígidas incluyen un AMORTIGUADOR (o ATENUADOR) DE IMPACTO en sus extremos. Hay una gran variedad de diseños, pero los más comunes consisten en barriles llenos de arena o componentes de acero triturables capaces de absorber la energía de una colisión y reducir su gravedad de un modo significativo.

A diferencia del hormigón, el asfalto no precisa de una reacción química para su curado. En este caso se emplea la temperatura para transformarlo de una mezcla de trabajo en una superficie de conducción estable, un proceso que, además, es completamente reversible y repetible. Eso significa que el asfalto es reciclable casi al 100 %. De hecho, las mezclas bituminosas son de los materiales más reciclados del mundo por peso. Muchas de las carreteras por las que conduces a diario probablemente provienen, al menos en parte, de otras vías cercanas que llegaron al final de su vida útil. Incluso existen equipos capaces de reciclar el pavimento *in situ*, minimizando las interrupciones del tráfico y los costes de transportar todo ese material desde y hacia el lugar de trabajo. Un «tren» de pavimentación típico consiste en una fresadora para retirar el asfalto anterior, una mezcladora (unidad de reciclaje) para calentarlo y mezclarlo con aditivos, una extendedora para colocar el asfalto «rejuvenecido» y compactadores para compactarlo *in situ*.

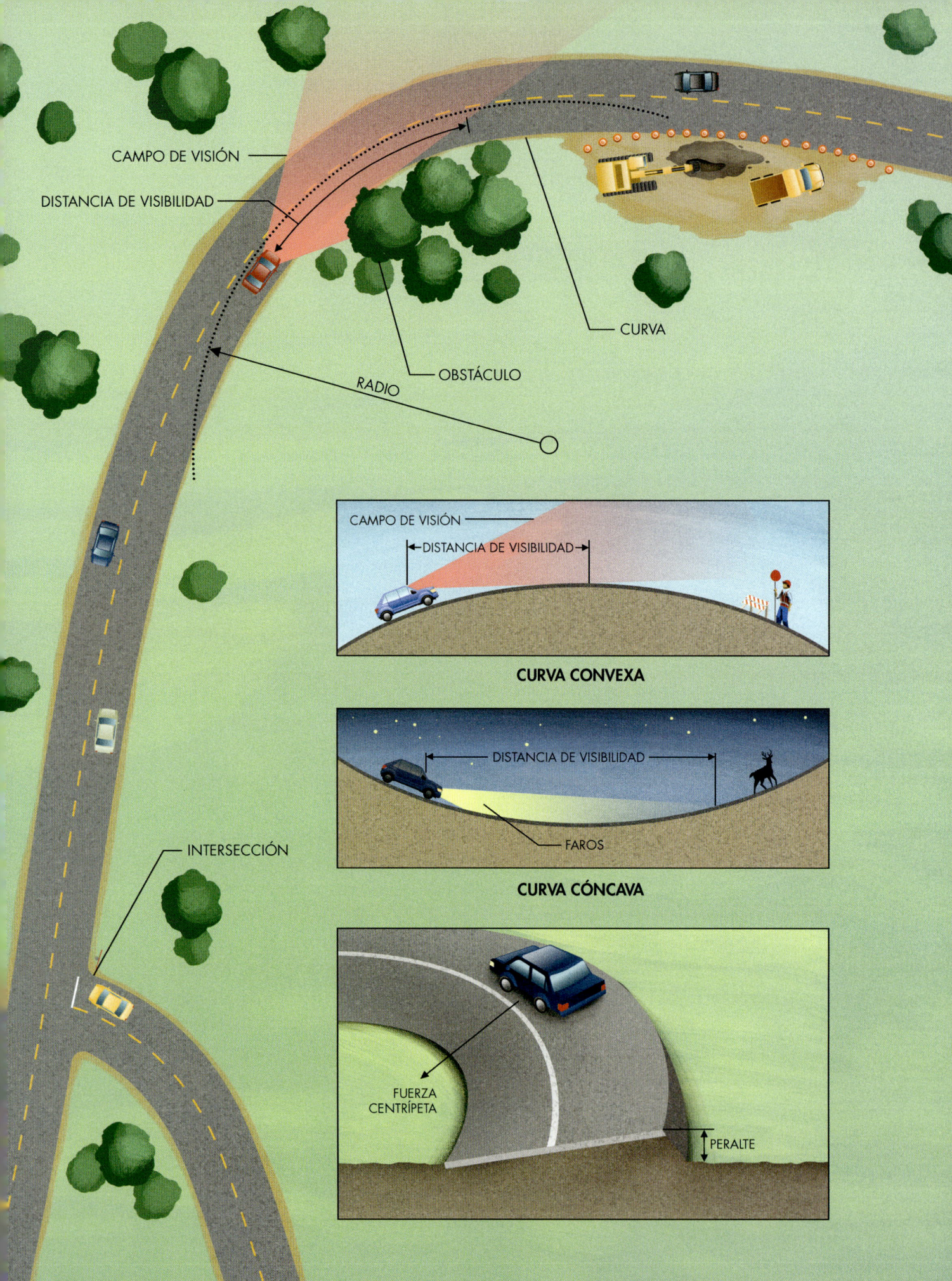

CAMPO DE VISIÓN

DISTANCIA DE VISIBILIDAD

CURVA

OBSTÁCULO

RADIO

INTERSECCIÓN

CAMPO DE VISIÓN
DISTANCIA DE VISIBILIDAD

CURVA CONVEXA

DISTANCIA DE VISIBILIDAD

FAROS

CURVA CÓNCAVA

FUERZA
CENTRÍPETA

PERALTE

El trazado tipo de una autovía

Hay una vía muy diferente de las arteriales y colectoras urbanas. En este libro, empleo el término *autovía*, pero tiene otras denominaciones: autopistas, carreteras, vías rápidas, etc. Sin importar su nombre, alcanzan el pináculo de la capacidad de tráfico mediante el *acceso controlado*. En las vías más pequeñas, eso implica reducir el número de entradas y de INTERSECCIONES al mismo nivel. En las de mayor capacidad, significa que la única forma de entrar o salir de ellas se produce a través de un ramal o enlace (intersección a desnivel, que trataremos en una sección posterior). El control del acceso a la vía reduce las interrupciones y permite un flujo relativamente libre de tráfico a alta velocidad. Ese aumento de la velocidad conlleva mayor capacidad, pero disminuye el tiempo para la toma de decisiones por parte de los conductores y, por tanto, incrementa el riesgo potencial de accidentes peligrosos. Es increíble que nos metamos en unas cajas de metal y circulemos a velocidades increíbles, por lo que las carreteras se han visto obligadas a incorporar una multitud de elementos de seguridad para garantizarlo. Esta seguridad comienza al nivel más básico posible: en la forma en que se desarrolla la carretera a medida que conducimos, algo que se define con el término *diseño geométrico*.

En un mundo ideal, todas las vías serían rectas y planas, y podríamos correr a la velocidad que quisiéramos. Pero todas las carreteras incluyen riesgos como curvas, pendientes, tráfico, obstáculos y condiciones climatológicas. La realidad dicta que hay que equilibrar la velocidad de los vehículos con las habilidades de los conductores para sortear tales riesgos. Hay tres velocidades esenciales para el diseño de autovías que no siempre son iguales:

la *velocidad de diseño*, el *límite de velocidad* publicado y la velocidad a la que cualquier conductor elige viajar. Los conductores seleccionan la velocidad en función de su nivel de habilidad personal, comodidad y percepción de los riegos. Los operadores de carreteras establecen el límite de velocidad en función de los estándares de seguridad aceptados. Los diseñadores de carreteras eligen una velocidad de diseño para garantizar que las características geométricas sean coherentes en toda su longitud y apropiadas para la velocidad a la que viajará la mayoría de los conductores.

La *alineación* de una carretera es su trazado en planta, la forma en que aparece vista desde el aire. Todas las carreteras tienen CURVAS, que son imprescindibles para cambiar la dirección de circulación y constituyen graves desafíos para los conductores cuando no se diseñan bien. Para cambiar de dirección, cualquier objeto necesita una FUERZA CENTRÍPETA hacia el centro de giro. De lo contrario, continuará su movimiento rectilíneo. Cuando sientes un empuje hacia un lado durante un giro, es la inercia de tu cuerpo intentando mantener el movimiento rectilíneo mientras el vehículo gira. Para un vehículo, la fuerza centrípeta proviene del rozamiento entre los neumáticos y la carretera. Esta fuerza aumenta a medida que disminuye el RADIO de giro. A determinada velocidad y radio de giro, la fuerza centrípeta requerida puede exceder el rozamiento de los neumáticos y, en consecuencia, el vehículo se deslizará fuera de la carretera. Para evitarlo, los ingenieros seleccionan el radio de curvatura mínimo en función de la velocidad de diseño de la carretera: cuanto mayor sea la velocidad de diseño, más suave será el radio de curvatura.

Aunque los neumáticos proporcionan cierto agarre a la superficie de la calzada, también se aprovecha la geometría para diseñar curvas más seguras para los conductores. Con frecuencia, los diseñadores de carreteras elevan el borde exterior por encima del interior para reducir la necesidad de rozamiento de los neumáticos en las curvas. Esto se conoce como PERALTE. Al inclinar la calzada alrededor de una curva, se aprovecha la *fuerza normal* (es decir, perpendicular) del pavimento para proporcionar parte o la totalidad de la fuerza centrípeta necesaria. En general, cuanto más rápida sea la velocidad de diseño de la carretera, más pronunciada será la pendiente a lo largo de la curva. El peralte también permite circular cómodamente por las curvas porque la tendencia centrífuga empuja a los pasajeros a sus asientos, en vez de fuera de ellos. Si el peralte es correcto y se circula justo a la velocidad de diseño de la carretera, el nivel del café de una taza no cambiará en absoluto.

Otro aspecto importante al diseñar una curva horizontal proviene del hecho simple pero crucial de que los conductores necesitan ver lo que viene para reaccionar en consecuencia. La DISTANCIA DE VISIBILIDAD es la longitud de carretera visible para el conductor en un momento dado. En una sección recta y nivelada, solo quedaría limitada por la agudeza visual del conductor. Sin embargo, cada vez que una carretera cambia de dirección, el CAMPO DE VISIÓN del conductor puede quedar bloqueado por múltiples OBSTÁCULOS. Si la distancia de visibilidad no es suficiente para reconocer y reaccionar ante un peligro, puede producirse una colisión. Cuanto más rápido se circule, más distancia se necesitará para observar curvas u obstáculos y decidir la forma de actuar. Aunque una curva sea lo suficientemente suave como para que un vehículo la atraviese sin derrapar, es posible que no tenga una distancia de visibilidad segura a causa de obstáculos

como colinas o áreas boscosas que obstruyan la vista del conductor. En tal caso, el diseñador de la carretera debería incrementar el radio de curvatura para aumentar la distancia de visibilidad del conductor y hacerla más segura (o simplemente eliminar el obstáculo).

El aspecto final de la geometría de una carretera es la configuración vertical, también conocida como *perfil* o *alzado*. Las carreteras rara vez atraviesan áreas perfectamente planas. Por el contrario, suben y bajan mientras recorren picos y valles. La inclinación o RASANTE de una carretera es una decisión de diseño importante. Las carreteras demasiado inclinadas dificultan la circulación, sobre todo para los camiones pesados. Los tramos cuesta arriba (rampas) son lentos y las largas secciones cuesta abajo (pendientes) pueden sobrecalentar los frenos de los vehículos. Además, para garantizar la comodidad de los conductores, se debe poder circular por los cambios de rasante sin golpes ni sacudidas. Aparte de todo lo anterior, las curvas verticales disponen del potencial de reducir la distancia de visibilidad de los conductores.

Las CURVAS CONVEXAS (convexidad hacia arriba) hacen que el tramo de carretera tras el punto más alto quede oculto. Si circulas cuesta arriba a gran velocidad, cualquier vehículo o animal detenido en el otro lado podría tomarte por sorpresa. Una curva convexa demasiado cerrada no deja suficiente distancia de visibilidad para reconocer y reaccionar ante el obstáculo. Por tanto, los diseñadores deben asegurarse de que estas curvas sean bastante suaves para tener suficiente visión de la carretera mientras subimos. Las CURVAS CÓNCAVAS (concavidad hacia arriba) no presentan este problema. Durante el día, es posible ver toda la carretera a ambos lados de la curva. Sin embargo, de noche las cosas cambian. Los vehículos dependen de los

El trazado tipo de una autovía

FAROS para iluminar la carretera y, a veces, este constituye un factor limitante para la distancia de visibilidad. Si una curva cóncava es demasiado cerrada, los faros no iluminarán la distancia suficiente. En consecuencia, la distancia de visibilidad se reduce y dificulta reaccionar a tiempo ante los obstáculos cuando no hay iluminación suficiente.

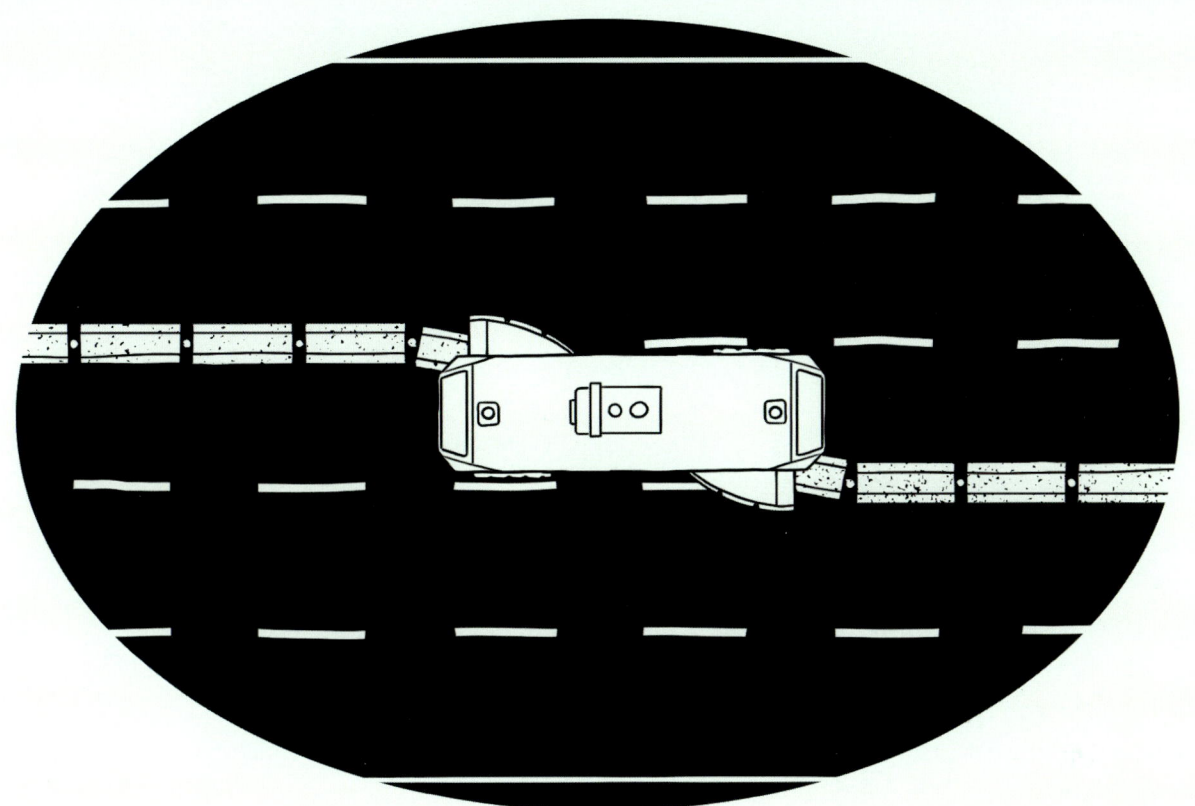

Aunque ambos se llaman *hora punta*, los picos de tráfico durante la mañana y la tarde nunca son idénticos. En las grandes áreas metropolitanas, es habitual que haya más vehículos que circulen hacia el centro de la ciudad por la mañana y se alejen de ella por la tarde. Este flujo en forma de mareas conduce a que las carreteras estén subutilizadas, con una gran congestión en un sentido y poco tráfico en el otro. Sin duda, es frustrante verse atrapado en el tráfico con tantos carriles vacíos al otro lado. En muchos lugares para aprovechar esos carriles desocupados los hacen reversibles y el sentido de la circulación depende de la hora del día. Hay varias formas de lograr tal bidireccionalidad, pero una de las más efectivas son las barreras móviles. Ciertas carreteras están equipadas con barreras móviles con sistema de cremallera que se desplazan entre carriles. Dos veces al día, en las pausas entre la mañana y la tarde, una máquina recorre la carretera «desplazando» las barreras para invertir la dirección de uno o más carriles y aumentar la capacidad durante las horas punta.

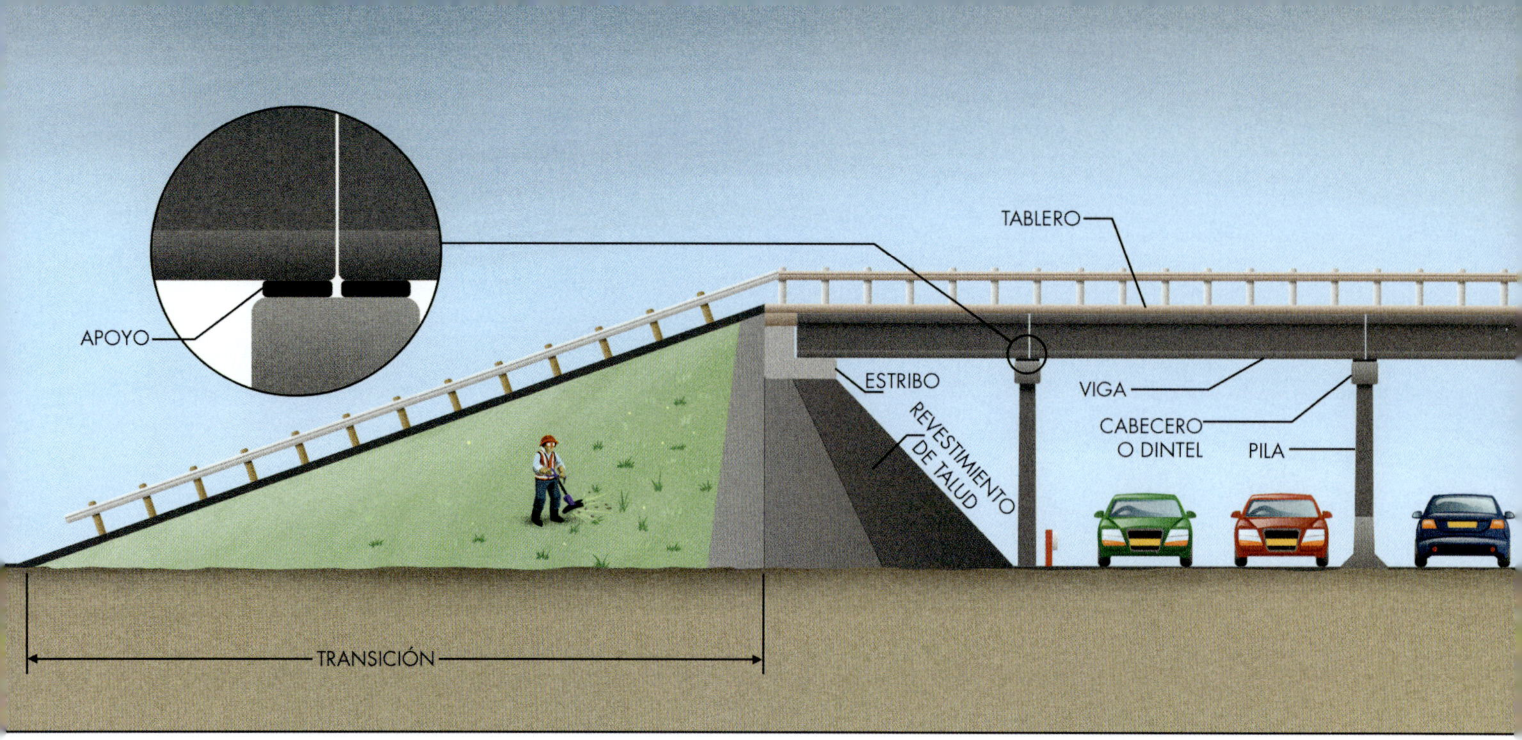

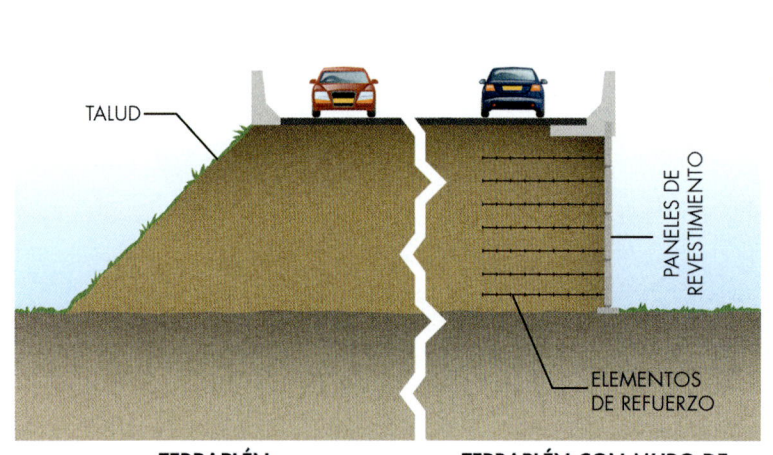

APOYO

TABLERO

ESTRIBO

REVESTIMIENTO DE TALUD

VIGA

CABECERO O DINTEL

PILA

TRANSICIÓN

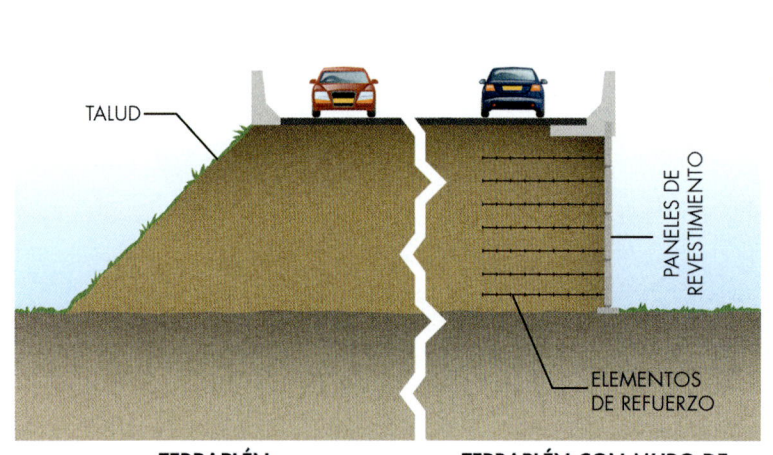

TALUD

PANELES DE REVESTIMIENTO

ELEMENTOS DE REFUERZO

TERRAPLÉN CON PENDIENTE

TERRAPLÉN CON MURO DE CONTENCIÓN

AUTOVÍA

RAMAL DE SALIDA

CARRETERA SECUNDARIA

PUENTE

RAMAL DE INCORPORACIÓN

ENLACE DE TIPO DIAMANTE

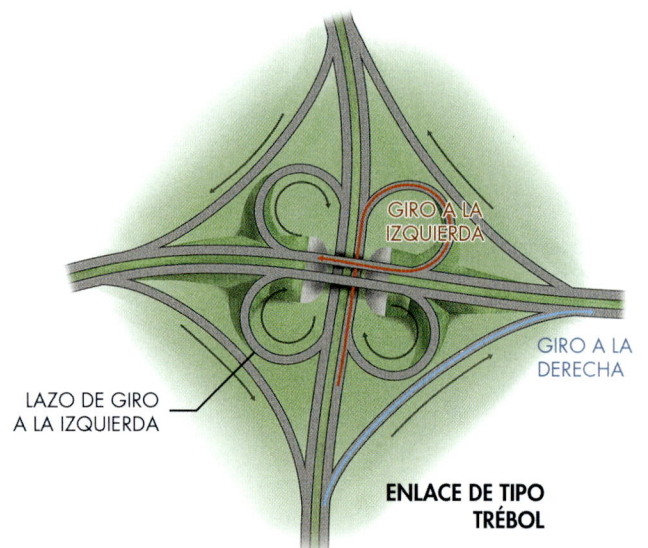

GIRO A LA IZQUIERDA

GIRO A LA DERECHA

LAZO DE GIRO A LA IZQUIERDA

ENLACE DE TIPO TRÉBOL

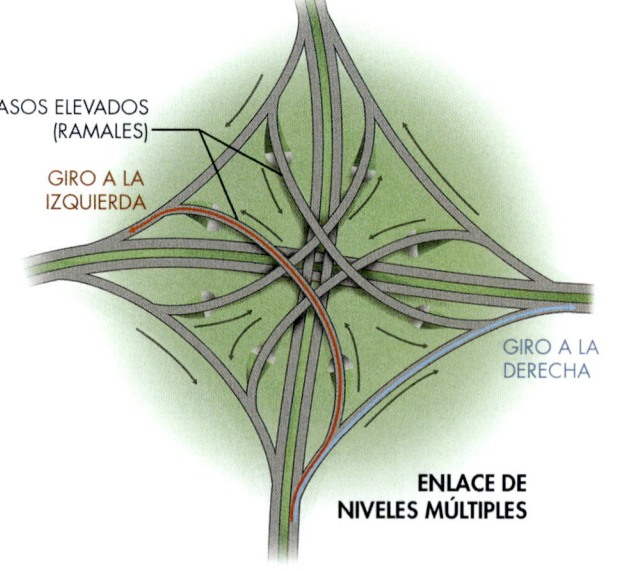

PASOS ELEVADOS (RAMALES)

GIRO A LA IZQUIERDA

GIRO A LA DERECHA

ENLACE DE NIVELES MÚLTIPLES

Los enlaces

Tal como explicamos en las secciones anteriores, casi siempre que se cruzan dos vías surge algún problema. Cuando existen múltiples flujos de tráfico, es un imperativo encontrar alguna forma de ocupar los espacios superpuestos de forma segura. Cuando la intersección tiene lugar al mismo nivel, es preciso interrumpir alguno de los flujos de tráfico. Mediante semáforos, señales y rotondas se asigna un *orden de preferencia* a cada flujo de tráfico de modo individual, mientras los demás deben esperar. Todas esas detenciones y puestas en marcha tan frecuentes no son deseables en una vía donde se emplea el acceso controlado con el fin de reducir las interrupciones y conseguir un flujo de tráfico a alta velocidad con pocos obstáculos. Por tanto, las entradas, salidas e intersecciones de las vías se realizan mediante cruces a distinto nivel, también conocidos como enlaces. Los distintos niveles permiten que los flujos de tráfico se crucen entre sí sin interrupciones, de manera segura y eficiente.

Unos de los más habituales son los ENLACES DE TIPO DIAMANTE, muy frecuentes cuando una AUTOVÍA de acceso controlado se cruza con una CARRETERA SECUNDARIA. Los ramales de salida se separan de la autovía y se incorporan a la carretera secundaria en ángulo recto. Los RAMALES DE SALIDA se convierten en RAMALES DE INCORPORACIÓN al atravesar la carretera secundaria para regresar a la autovía. Los cruces convencionales entre los ramales y la carretera secundaria se controlan mediante semáforos o señales de tráfico. Una de las vías incluirá un PUENTE, también denominado *paso elevado*, para lograr la diferencia de nivel. Los puentes de las carreteras cuentan con muchas características visibles desde el exterior.

La *superestructura* del puente incluye las VIGAS, elementos estructurales que soportan el TABLERO sobre el que circulan los vehículos. El peso del puente y de todos los vehículos que circulan sobre él debe transferirse a la cimentación del puente. Esto se logra mediante la *subestructura*. Los ESTRIBOS proporcionan apoyo a las vigas en los extremos del puente y soportan las cargas horizontales y verticales de la superestructura. Los soportes intermedios entre los vanos del puente se llaman PILAS y pueden ser de una sola columna o unas *pilas pórtico* cuando son múltiples. Por lo general, se diseñan solo para soportar cargas verticales; y son más sencillas y pequeñas que los estribos. En el caso de las pilas pórtico, incluyen CABECEROS o DINTELES para distribuir las fuerzas de manera uniforme.

Aunque los puentes parezcan estructuras estáticas, deben tener cierta flexibilidad. Las vibraciones de los vehículos, el asentamiento de la cimentación, la dilatación y contracción térmicas de los elementos e incluso las fuerzas del viento pueden introducir pequeños movimientos en la superestructura. En vez de hacer que los puentes solo sean rígidos para soportar incluso el movimiento más pequeño, en la mayoría de ellos se usan APOYOS (a menudo fabricados de capas de goma y acero) para admitir estos movimientos. Estos apoyos transfieren las cargas del puente a la subestructura, a la vez que permiten cierto movimiento de la superestructura.

El recorrido entre el nivel de la vía y el puente se llama TRANSICIÓN y generalmente consiste en un TERRAPLÉN. El suelo se compacta por capas para crear un camino con una pendiente suave hasta el nivel del puente. El suelo vertical no suele ser estable, por lo que los terraplenes tienen TALUDES a cada lado. Las laderas de las colinas generalmente están cubiertas de hierba que las protege contra la erosión del suelo. Sin embargo, la hierba no crece bien a la sombra que proyectan los puentes. Con frecuencia los taludes ubicados bajo los puentes se recubren para protegerlos contra la erosión, proceso conocido como REVESTIMIENTO DE TALUDES (en el capítulo 4 encontrarás más información sobre los puentes).

Uno de los problemas de los taludes radica en el espacio que ocupan. En las zonas urbanas, los terraplenes de transición casi siempre se resuelven con MUROS DE CONTENCIÓN para liberar una cantidad de espacio muy valiosa. Estos muros de contención suelen ejecutarse con ELEMENTOS DE REFUERZO en las capas del terraplén y PANELES DE REVESTIMIENTO de hormigón entrelazados, técnica conocida como *suelo reforzado* (consulta la sección anterior donde encontrarás más información sobre los muros de contención).

Los enlaces se complican más cuando se cruzan dos o más autovías. El cruce ideal debe permitir que cada flujo de tráfico realice una transición en cualquier dirección sin interrupciones. Hay muchas maneras de lograr dicha conectividad, y cada una tiene sus ventajas y desventajas. Una de las más elementales es el ENLACE DE TIPO TRÉBOL, nombrado así por su forma. En estas intersecciones, para hacer la transición a la DERECHA hacia la otra vía, los vehículos siguen una curva suave. Para girar a la IZQUIERDA deben pasar el cruce y luego realizar un LAZO brusco a la derecha hacia la vía que discurre en la otra dirección. Las intersecciones de tipo trébol requieren un solo puente, por lo que su construcción es bastante económica. Sin embargo,

también tienen algunas desventajas. La más significativa es que los ramales de incorporación de los giros a la izquierda lo hacen antes que los ramales de salida, lo que obliga al tráfico que se incorpora a la carretera o sale de ella a cruzarse entre sí y limita significativamente la capacidad de la intersección.

Otro cruce a desnivel tiene múltiples niveles. En este tipo de cruces, los giros a la DERECHA por lo general se realizan al mismo nivel, al igual que en los de tipo trébol. Sin embargo, los giros a la IZQUIERDA se resuelven con unos RAMALES CIRCULARES. Los cuatro ramales circulares para girar a la izquierda discurren por encima o por debajo de las autovías, es decir, a distintos niveles y les dan su nombre: ENLACE DE NIVELES MÚLTIPLES. Estos son los que proporcionan mayor capacidad de todos los enlaces de cuatro ramales. Sin embargo, son estructuras muy caras y complejas a causa de la cantidad de niveles requerida.

Existen muchos otros tipos de enlaces. La mayoría de los que encontramos en el mundo real toman prestados elementos de varios diseños. Las áreas urbanas imponen múltiples restricciones a tales estructuras entre las que se encuentran el número, el tamaño y la dirección de las vías conectadas y el espacio disponible para todos esos ramales (sin mencionar las dos limitaciones siempre presentes en los proyectos de infraestructuras: cronograma y presupuesto). Hay quienes denominan *enlaces de espagueti* a las intersecciones grandes y complejas: imponentes marañas de ramales entrelazados que transfieren el tráfico en todas las direcciones. Me declaro culpable de organizar mis rutas por carretera para poder circular por el nivel más alto de cada enlace y obtener las mejores vistas (aunque instantáneas) de la ciudad.

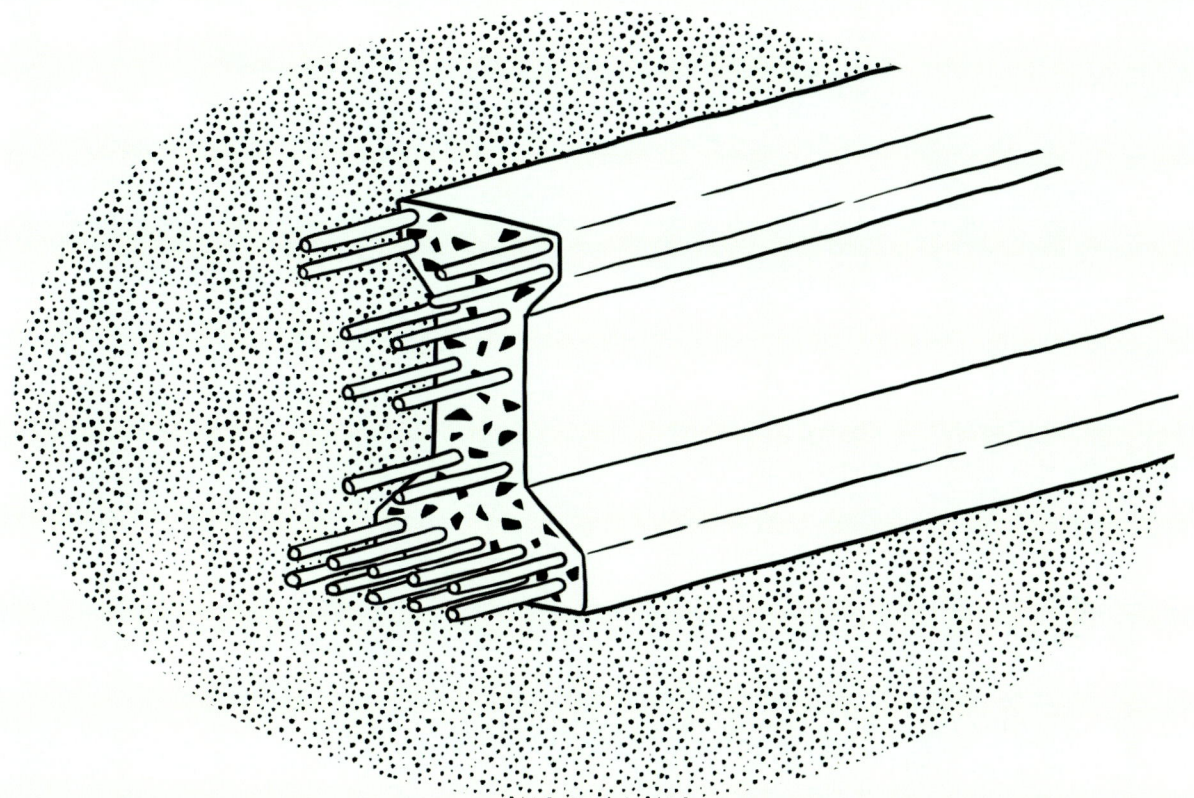

El material empleado en mayor proporción en la construcción de vigas para puentes es el hormigón. Las vigas de hormigón duran más y requieren menos mantenimiento que las de acero u otros materiales. Pero el hormigón tiene algunas debilidades. Aunque es muy resistente a la compresión, falla con rapidez cuando se somete a la tracción (que intenta estirarlo). Las vigas de los puentes experimentan fuerzas de tracción y compresión, por lo que han de ser capaces de resistir ambas de forma simultánea. Es por ello por lo que los elementos estructurales de hormigón se refuerzan con barras de acero. Así, el hormigón proporciona la resistencia a la compresión y el acero lo hace a la tracción. En los puentes suelen usarse vigas de *hormigón pretensado*. Las barras de acero se mantienen tensas mientras se vierte el hormigón en el molde. Una vez que el hormigón se endurece, la tensión del acero lo comprime firmemente como una banda de goma, haciendo las vigas más rígidas y menos propensas a agrietarse. Estas vigas se elaboran en fábrica y llegan a las obras listas para colocarlas en su sitio.

4

PUENTES Y TÚNELES

Introducción

A pesar de la belleza natural de la Tierra, en su superficie encontramos bastantes dificultades para desplazarnos. De hecho, muchos de sus paisajes más magníficos son también los más difíciles de recorrer. Los ríos y las montañas no son propicios para carreteras, ferrocarriles ni otro tipo de trayectos a lo largo de la superficie. Cuando la topografía es demasiado abrupta, traicionera, mojada o propensa a los desastres, la única forma de avanzar es hacerlo por encima o por debajo de la superficie. En cañones, valles y ríos, nuestras carreteras se liberan de la tierra gracias a los puentes. Y en colinas, montañas y vías fluviales poco profundas, se abren paso hasta el otro lado

por debajo. Tal vez debido a que los puentes y túneles dan solución a un problema tan crucial como crear una ruta hacia el otro lado, estas estructuras se encuentran entre los logros más celebrados de la humanidad y están repletas de fascinantes detalles de ingeniería. Casi siempre se diseñan a medida para cada ubicación específica, acorde a la topografía, la geología y la hidrología locales (sin mencionar las preferencias y estilos arquitectónicos regionales). Por tanto, cada puente y cada túnel es distinto y tiene carácter propio. Precisamente por su tamaño e importancia, estas estructuras suelen reflejar ese carácter y, en consecuencia, se convierten en símbolos de los lugares que conectan.

PUENTE DE VIGAS

PILA — VIGA — ESTRIBO

TABLERO — CERCHA

PUENTE DE CELOSÍA

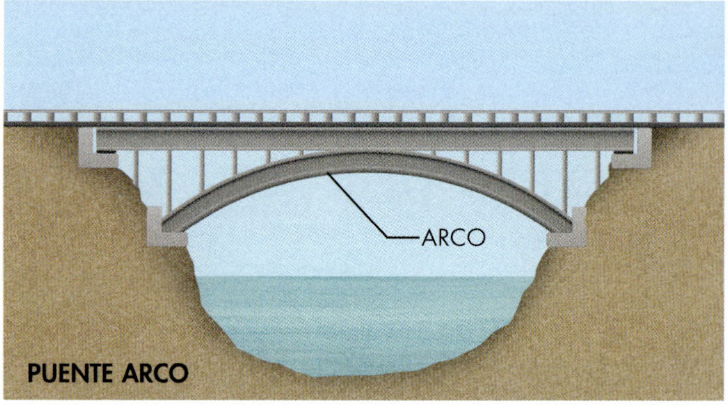

ARCO

PUENTE ARCO

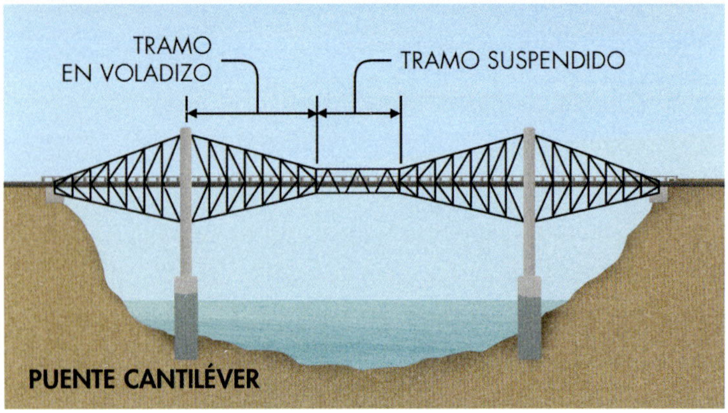

TRAMO EN VOLADIZO — TRAMO SUSPENDIDO

PUENTE CANTILÉVER

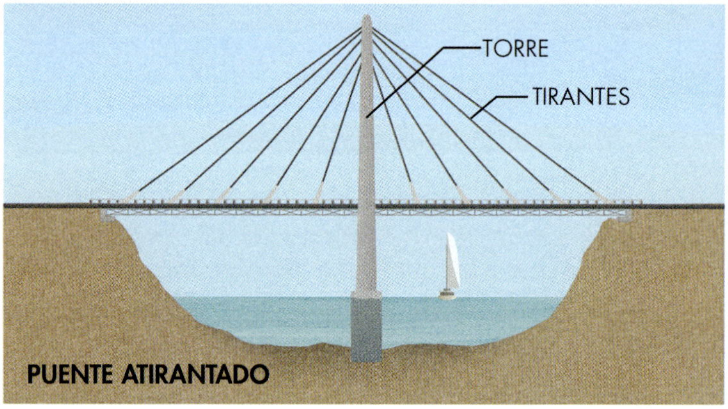

TORRE — TIRANTES

PUENTE ATIRANTADO

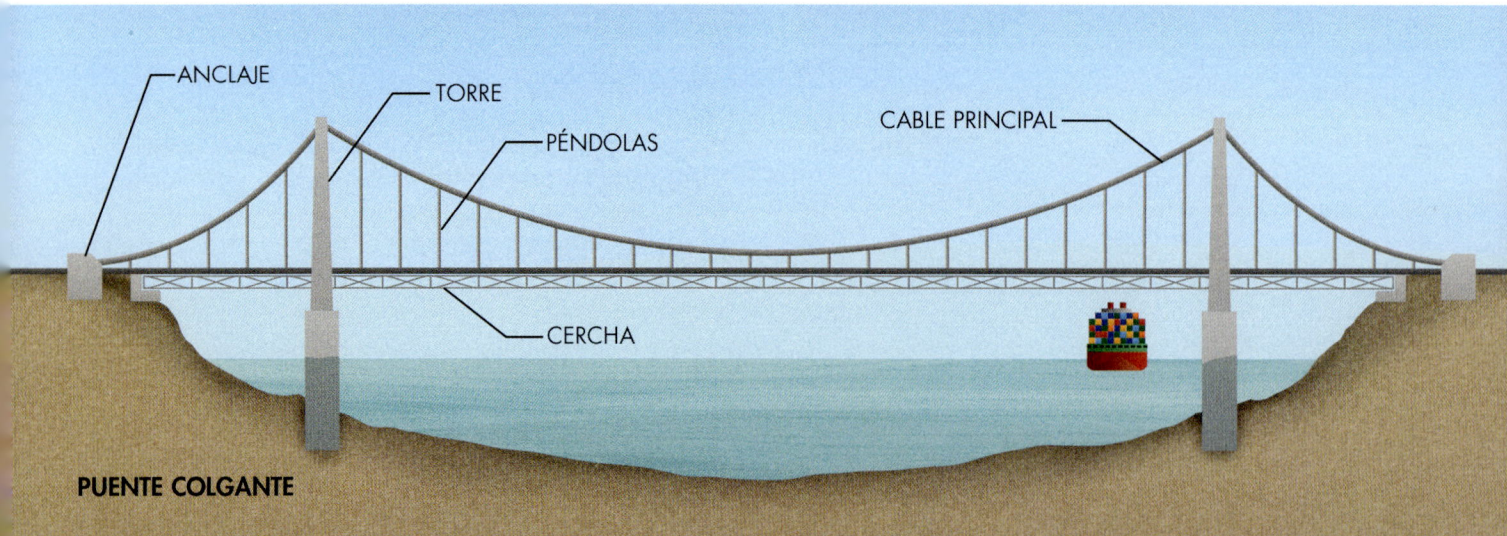

ANCLAJE — TORRE — PÉNDOLAS — CABLE PRINCIPAL — CERCHA

PUENTE COLGANTE

Los tipos de puentes

La mayoría de las infraestructuras de las que dependemos a diario no son «pintorescas». Claro que podríamos construir unas líneas eléctricas exquisitas y unas alcantarillas impresionantes, pero rara vez queremos asumir su coste. Sin embargo, con los puentes pasa algo diferente. Parece que la humanidad decidió que puesto que vamos a recargar las partes más bellas del paisaje con estructuras, al menos deberíamos darles algo de encanto. Eso no quiere decir que no existan puentes feos en el mundo, pero la apariencia física de los puentes con frecuencia constituye una consideración muy importante durante su diseño. Para los entusiastas de la ingeniería, muchos son francamente impresionantes. Hay múltiples formas de salvar desniveles, todas ellas singulares y relacionadas con la función que deben cumplir, pero notablemente diferentes en forma. Sin importar cómo se haya construido, hay algo mágico en una estructura capaz de soportar cargas sustanciales sin tener nada debajo.

Uno de los elementos estructurales más simples es el PUENTE DE VIGAS. Consiste en una o más vigas que descansan sobre PILAS y ESTRIBOS. Por lo general, los puentes de vigas no abarcan grandes distancias porque se requerirían vigas demasiado largas. Cuando alcanzan determinada longitud, las vigas se vuelven tan pesadas que apenas pueden soportar su propio peso, y mucho menos el de la carretera y el tráfico encima. Las vigas suelen utilizarse sobre todo en puentes cortos o en los que permiten muchas pilas intermedias. La mayoría de los puentes de los enlaces de carreteras son de este tipo. Aunque tienen cierta belleza, los pasos elevados suelen ser bastante utilitarios (consulta el capítulo 3 para ver más detalles sobre los enlaces de carreteras).

Una forma de evitar el desafío del propio peso de los elementos estructurales consiste en usar CERCHAS en lugar de vigas. Una cercha es un conjunto de elementos más pequeños que crea una estructura rígida y ligera. Esta reducción de peso permite a las cerchas salvar distancias mayores que las vigas macizas. Hay varios tipos de PUENTES DE CELOSÍA. La ilustración muestra un puente de *celosía pasante*, con el TABLERO de la calzada en el nivel inferior y los elementos estructurales por encima del puente (a diferencia de una *celosía de tablero*, donde los elementos estructurales quedan ocultos debajo de la calzada).

Hay otro tipo de puente que aprovecha un elemento estructural milenario: el ARCO. La mayoría de los materiales son más resistentes a las fuerzas aplicadas a lo largo de su eje que a las que se aplican en ángulo recto (denominadas *fuerzas de flexión*). Los PUENTES ARCO aprovechan los elementos curvos para transferir el peso del puente a los estribos y lo hacen casi exclusivamente mediante fuerzas de compresión. En la Antigüedad, la mayoría de los puentes utilizaban arcos porque era la única forma de salvar un desnivel con los materiales disponibles en la época (piedra y mortero). Incluso ahora, con la comodidad del acero y el hormigón modernos, los arcos son una opción muy popular para construir puentes. Aunque implican un uso muy eficiente de materiales, pueden ser difíciles de construir porque el arco no proporciona apoyo hasta estar terminado. Por tanto, durante su construcción se necesitan apoyos provisionales hasta que el arco esté terminado y apoyado en ambos lados.

Cuando el arco está por debajo de la calzada (como el de la ilustración), se habla de *puente arco de tablero superior*. Los apoyos verticales transfieren la carga del tablero al arco. Si parte del arco se extiende por encima de la calzada con el tablero suspendido por debajo, se denomina *puente arco de tablero intermedio o inferior*. Los arcos se construyen con diversos materiales: de vigas de acero individuales, de cerchas de acero, de hormigón armado o incluso de mampostería de piedra o ladrillo. Uno de los resultados de la compresión de un arco es la creación de fuerzas horizontales denominadas *empujes*. Los puentes arco suelen necesitar estribos sólidos capaces de soportar las cargas horizontales adicionales. Existe la alternativa de los *puentes arco tesados* que emplean un cordón para conectar los extremos del arco (como la cuerda de un arco) y que de este modo puedan soportar las fuerzas de empuje. Cuando los extremos del arco se asientan sobre estribos ligeros, puedes estar seguro de que se trata de un puente arco tesado.

Otra forma de aumentar la luz de un puente de vigas consiste en desplazar los apoyos para que las secciones del tablero se equilibren sobre su centro en vez de apoyarse en los extremos. Los PUENTES CANTILÉVER (en VOLADIZO) tienen vigas o cerchas que sobresalen horizontalmente de sus apoyos y desplazan la mayor parte del peso a estos, en vez de hacerlo en el centro de la luz. Un puente cantiléver tipo cuenta con cuatro apoyos y son los dos centrales los que soportan las cargas de compresión del puente. Los apoyos exteriores resisten la tensión para equilibrar los TRAMOS EN VOLADIZO. Los puentes cantiléver suelen construirse con grandes cerchas de acero, pero también pueden ser de hormigón. Algunos incluso incluyen un TRAMO SUSPENDIDO entre los dos en voladizo.

Los puentes más largos del mundo aprovechan la capacidad del acero para soportar increíbles fuerzas de tensión. Los PUENTES ATIRANTADOS sostienen el tablero mediante cables sujetos a altas TORRES. Estos cables (también llamados TIRANTES) forman un patrón de abanico que confiere a este tipo de puente su aspecto característico. Dependiendo del vano, los puentes atirantados disponen de una torre central o dos. Su sencillez permite una amplia variedad de configuraciones, algunas de ellas espectaculares (y con frecuencia asimétricas).

Mientras que los puentes atirantados sujetan el tablero directamente a cada torre, los PUENTES COLGANTES emplean dos enormes CABLES PRINCIPALES para colgar el tablero mediante PÉNDOLAS verticales. Los puentes colgantes son estructuras emblemáticas por sus enormes luces y su aspecto esbelto y elegante. Una TORRE ubicada a cada lado sostiene los cables principales como un palo de escoba en una tienda de campaña casera. La mayor parte del peso del puente se transfiere a los cimientos a través de estas torres. El resto pasa a los estribos del puente a través de unos ANCLAJES inmensos que impiden que los cables se desprendan del suelo. Al ser tan esbeltos y ligeros, la mayoría de los puentes colgantes deben reforzarse con vigas o CERCHAS a lo largo del tablero para reducir los movimientos provocados por el viento y el tráfico. Estos puentes son caros de construir y de mantener, por lo que solo se erigen cuando ninguna otra estructura resulta adecuada. Muchos los consideran el *non plus ultra* de la ingeniería civil.

Hay un último estilo de puentes: los que se mueven, normalmente para permitir el paso de embarcaciones. Aunque no son los más comunes, existen numerosos tipos de puentes móviles en el mundo, todos ellos únicos y adaptados a una ubicación específica. Una de mis actividades favoritas cuando visito una nueva ciudad consiste en observar algún puente móvil para intentar averiguar cómo funciona.

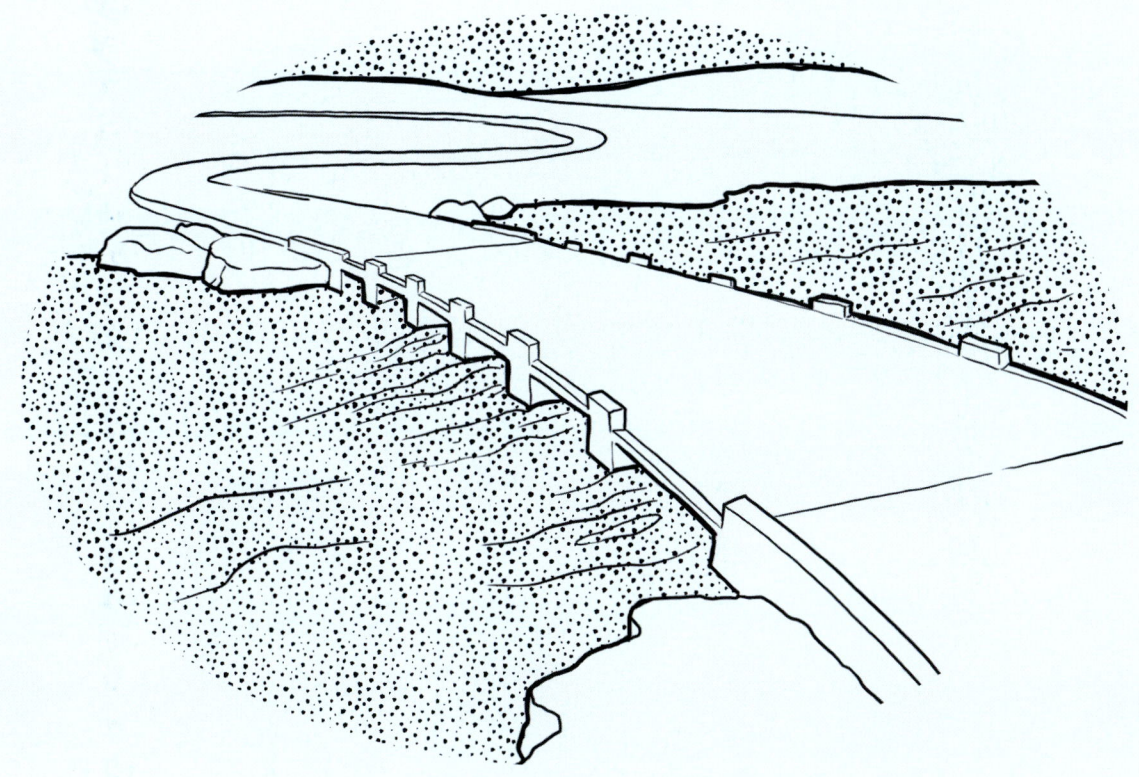

Cuando hay que cruzar un pequeño arroyo y no hay mucha financiación, existe la opción de construir un *paso de aguas bajas*. A diferencia de los puentes construidos por encima del nivel de inundación, los pasos de aguas bajas están diseñados para quedar sumergidos cuando sube el nivel del agua. Son habituales en las zonas propensas a inundaciones repentinas, donde la *escorrentía* de los arroyos sube y baja con rapidez. La idea es que el cruce solo sea inaccesible unas pocas veces al año durante fuertes tormentas. Sin embargo, estos pasos acarrean algunos problemas. Por un lado, pueden bloquear el paso de los peces (como las presas). El otro está relacionado con la seguridad. Una proporción significativa de las muertes relacionadas con las inundaciones se producen cuando alguien con un vehículo intenta atravesar estos pasos cuando están desbordados. Sin embargo, basta una corriente pequeña pero rápida de agua para tirar un vehículo al río o al arroyo, lo que significa que al menos una parte de los recursos ahorrados por evitar el coste de construir un puente deberán destinarse a levantar barricadas durante las tormentas, a instalar sistemas automáticos de alerta de inundaciones en los pasos más transitados y a realizar campañas publicitarias para animar a los conductores a no cruzarlos cuando están inundados.

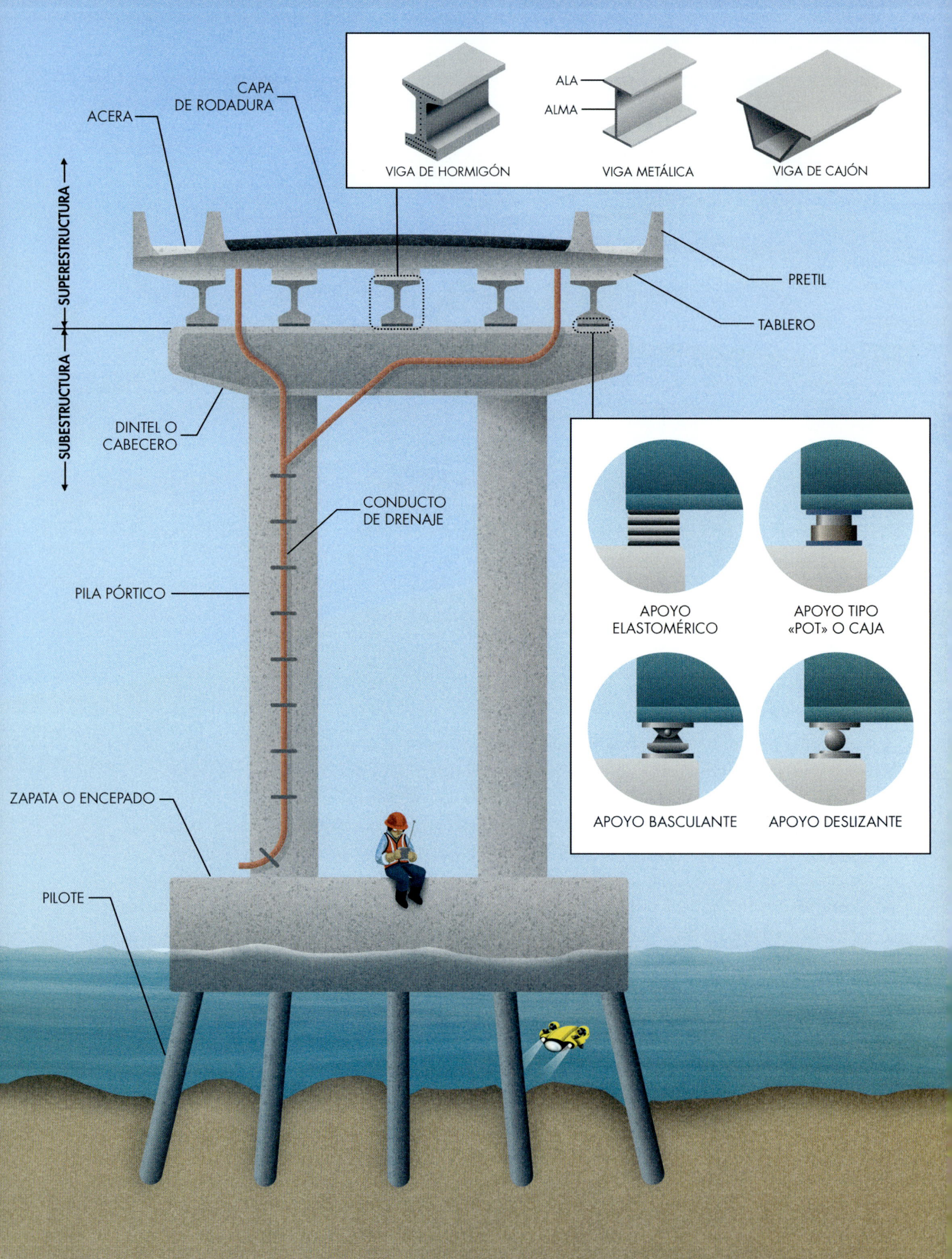

VIGA DE HORMIGÓN

ALA
ALMA

VIGA METÁLICA

VIGA DE CAJÓN

ACERA

CAPA DE RODADURA

PRETIL

TABLERO

SUPERESTRUCTURA

SUBSTRUCTURA

DINTEL O CABECERO

CONDUCTO DE DRENAJE

PILA PÓRTICO

ZAPATA O ENCEPADO

PILOTE

APOYO ELASTOMÉRICO

APOYO TIPO «POT» O CAJA

APOYO BASCULANTE

APOYO DESLIZANTE

La sección tipo de un puente

Aunque cada puente es diferente, la mayoría comparte elementos comunes visibles desde el exterior. La sección transversal tipo de un puente revela las partes que contribuyen a su funcionamiento. Los puentes se dividen en SUPERESTRUCTURA (que traslada las cargas del tráfico) y SUBESTRUCTURA (que transfiere el peso de la superestructura a la cimentación). Cada una de estas secciones contiene detalles fascinantes.

La superficie por la que circulan los vehículos se denomina TABLERO. Suele consistir en una losa de hormigón colocada sobre las vigas. En algunos casos, el tablero es *prefabricado*, lo que significa que el hormigón ya ha sido moldeado y curado antes de colocarlo en su sitio. En otros casos, el hormigón del tablero se vierte *in situ*, con encofrados para mantener su forma hasta que se endurezca. Si se emplea este método de construcción, debe hacerse con sumo cuidado. Al fin y al cabo, el hormigón es pesado y, a medida que se vierte sobre las vigas, estas estructuras empiezan a flexionarse. Para evitar grietas, los contratistas secuencian su trabajo de modo que la mayor parte de este movimiento se produzca al principio del vertido, antes de que el hormigón se endurezca por completo.

El tablero incluye una pendiente, ya sea desde el centro o desde uno de los bordes, para garantizar que el agua de lluvia no se estanque en la calzada (*bombeo* y *peralte*). Se añade una capa de impermeabilización y pavimentación a la losa de hormigón del tablero para protegerla de las inclemencias del tiempo y de los daños causados por el tráfico. Esta CAPA DE RODADURA también suaviza los desniveles y proporciona una conducción más agradable. La capa de rodadura debe sustituirse con periodicidad, mientras que la losa inferior constituye una parte permanente del puente. El tablero de un puente también suele tener un PRETIL en los bordes para evitar la caída de vehículos y peatones, conductos de DRENAJE para conducir el agua fuera de los elementos estructurales y ACERAS para el tráfico peatonal.

La mayoría de los puentes poseen algún tipo de vigas para soportar el tablero. En los puentes de vigas, estas constituyen los elementos portantes primarios que transfieren todas las fuerzas a la subestructura. En otros tipos de puentes, las vigas solo aportan rigidez al tablero o su peso se apoya en las péndolas, los tirantes o las cerchas, que son los que soportan la mayor parte de la carga. Las vigas experimentan las fuerzas más significativas a lo largo de sus superficies superior e inferior. Por lo general, la parte superior de la viga sufre compresión y la inferior experimenta tensión, por lo que la mayoría de las vigas tienen forma de «I» mayúscula. Así, cuentan con más material en las ALAS, con un ALMA estrecha en el centro donde las fuerzas no son tan significativas. Estas vigas suelen ser METÁLICAS (de acero o hierro) o de HORMIGÓN armado. Otra muy popular es la VIGA DE CAJÓN, que es esencialmente un tubo estructural cerrado. Suelen emplearse en puentes curvos porque soportan mejor la torsión que las vigas tipo.

Los APOYOS transfieren las cargas de la superestructura a la subestructura, es decir, «soportan» el peso del puente. Las vigas no pueden asentarse directamente sobre las pilas o los estribos por una sencilla razón: los puentes se mueven. La superestructura se deforma y vibra bajo las cargas del movimiento del tráfico, se dilata bajo el sol radiante y se contrae cuando se enfría (especialmente en las gélidas noches de invierno). Si no se aíslan de la subestructura, estos movimientos acumularían tensiones y podrían provocar el fallo de los elementos estructurales. Los apoyos proporcionan este aislamiento, al tiempo que reducen el desgaste de los soportes al garantizar la distribución uniforme de las fuerzas. Hay muchas soluciones interesantes para este problema y, si prestas atención, observarás una amplia variedad de apoyos para puentes.

En muchos de los puentes modernos se emplea un material *elastomérico* (en otras palabras, flexible) para soportar el peso del tablero y las vigas, al tiempo que permite pequeñas vibraciones, rotaciones y traslaciones entre las pilas. A veces, este APOYO ELASTOMÉRICO es un componente independiente formado de caucho puro o de capas laminadas de caucho con placas de acero para controlar la deformación. Otra opción son los APOYOS TIPO «POT» o CAJA, donde el material elastomérico está encapsulado en una caja o cápsula de acero. La caja evita que el caucho se deforme por los lados, lo que posibilita utilizar un material más blando y flexible. A veces, los apoyos tipo «pot» incluyen placas de acero para acomodar los movimientos de deslizamiento que se diseñan para contener o liberar diferentes movimientos, en función de las necesidades de cada puente. Muchos

puentes antiguos empleaban APOYOS DESLIZANTES y BASCULANTES tanto para la rotación como para el movimiento horizontal de la superestructura. Estos últimos se están eliminando progresivamente porque son muy caros de mantener.

La subestructura está formada por elementos verticales que soportan las cargas de las vigas, el tablero, las cerchas, los cables y las péndolas, y las transfieren al terreno. La subestructura adopta muchas formas diferentes, en función de la naturaleza del terreno y las rocas que hay bajo el puente, de si los elementos estarán sometidos a las potentes fuerzas de erosión de un río y del tipo de puente al que servirá de apoyo. Los apoyos sólidos intermedios suelen denominarse *pilas*. Por otra parte, cuando una pila consta de varias COLUMNAS con un CABECERO o DINTEL, se denomina PILA PÓRTICO. En cada extremo del vano del puente hay un *estribo*. Estos últimos suelen ser mayores que las pilas porque soportan las cargas verticales y horizontales de la superestructura. Los estribos también sirven de transición entre el puente y la calzada, por lo que a veces actúan como muro de contención del terraplén de transición.

La cimentación del puente es la parte de la subestructura que transfiere el peso de las pilas y los estribos al terreno. En algunos casos consisten en una simple zapata de hormigón. Sin embargo, en la mayoría de los casos se emplean PILOTES, unas esbeltas estructuras de acero u hormigón perforadas o hincadas en la tierra. A veces, los pilotes se inclinan (se les da un ángulo con respecto a la vertical) para ayudarlos a resistir también las fuerzas horizontales. En cada apoyo se colocan varios pilotes y el grupo se une con un ENCEPADO sobre el que se asientan las columnas.

Los apoyos entre la subestructura y la superestructura proporcionan soporte, así como libertad de movimiento para evitar la acumulación de tensiones innecesarias. No obstante, también se precisa espacio en el tablero para ese movimiento. Este espacio se denomina junta de dilatación y debe ser al menos tan ancho como la diferencia de longitud del puente en los días más cálidos y en los más fríos. Cuanto mayor sea la luz del puente, mayor deberá ser este espacio. A los conductores y sus vehículos no les gusta circular sobre estos huecos sin más. Por ese motivo, los tableros de los puentes incluyen unos «puentes en miniatura» que permiten a los coches y camiones pasar con seguridad sobre las juntas de dilatación. Estas juntas suelen ser de un material flexible que cubre la superficie del «hueco». Escucha el «clomp-clomp» la próxima vez que pases sobre las juntas de dilatación al conducir por un puente.

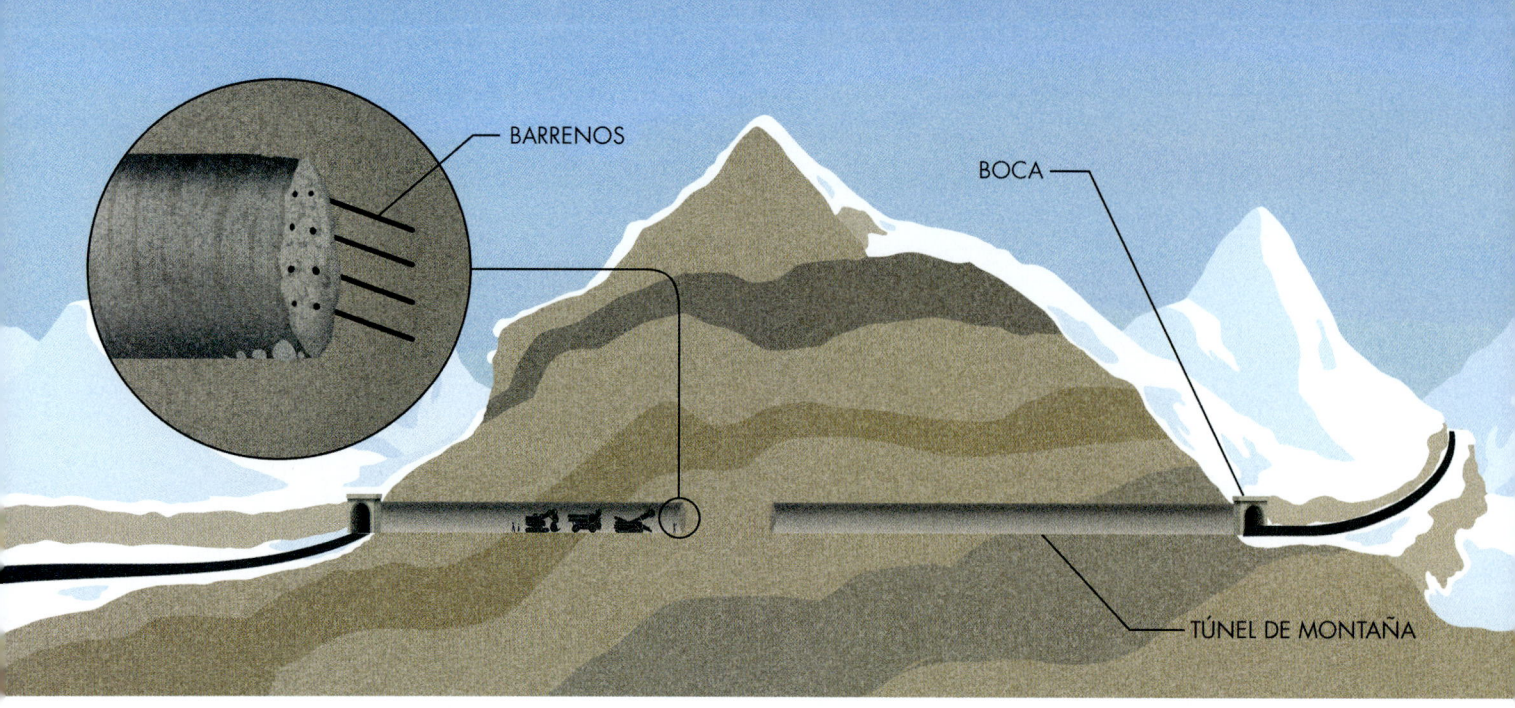

BARRENOS

BOCA

TÚNEL DE MONTAÑA

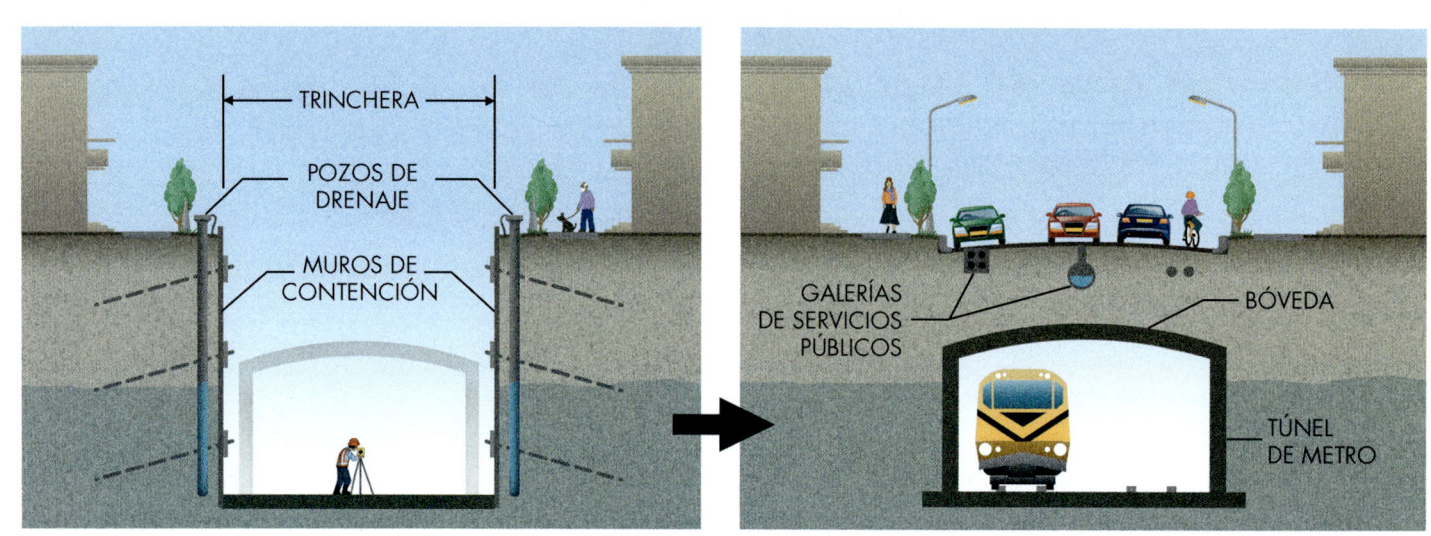

TRINCHERA

POZOS DE DRENAJE

MUROS DE CONTENCIÓN

GALERÍAS DE SERVICIOS PÚBLICOS

BÓVEDA

TÚNEL DE METRO

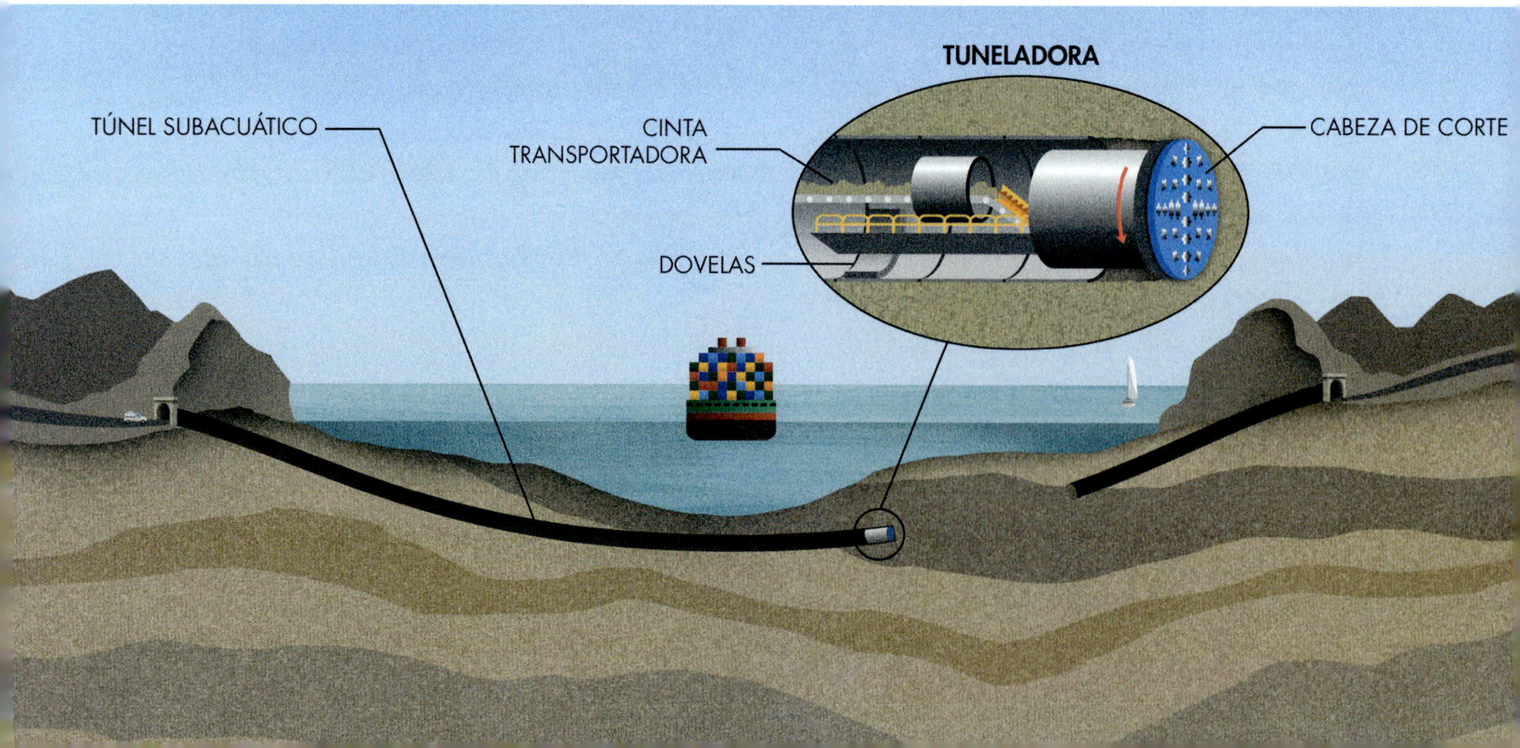

TUNELADORA

TÚNEL SUBACUÁTICO

CINTA TRANSPORTADORA

DOVELAS

CABEZA DE CORTE

Los túneles

El concepto de túnel es relativamente sencillo: un tubo hueco en el interior de la tierra a través del cual circulan vehículos a motor, trenes e incluso peatones. Sin embargo, los túneles se cuentan entre los proyectos de ingeniería más costosos y difíciles del mundo desde el punto de vista técnico. Algunas infraestructuras (en este libro abarcaremos algunas de ellas) emplean tubos subterráneos, pero este capítulo se centra en los túneles destinados al transporte. Aunque su construcción es cara y difícil, los túneles permiten salvar accidentes geográficos que, de otro modo, serían casi imposibles de atravesar. También abren una nueva dimensión a los desplazamientos y hacen posible aprovechar al máximo el valioso suelo de las densamente pobladas zonas urbanas. El mundo bajo la superficie terrestre es diferente, tanto para los ingenieros que diseñan los túneles como para los viajeros que circulan por ellos. Pero hay algo intrínsecamente intrigante en atravesar el terreno en vez de viajar por su superficie.

Una de las principales funciones de un túnel es lograr que las personas salven un obstáculo. Los túneles son habituales en las regiones montañosas donde las pendientes a lo largo de la superficie son demasiado pronunciadas o traicioneras. En vez de serpentear por la escarpada topografía, a veces resulta más práctico atravesarla. Algunos TÚNELES DE MONTAÑA cubren apenas cortas distancias entre la BOCA de entrada y la de salida, pero los más largos pueden superar los 50 kilómetros.

El agua es otro obstáculo que puede superarse con los túneles. Los puentes no siempre son la forma más sencilla de cruzar un río o una bahía, sobre todo en zonas con mucho tráfico marítimo. Mientras que un puente podría invadir con sus apoyos parte de la vía fluvial, un TÚNEL SUBACUÁTICO permitiría cruzarlo sin añadir ningún tipo de restricción a las embarcaciones.

Otra de las principales funciones de los túneles se da en las zonas urbanas densamente pobladas, donde cualquier espacio en la superficie es precioso. El METRO suele circular por espacios subterráneos para evitar conflictos con las carreteras y otras infraestructuras de la superficie. Como los túneles de metro no suelen ser muy profundos, se excavan con la técnica de *falso túnel* que empieza con la excavación de una TRINCHERA. Excavar por debajo de la superficie en zonas urbanas es una tarea ardua y molesta. Hay que desviar las calzadas existentes y proteger o desviar las LÍNEAS DE SERVICIOS PÚBLICOS. Además, los edificios cercanos pueden necesitar apoyo adicional para evitar asentamientos. Se precisan MUROS DE CONTENCIÓN para mantener la trinchera abierta mientras se construye el túnel (encontrarás más información sobre este tema en el capítulo 3). Por último, también hay que gestionar las aguas subterráneas durante todo el proceso. Si los muros de contención no son estancos, se pueden instalar POZOS DE DRENAJE temporales para extraerlas directamente de la tierra. Otra opción sería la *congelación del terreno*, que emplea un sistema de refrigeración con tuberías de fluido refrigerante para congelar una capa de agua y tierra con objeto de formar una barrera impermeable. Esta pared de hielo temporal refuerza el suelo e impide el paso de las aguas subterráneas a la zona de trabajo.

Una vez excavada la trinchera, pueden construirse las propias partes del túnel, ya sea ferroviario o de carretera. La BÓVEDA es el último elemento que se coloca. Después, se cubre con material de relleno la trinchera y se pueden restaurar las infraestructuras de la superficie.

Se suele emplear, asimismo, la técnica del falso túnel para los túneles acuáticos. En la construcción de *túneles sumergidos*, las secciones prefabricadas del túnel se hunden con cuidado en trincheras dragadas bajo el agua. Los buzos fijan cada sección, la rellenan de tierra para evitar que vuelva a salir a flote y luego bombean fuera el agua. En las zonas urbanas, los falsos túneles suelen construirse por tramos cortos porque no es factible mantener abierto un gran tramo de terreno en una ciudad durante períodos largos de tiempo. Hay otro método de construir túneles que posibilita soslayar todos estos trastornos: la *perforación*.

Al igual que la técnica de falso túnel, la perforación de un túnel se divide en varias etapas: excavar y retirar el material excavado, ejecutar el sostenimiento para retener la tierra y el agua circundantes y, a continuación, construir todos los elementos del túnel. La ventaja de la perforación radica en que puede realizarse sin alterar la superficie, lo que acelera la construcción y permite construir en zonas que de otro modo serían inaccesibles (por ejemplo, bajo edificios y calles muy transitadas). Aunque históricamente se han empleado diversas técnicas en la construcción de túneles, en la actualidad se perforan sobre todo de dos formas. Primero tenemos el modo manual. Cuando hay que excavar en roca, el frente del túnel avanza mediante la perforación de BARRENOS que se rellenan con explosivos y se procede a su voladura. En suelos blandos, los equipos pueden utilizar un soporte temporal denominado *escudo* para acceder al frente del túnel. Una ventaja importante de la excavación manual de túneles es que el diseño se adapta a los cambios geológicos. El sostenimiento adicional se instala solo cuando es necesario (por ejemplo, cuando la roca es débil o está fracturada), lo que ahorra costes innecesarios.

La segunda opción serían las TUNELADORAS. Estas enormes máquinas actúan como unos taladros gigantes con una CABEZA DE CORTE giratoria para excavar la roca y el suelo. Las tuneladoras también incluyen CINTAS TRANSPORTADORAS para retirar los escombros a medida que se excavan y equipos para instalar el *revestimiento*: DOVELAS de hormigón que soportan los HASTIALES y la bóveda del túnel (aunque son enormemente caras y difíciles de transportar, estas máquinas consiguen que la construcción de túneles sea un proceso rápido y eficiente). Se utilizan sobre todo en proyectos de túneles de gran longitud y gran diámetro o en aquellos donde las condiciones del terreno son muy difíciles.

La excavación de túneles suele ser un proceso lento, por lo que a veces los túneles más largos se construyen desde ambos extremos al mismo tiempo. Esto reduce el tiempo de construcción, pero plantea otro problema. ¿Cómo pueden dos equipos excavar a ciegas y encontrarse con precisión en el punto medio? Los topógrafos que guían a los equipos de construcción de túneles o a la tuneladora en la dirección correcta no tienen acceso ni a los satélites ni a los puntos de referencia de la superficie, por lo que suelen recurrir al campo magnético terrestre para establecer el rumbo. Una brújula magnética no es lo suficientemente precisa para este propósito debido a la interferencia del hierro y el acero utilizados en la construcción. Incluso el más mínimo error en la dirección puede convertirse en desviaciones significativas en distancias largas. Ello obliga a los topógrafos a trabajar con giroscopios capaces de apuntar hacia el norte con un alto grado de precisión. Este instrumento hace posible que los túneles se abran paso con precisión justo en el centro del pozo de salida e incluso que dos equipos se encuentren en el centro del trazado.

Al entrar en un túnel durante el día, se produce una brusca transición entre la brillante luz solar del exterior y la iluminación artificial del interior del túnel. Los ingenieros lo llaman *efecto de agujero negro*. Puede ser un grave problema de seguridad porque los ojos humanos se adaptan de forma gradual a los cambios de luminosidad. La oscuridad repentina a la entrada del túnel y el brillo posterior a la salida ciegan a los conductores. Se han intentado muchas soluciones creativas para resolver este problema de luminosidad. Algunos túneles emplean estructuras para hacer sombra delante de las bocas y proporcionar una transición de iluminación más suave. Otros pintan de blanco las paredes de las bocas para reflejar más luz artificial en la visión del conductor. Sin embargo, la mayoría de los túneles modernos utilizan una iluminación personalizada para garantizar que los conductores puedan ver con claridad en toda su longitud. Si prestas atención, notarás que la intensidad de las luces cambia gradualmente de brillante a más tenue a medida que avanzas por un túnel y vuelven a ser más brillantes a medida que te acercas a la salida.

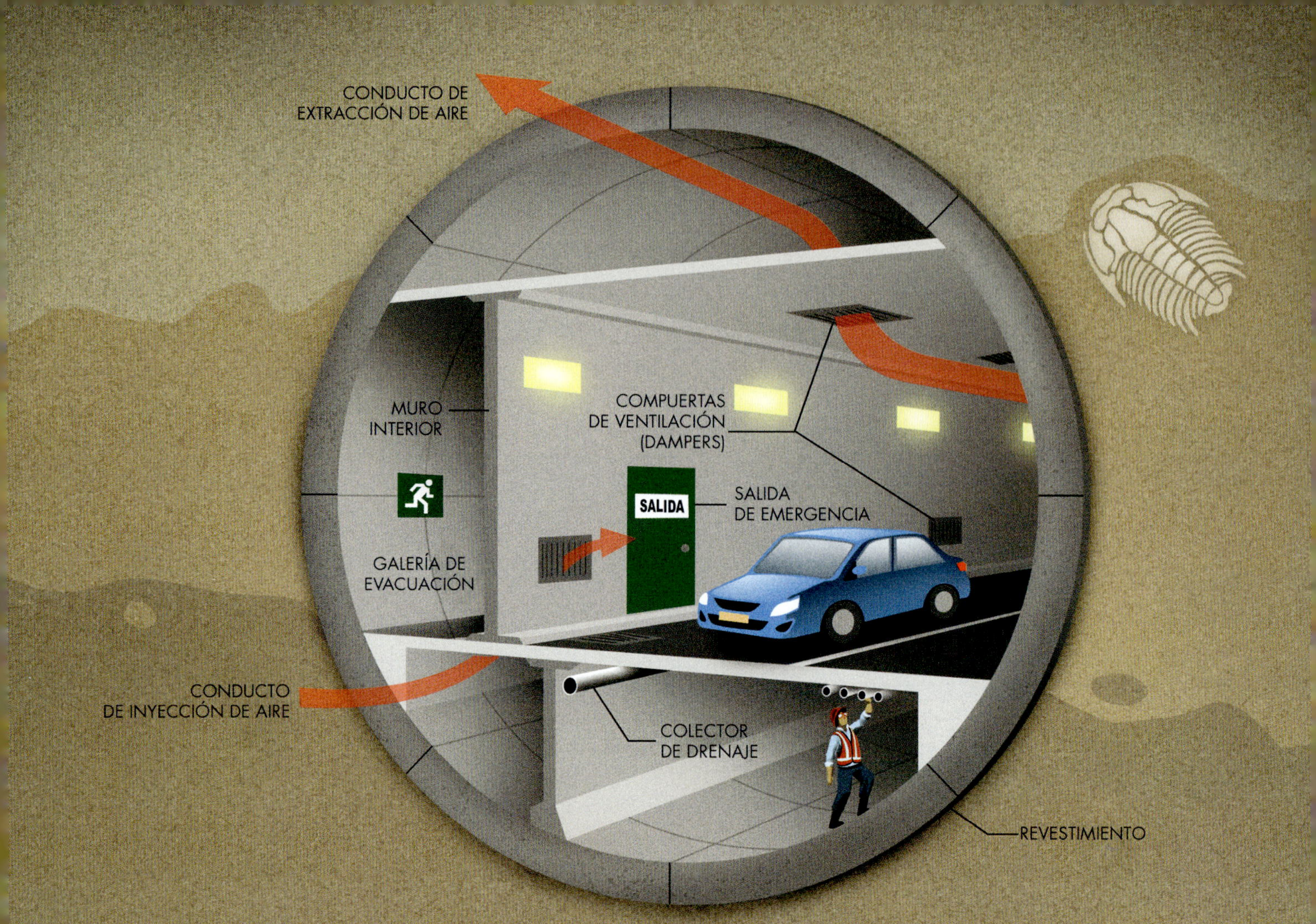

CONDUCTO DE EXTRACCIÓN DE AIRE

MURO INTERIOR

COMPUERTAS DE VENTILACIÓN (DAMPERS)

SALIDA DE EMERGENCIA

SALIDA

GALERÍA DE EVACUACIÓN

CONDUCTO DE INYECCIÓN DE AIRE

COLECTOR DE DRENAJE

REVESTIMIENTO

TÚNEL PERFORADO CON TUNELADORA

REVESTIMIENTO DE LA BÓVEDA

REVESTIMIENTO DE LOS HASTIALES

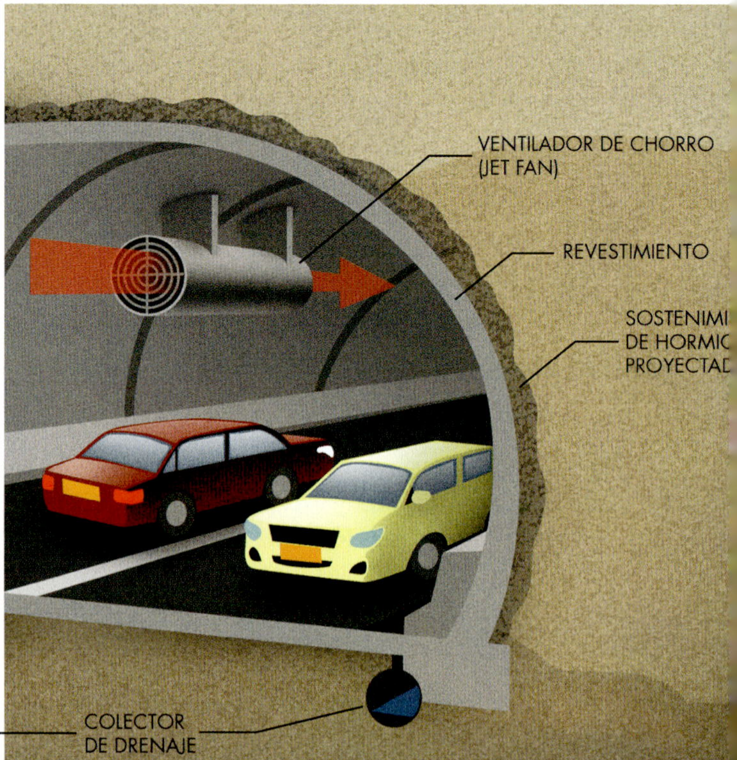

VENTILADOR DE CHORRO (JET FAN)

REVESTIMIENTO

SOSTENIMI DE HORMI PROYECTAD

COLECTOR DE DRENAJE

EXCAVACIÓN POR FALSO TÚNEL

TÚNEL EXCAVADO A MANO

La sección transversal del túnel

Cada túnel es una estructura única diseñada para una situación específica. Puede parecer que no hay mucho margen para la variedad cuando hablamos de excavar pasadizos a través del suelo. Sin embargo, son muchas las consideraciones que pueden afectar al diseño de un túnel, como su ubicación, longitud, profundidad, geología, volumen de tráfico, etc. Son muchos los detalles que nos permiten viajar por pasadizos a través de la tierra con seguridad y comodidad, y es divertido poderlos detectar si sabemos hacia dónde mirar.

Al igual que existe la presión atmosférica creada por el peso del aire, en el subsuelo también hay una presión procedente de la masa del suelo y la roca que se encuentran por encima. Esta presión comprime el material subterráneo cada vez más a medida que descendemos. La construcción de un túnel a través de la tierra interrumpe el flujo de estas fuerzas de compresión. Al excavar un túnel se quita el soporte y sucede lo mismo que si retiramos una columna de un edificio. Los túneles suelen construirse por debajo del nivel freático, por lo que también están sujetos a la presión del agua. Pero mientras que en un edificio las cargas solo proceden de arriba, en un túnel la presión de la tierra y el agua proceden de todos los lados. La mayoría de los túneles se ejecutan con un *sostenimiento* para soportar la presión del terreno, mantener el paso abierto contra cualquier derrumbe y minimizar la filtración de aguas subterráneas.

Los TÚNELES EXCAVADOS A MANO suelen revestirse con hormigón proyectado (GUNITADO), para proporcionar el sostenimiento inicial. Esta capa ayuda a mantener unidos el suelo y la roca, mientras se redistribuyen las tensiones tras la excavación. Al final se añade un REVESTIMIENTO de acero u hormigón. En los túneles urbanos excavados por el método de FALSO TÚNEL, el revestimiento suele ser de hormigón armado vertido o bombeado *in situ*. Primero se montan las cimbras y luego se bombea o vierte el hormigón en los encofrados para que se endurezca. Una vez curado, se retira el encofrado y se rellena con material de relleno alrededor de los hastiales y la bóveda del túnel. En los túneles perforados con TUNELADORA, el revestimiento suele consistir en DOVELAS. Estas son prefabricadas y se entregan en el frente del túnel listas para izarlas y colocarlas en su sitio. Incluyen una junta para sellar el paso del agua subterránea y utilizan una geometría cónica para unirse firmemente al ser instaladas.

La mayoría de los túneles tienen secciones transversales abovedadas o circulares porque son las más resistentes a la presión del terreno. El arco redistribuye las fuerzas, igual que sucede con los puentes arco. Sin embargo, a los conductores los túneles no les parecen circulares, pues muchos tienen MUROS INTERIORES para separar el tráfico de los diversos sistemas y servicios. Aunque suelen estar ocultos a la vista, un observador atento descubrirá algunos de estos sistemas mientras circula por un túnel.

Una de las funciones cruciales de los sistemas de soporte de un túnel es el drenaje. Debe haber una forma de gestionar las precipitaciones que entran por la boca del túnel, las aguas subterráneas que se filtran a través del revestimiento y el agua de lavar las paredes o apagar incendios. El agua suele llegar a un COLECTOR o tubería a través de los imbornales de los bordillos de la calzada. Si las condiciones del proyecto lo permiten, los túneles pueden tener una rasante para el drenaje del agua desde el centro hacia las bocas. Sin embargo, muchos son demasiado profundos para poder hacer esto. En este caso, se equipan con unos depósitos en los puntos bajos llamados tanques de tormenta. Cuando el depósito se llena, se pone en marcha una bomba que conduce el agua a la red de saneamiento. Estas aguas suelen contaminarse en su recorrido, por lo que son bastante sucias. Los túneles modernos suelen incluir medios para tratar el drenaje antes de verterlo.

Uno de los elementos de seguridad más vitales de un túnel es la ventilación. Los motores, neumáticos y frenos emiten una serie de contaminantes que pueden quedar confinados y concentrados en el interior de los túneles. Además, en ocasiones los vehículos se incendian. Cuando esto ocurre en un túnel, el humo resultante es muy peligroso porque no tiene muchas formas de salir. Gestionar el flujo de aire que entra y sale de un túnel es bastante complicado. Una ventilación demasiado escasa ocasionará que se acumule la contaminación. Sin embargo, un flujo de aire excesivo podría acelerar los incendios y crear turbulencias que impidan que el humo suba. Los túneles emplean muchos sistemas de ventilación diferentes para mantener limpio el flujo de aire.

Muchos túneles funcionan como simples conductos donde el aire fresco entra por una boca y el aire contaminado sale por la opuesta. Este esquema se conoce como *ventilación longitudinal*. Se consigue con VENTILADORES DE CHORRO o JET FANS instalados en el techo que obligan al aire del interior del túnel a mantenerse en movimiento. Otra opción consiste en soplar un chorro de aire en la entrada del túnel en un ángulo poco profundo a través de una abertura llamada *tobera Saccardo*. La ventilación longitudinal

funciona mejor en túneles con un único sentido de circulación del tráfico porque el aire se mueve junto con los vehículos. Durante un incendio, los coches que se encuentran por delante del accidente pueden salir del túnel junto con el flujo de aire que arrastra el humo. Los vehículos atrapados por detrás del incendio también están contra el viento, por lo que no están expuestos al humo.

A partir de cierta longitud, la ventilación longitudinal pierde eficacia. Es difícil mantener el aire en movimiento de forma eficaz en distancias excepcionalmente largas. Y, aunque el flujo de aire sea suficiente, este absorbe contaminantes a medida que se desplaza, de modo que su calidad al final del túnel es mucho peor que a la entrada. En estos casos, tiene más sentido la *ventilación transversal*, en la que el aire se inyecta o se extrae por lugares discretos a lo largo del túnel. La ventilación transversal requiere CONDUCTOS para inyectar aire fresco o extraer los gases de escape a través de las COMPUERTAS (DAMPERS) de ventilación del túnel. Para un sistema totalmente transversal se necesitan dos conductos: uno de INYECCIÓN y otro de EXTRACCIÓN DE AIRE. Los sistemas de ventilación más modernos tienen formas de extraer el humo de un incendio sin transportarlo a lo largo de todo el túnel. Los sofisticados sistemas de control son capaces de identificar los accidentes y ajustar las compuertas y los ventiladores para aislar la zona.

Muchos túneles cuentan con SALIDAS DE EMERGENCIA para garantizar que los conductores lleguen a un lugar seguro en caso de incendio o accidente. Las puertas, bien señalizadas, conducen a un túnel paralelo adyacente o a una GALERÍA DE EVACUACIÓN protegida. La ventilación mantiene presurizadas las vías de evacuación para que el humo no pueda entrar aunque las puertas estén abiertas.

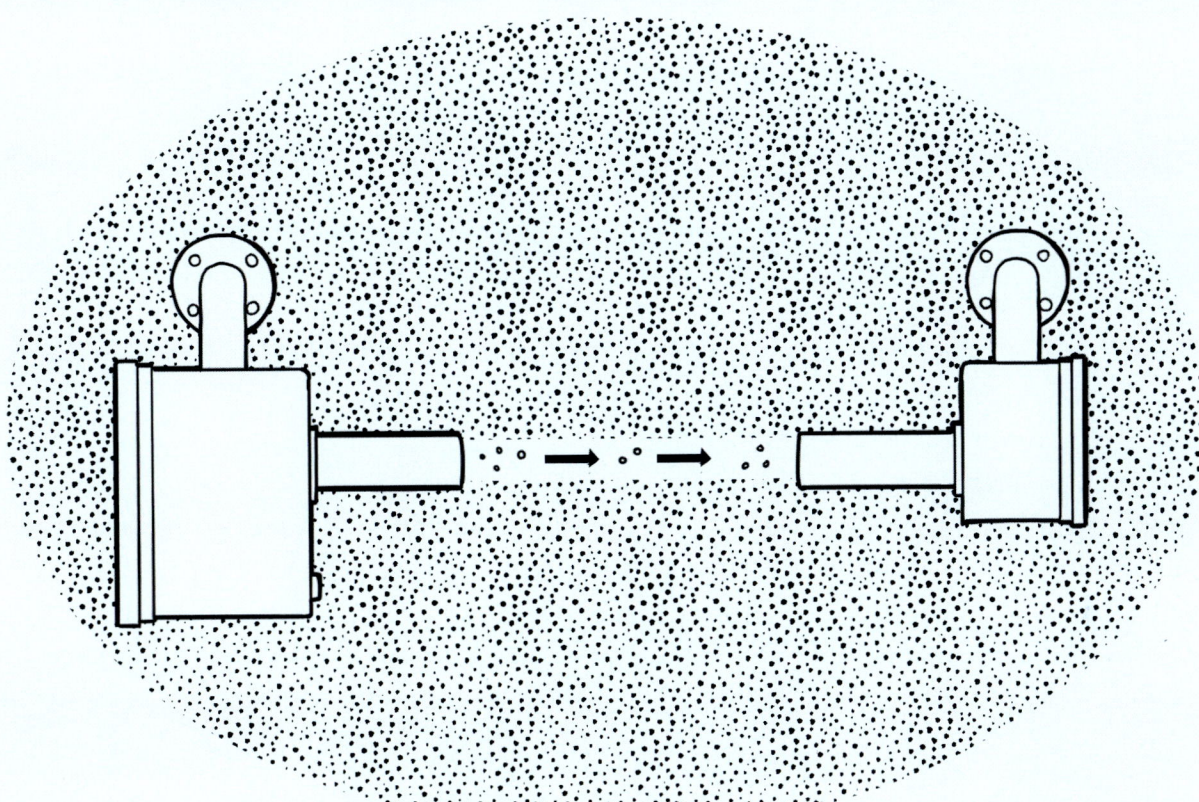

Un sistema de ventilación de túneles debe ser regulable para garantizar el suministro de suficiente aire fresco, sin importar el volumen de tráfico o las emergencias que surjan. Muchos diseños funcionan como un termostato doméstico, salvo que, en vez de la temperatura, miden la contaminación del aire. Cuando la calidad del aire en el interior del túnel empieza a disminuir, el sistema de vigilancia aumenta la velocidad del ventilador o abre las compuertas para introducir aire del exterior. Sin embargo, hace falta mucho más ingenio para medir la contaminación que la temperatura. Muchos sensores de la calidad del aire de los túneles se valen de la luz para detectar la concentración de gases peligrosos. Un emisor envía un haz de luz intenso a través del aire del túnel. El receptor mide la intensidad de la luz a corta distancia. Hay muchos tipos de contaminación que pueden alcanzar niveles peligrosos dentro de un túnel, y cada uno de ellos tiene una huella dactilar revelada por la longitud de onda específica de la luz que absorbe. El receptor emplea complejos algoritmos para estimar la concentración de múltiples gases con gran precisión. Este proceso se denomina *espectroscopia* y los dispositivos de vigilancia que utilizan este principio cuentan con un aspecto característico. Busca un par de cajas con tubos de luz que estén ubicadas una frente a otra a corta distancia.

5

LOS FERROCARRILES

Introducción

El ferrocarril es una de las primeras formas de transporte terrestre y está presente en la historia de casi todos los países del mundo. En Estados Unidos, fomentó una enorme expansión y crecimiento económico, quizá más que ninguna otra tecnología del siglo XIX. En la actualidad, sigue siendo un medio vital para el transporte de mercancías y personas.

Los ferrocarriles tienen dos características esenciales. En primer lugar, las ruedas de acero sobre carriles del mismo material consumen muy poca energía en rozamiento (sobre todo, si las comparamos con los neumáticos sobre el asfalto). Las locomotoras pueden parecer enormes, pero sus motores son casi insignificantes en relación con el enorme peso que desplazan. Si tu coche fuera tan eficiente, podría funcionar con el pequeño motor de una desbrozadora. En segundo lugar, y más importante aún, las vías con derecho de paso por donde circulan los ferrocarriles son relativamente directas, sin obstáculos y no resultan afectadas por el tráfico de vehículos a motor. Estas vías reservadas crean un nivel de fiabilidad difícil de igualar por otros medios de transporte.

El ferrocarril cuenta con un contingente de devotos entusiastas por todo el mundo autodenominados *railfans* o *train spotters* (observadores de trenes), mucho más numeroso que cualquier otro tipo de infraestructura. Ya sea por la nostalgia de tiempos pasados o por el simple atractivo de ver grandes máquinas de cerca, observar ferrocarriles constituye una pasión para muchas personas que disfrutan mucho con ello. Tal vez más que los propios trenes, las vías por las que circulan están llenas de detalles dignos de mención, todos listos para ser observados y apreciados.

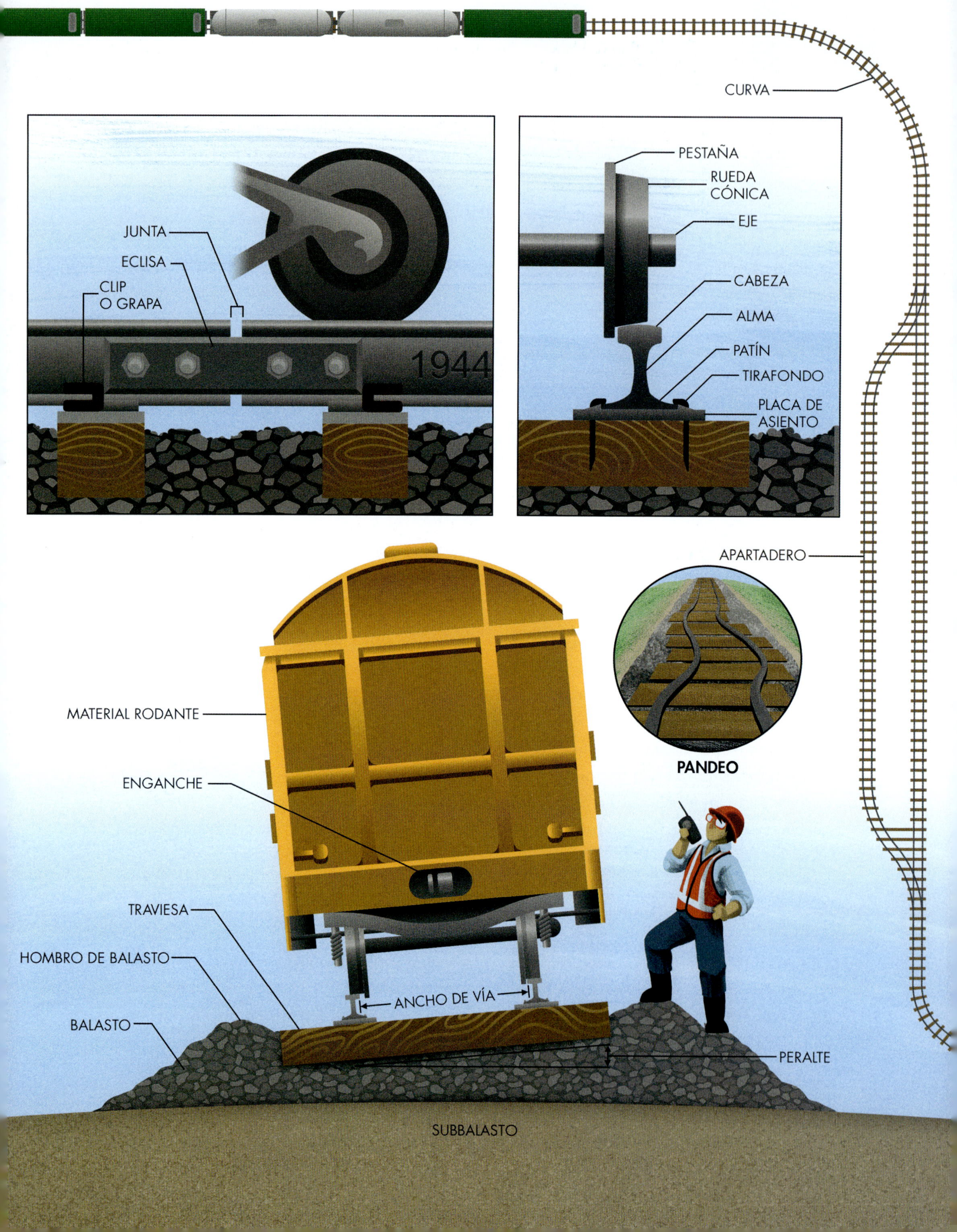

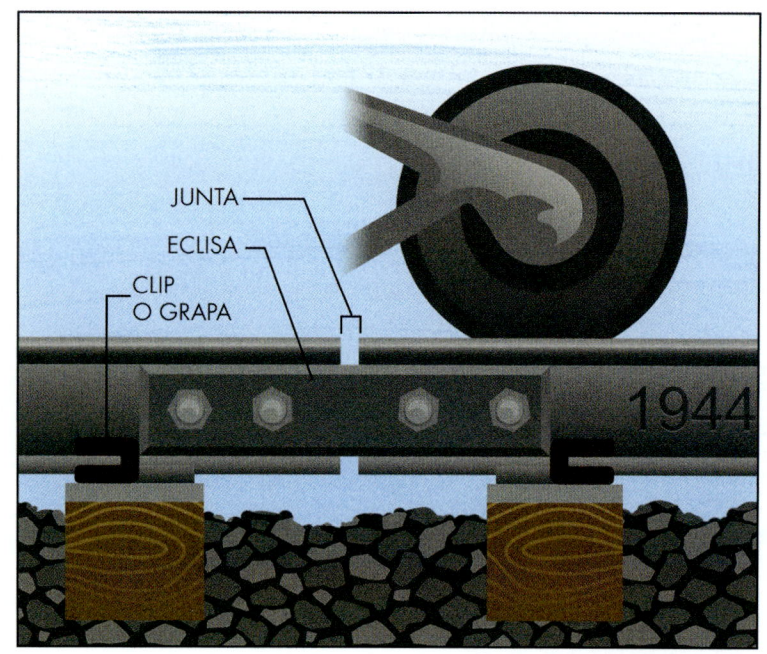

CURVA

JUNTA

ECLISA

CLIP
O GRAPA

1944

PESTAÑA

RUEDA
CÓNICA

EJE

CABEZA

ALMA

PATÍN

TIRAFONDO

PLACA DE
ASIENTO

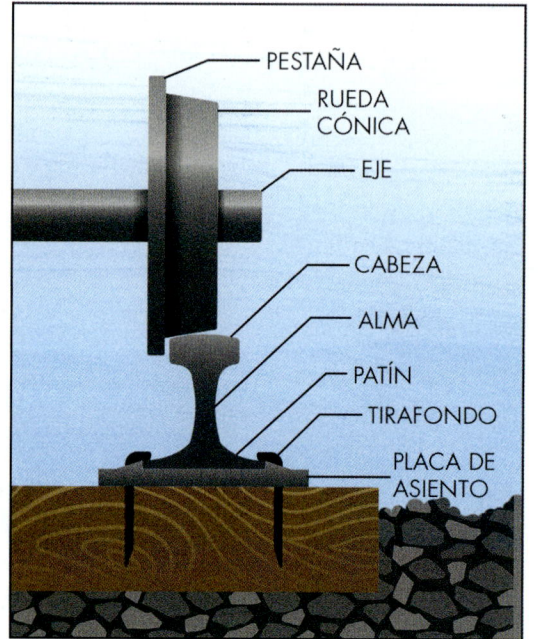

APARTADERO

PANDEO

MATERIAL RODANTE

ENGANCHE

TRAVIESA

HOMBRO DE BALASTO

BALASTO

ANCHO DE VÍA

PERALTE

SUBBALASTO

Las vías férreas

Las vías férreas constan de todos los elementos necesarios para que el tráfico ferroviario llegue a su destino con rapidez y sin contratiempos. El aspecto más distintivo de un ferrocarril son los propios carriles (o raíles), que soportan el tremendo peso de los trenes y la carga. Los carriles se fabrican con acero de alta calidad para soportar estas increíbles tensiones. Si te fijas bien, observarás unas marcas en el ALMA del carril que indican el año y otros detalles de su fabricación. Los carriles pueden ser de distintos tamaños y formas, pero en su mayoría se parecen a una «I» con una CABEZA bulbosa sobre la que circulan las ruedas y un PATÍN plano unido a las traviesas.

La fuerza necesaria para hacer avanzar un tren se transfiere al carril a través del rozamiento con las ruedas motrices de la locomotora. Por increíble que parezca, la superficie de contacto entre cada rueda y el carril es del tamaño de una moneda pequeña. Esto significa que un tren de mercancías de tamaño medio se asienta sobre una superficie de acero del tamaño aproximado de este libro.

Antiguamente, los tramos de carril se atornillaban entre sí mediante ECLISAS. La JUNTA DE DILATACIÓN entre cada carril crea el icónico sonido de «clic-clac» cuando las ruedas del tren pasan sobre esos pequeños espacios vacíos. Estas pequeñas pero frecuentes discontinuidades generan desgaste en los vehículos ferroviarios (llamados MATERIAL RODANTE) y resultan incómodas para los pasajeros. En la mayoría de las vías modernas se usan carriles soldados para crear tramos continuos de vía sin juntas.

Uno de los problemas que plantea la eliminación de estas juntas es el movimiento térmico. El acero se contrae con las bajas temperaturas y se dilata con el calor. Mientras que muchas estructuras proporcionan libertad de movimiento mediante juntas de dilatación, las vías con carriles soldados de forma continua restringen este movimiento térmico. En los días fríos, los carriles sufren esfuerzos de tracción al intentar contraerse. En los días cálidos, los esfuerzos son de compresión al intentar expandirse. En un punto intermedio, denominado *temperatura neutra*, el carril está libre de tensiones térmicas. Si la temperatura ambiente se desvía demasiado de la neutra, las tensiones pueden superar la resistencia de la vía. En los días más calurosos, los carriles pueden deformarse (lo que también se conoce como PANDEO), con el consiguiente peligro de descarrilamiento. Con frecuencia, los carriles se calientan y estiran antes de su instalación para reducir la posibilidad de pandeo. Esta técnica eleva la temperatura neutra del carril para que los días calurosos no se sobrecarguen con tensiones térmicas.

Hay muchas formas de fijar el carril a las TRAVIESAS. Antes, se insertaba un gran TIRAFONDO de acero con la cabeza desplazada para fijarlo a cada lado del carril (y aún se utilizan en algunos ferrocarriles de Estados Unidos). En las vías férreas más modernas se emplean muchos tipos de GRAPAS de alta resistencia. En Norteamérica, las traviesas suelen ser de madera por su abundancia, pero también se fabrican de hormigón. Las traviesas tienen dos funciones esenciales: soportar el peso de las cargas del tráfico ferroviario y mantener el espacio correcto entre los dos carriles (llamado ANCHO DE VÍA). Las traviesas de madera suelen incluir una PLACA DE ASIENTO para distribuir la fuerza concentrada del carril.

Mantener el ancho de vía preciso es fundamental por la forma en que los trenes se mantienen sobre la vía. Se podría pensar que el EJE sólido de las ruedas dificultaría mucho que el tren pudiera tomar una curva porque la rueda exterior tendría que girar a más velocidad que la interior. En los coches se usa un *diferencial* entre las ruedas motrices, para que puedan girar de forma independiente en las curvas. El material rodante resuelve este problema con unas RUEDAS CÓNICAS. Cuando el tren toma una curva, los ejes se desplazan, de modo que la rueda exterior gira en un radio mayor y la interior en un radio menor. Así se compensa la diferencia de distancia entre el interior y el exterior de la curva. La PESTAÑA de la rueda es solo un elemento de seguridad para mantenerla en las vías dañadas o desalineadas. Durante el funcionamiento normal, la pestaña nunca debería tocar el carril.

Las traviesas de ferrocarril no se asientan directamente sobre el suelo bajo la vía, denominado SUBBALASTO. Los suelos rara vez son lo bastante fuertes para soportar el inmenso peso del tráfico ferroviario. En vez de eso, se extiende un terraplén de piedras sueltas llamado BALASTO para repartir la carga de un modo uniforme sobre el suelo subyacente. El balasto suele estar hecho de piedra triturada porque sus características angulares lo ayudan a encajar en una base sólida. No solo distribuye las fuerzas verticales de la vía, sino que también proporciona apoyo horizontal a cada traviesa y la ayuda a resistir el pandeo ocasionado por la tensión térmica y el desplazamiento de las fuerzas horizontales del tren en las curvas. En muchos casos se colocan unos HOMBROS DE BALASTO para proporcionar una resistencia adicional contra las fuerzas laterales en las traviesas. Los huecos entre las piedras del balasto permiten drenar el agua (para que no se quede estancada en los laterales).

La geometría de los ferrocarriles es un componente crítico de su diseño. La servidumbre de paso de los ferrocarriles es mucho más estrecha que la de las autovías porque no requieren grandes zonas despejadas a los lados. Sin embargo, los trenes necesitan CURVAS y pendientes mucho menos marcadas que las que admiten los vehículos a motor. Los ENGANCHES entre vagones no soportan las curvas cerradas. Por otra parte, la fuerza centrípeta de las curvas puede crear tensiones incómodas para los pasajeros y la carga. Una de las soluciones es similar a la empleada en las autovías: elevar el carril exterior para que el tren se incline en las curvas. Esta inclinación, también llamada PERALTE, reduce la fuerza horizontal que soporta el tren.

En cuanto a la alineación vertical, las ruedas de acero de los trenes no tienen suficiente adherencia sobre los carriles de acero para frenar con eficacia en pendientes pronunciadas. Las pendientes ascendentes importantes también hacen que los trenes reduzcan su velocidad y, por tanto, la capacidad de la vía férrea. La próxima vez que circules en paralelo a una vía férrea, observa las vías mientras viajas. Aunque la carretera suele seguir bastante la cota natural del terreno, las vías férreas mantendrán una rasante mucho más constante, con solo algunos cambios graduales de pendiente.

El número de vías es otra consideración esencial en el diseño ferroviario. Una sola vía es más barata de construir y mantener, pero tiene sus desventajas. La más importante es que los trenes que viajan en direcciones opuestas necesitan una vía para cruzarse. Un APARTADERO es una sección corta de vía paralela para el adelantamiento de trenes. La capacidad de la vía única depende del número de estos apartaderos. Con una programación cuidadosa se maximiza el uso de la vía única, pero dos o más vías aumentan significativamente su capacidad y fiabilidad.

Aunque la mayoría de los ferrocarriles modernos circula sobre carriles soldados de forma continua, sigue siendo necesario realizar cortes ocasionales entre tramos largos. Esto ocurre sobre todo en puentes y viaductos que se expanden y contraen a un ritmo diferente al del resto de las vías. En estos lugares, donde el movimiento térmico de los carriles no está limitado, las juntas deben tener espacio para desviaciones significativas de longitud. Una junta a tope entre tramos de carril crearía un desnivel importante para los pasajeros y el material rodante. Para evitarlo, en las juntas de dilatación de los carriles (a veces denominadas *agujas de dilatación*) se usan conos diagonales. Estas juntas oblicuas permiten que las ruedas del tren pasen suavemente de una sección de carril a la siguiente, a la vez que dejan espacio suficiente para la dilatación y contracción térmicas.

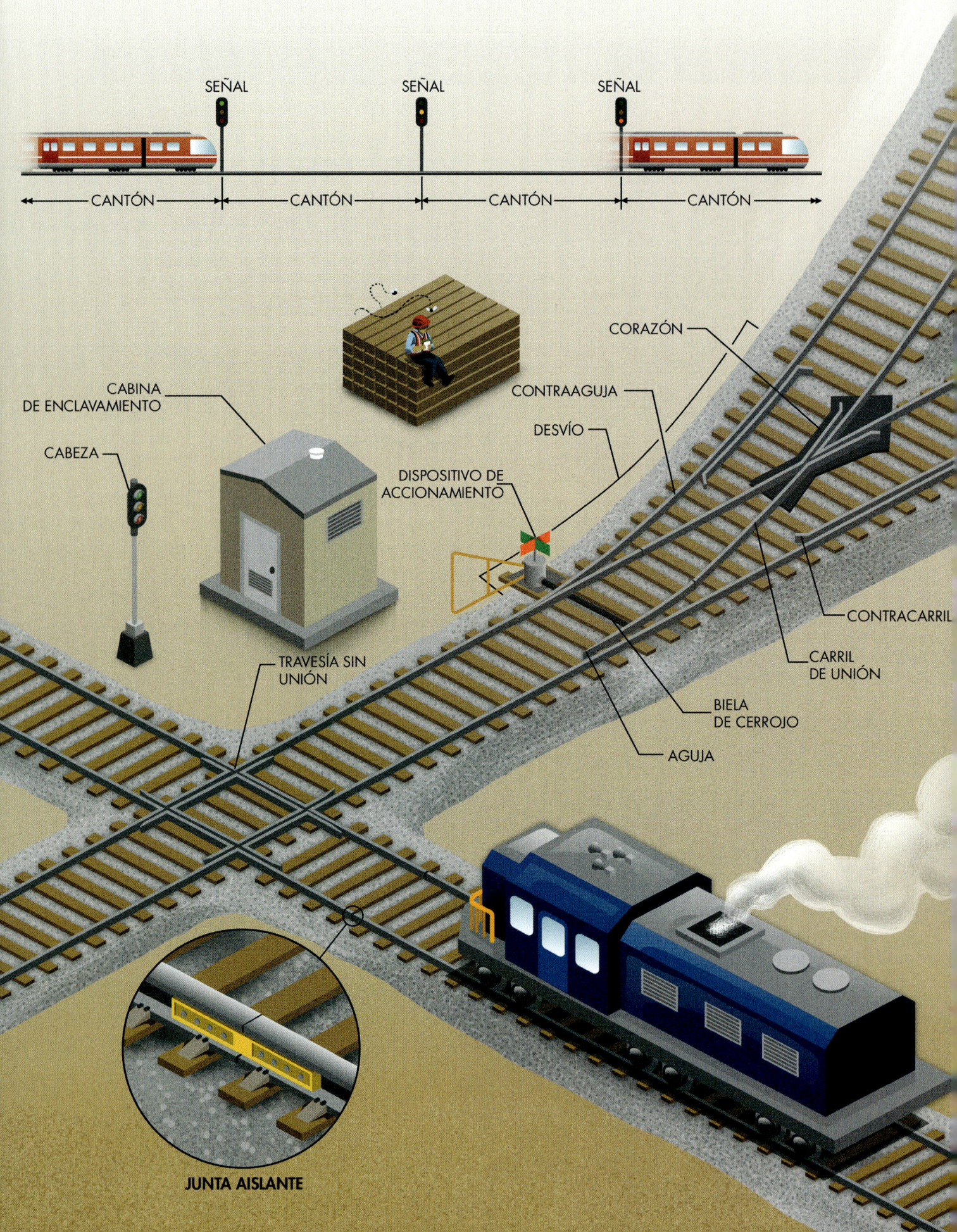

SEÑAL

SEÑAL

SEÑAL

CANTÓN

CANTÓN

CANTÓN

CANTÓN

CABINA
DE ENCLAVAMIENTO

CABEZA

CORAZÓN

CONTRAAGUJA

DESVÍO

DISPOSITIVO DE
ACCIONAMIENTO

CONTRACARRIL

CARRIL
DE UNIÓN

TRAVESÍA SIN
UNIÓN

BIELA
DE CERROJO

AGUJA

JUNTA AISLANTE

Los aparatos de vía y las señales luminosas

Podría parecer que al confinar los trenes a sus vías se elimina el problema de gestionar el flujo de tráfico. Al fin y al cabo, no hay muchas oportunidades para tomar decisiones cuando solo se puede circular en una de las dos direcciones. Sin embargo, el uso eficiente de una vía férrea exige que la compartan muchos trenes. Que los trenes interactúen y circulen unos alrededor de otros requiere cierto ingenio precisamente porque las vías férreas están limitadas a una sola dimensión.

Uno de los grandes retos de la gestión del tráfico ferroviario es la distancia considerable que precisa recorrer un tren a plena carga para llegar a detenerse. A diferencia de los vehículos a motor, cuyos conductores ven y responden a los peligros en tiempo real, un tren puede necesitar más de un kilómetro para detenerse por completo. Si el maquinista llega a ver el obstáculo en la vía mientras circula a toda velocidad, ya será demasiado tarde. Los trenes que comparten una vía férrea han de mantener suficiente distancia entre sí para detenerse cuando sea necesario sin riesgo de colisión y deben hacerlo sin depender de la distancia de visión de los maquinistas.

A lo largo de los años, se han buscado muchas soluciones para gestionar el tráfico de trenes. El método más antiguo consistía simplemente en establecer un horario para definir cuándo y dónde debía estar cada tren en cualquier momento del día. La limitación aparente de este sistema es la posibilidad de que un tren sufra una avería o surja algún problema que le impida cumplir el horario. En el mejor de los casos, una avería retrasaría a todos los demás trenes de la línea y, en el peor, podría provocar un accidente. La mayoría de los sistemas modernos de control del tráfico ferroviario se basan en un *sistema de cantones*.

Las vías se subdividen en segmentos (llamados CANTONES) y los trenes no pueden entrar en ningún cantón si no está libre de obstáculos. En los ferrocarriles que no usan señales, el tráfico puede gestionarse mediante *admisiones*. El jefe de circulación proporciona una admisión estándar al maquinista para movimientos específicos de trenes en las vías principales. Sin embargo, en la mayoría de las vías con mucho tráfico, el medio principal para controlar el tráfico entre cantones son las SEÑALES LUMINOSAS.

Al igual que los semáforos (que vimos en el capítulo 3), las señales luminosas ferroviarias indican al maquinista cuándo es seguro avanzar. De hecho, muchos utilizan combinaciones de luces para proporcionar más información sobre las rutas y los límites de velocidad que hay por delante. Incluso dentro de la propia Norteamérica, existen normas diferentes, por lo que interpretar el significado de sus señales puede ser algo complicado. Las señales más sencillas están entre cantones y suelen tener una sola CABEZA con tres luces (verde, amarilla y roja), similares a las de los semáforos. La luz verde significa que los siguientes cantones están despejados y el tren puede continuar a toda velocidad. La amarilla indica que el siguiente cantón está despejado, pero el que le sigue no, así que la señal siguiente indicará que debe detenerse. La luz roja informa que el siguiente cantón está ocupado y el tren no puede continuar.

Algunas señales están controladas por un jefe de circulación, pero muchas funcionan de forma automática mediante *circuitos de vía*. La configuración más básica consiste en hacer pasar una corriente eléctrica de bajo voltaje por los carriles de un extremo del cantón. En el otro extremo, un relé mide la corriente para controlar las señales cercanas. Cuando un tren entra en un cantón, las ruedas y los ejes hacen que la electricidad circule entre los carriles, provocando un cortocircuito que desenergiza el relé. Se instalan JUNTAS AISLANTES entre cada cantón para garantizar que las señales adyacentes no se activen por accidente. Se utiliza un material no conductor para unir dos cantones y mantenerlos aislados eléctricamente. Los circuitos de vía modernos pueden incluso proporcionar información sobre la ubicación y velocidad de cada tren. Los relés, los componentes electrónicos y las baterías para controlar las señales suelen estar ocultos en el interior de unos recintos denominados CABINAS DE ENCLAVAMIENTO.

Más allá de las señales de los cantones, las combinaciones de luces y señales con diversos significados añaden aún más complejidad. Las empresas con más volumen de tráfico disponen de oficinas de control de tráfico centralizado (CTC) que funcionan como los controladores aéreos para coordinar los horarios y las rutas y evitar conflictos. Los modernos sistemas de tráfico proporcionan avisos e información a la cabina de cada tren, lo que reduce la posibilidad de errores humanos. Además, los sistemas de señalización más sofisticados permiten a los trenes comunicarse sus posiciones entre sí para que los cantones «viajen» junto con el tren, en vez de ser tramos estáticos de vía en un mapa.

Otro elemento vital de la gestión del tráfico ferroviario son los APARATOS DE VÍA. A menudo, unos trenes tienen que adelantarse unos a otros, desviarse fuera de la vía directa e intercambiar vagones y compartimentos en las estaciones de clasificación. Sin una forma de pasar de una vía a otra, los trenes quedarían atrapados para siempre en la misma vía, lo que imposibilitaría estas tareas. Los DESVÍOS permiten a los trenes cambiar de vía. La primera parte de un desvío simple es el *cambio* que consiste en dos carriles cónicos, apuntados y flexibles llamados AGUJAS, que guían las ruedas de los trenes en una de las dos direcciones, en función de la aguja que esté en contacto con la CONTRAAGUJA (inmóvil). Una BIELA DE CERROJO situada debajo de la vía une las agujas a un mecanismo que selecciona la dirección del tren. A veces un trabajador ferroviario (cambiador) debe accionar el DISPOSITIVO DE ACCIONAMIENTO que controla el desvío. Otra posibilidad sería que el jefe de circulación controlara el cambio a distancia mediante un *accionamiento electromecánico*.

Una vez pasadas las agujas, las ruedas del tren continúan hacia una de las dos vías por los CARRILES DE UNIÓN que unen el cambio con el *cruzamiento*. Sin embargo, para llegar a este, la rueda izquierda debe cruzar el carril derecho de la vía, o viceversa, para lo cual se precisa una *laguna* en el carril por la que puedan pasar las pestañas de la rueda, acción que tiene lugar en el CORAZÓN del cruzamiento. La rueda pasa de uno de los CARRILES DE UNIÓN al corazón cuando la pestaña atraviesa la laguna. Junto al corazón hay unos CONTRACARRILES que discurren paralelos a los carriles exteriores para mantener las ruedas alineadas y evitar descarrilamientos. En las curvas cerradas y a lo largo de los puentes, también se colocan contracarriles con el mismo fin.

Cuando dos vías se cruzan sin conexión, se trata de una TRAVESÍA, es decir, dos cruzamientos con cuatro lagunas que permiten a cada rueda atravesar los dos carriles de la otra vía. Tanto los desvíos como las travesías sufren un desgaste importante debido al tráfico regular de trenes. Al cruzar sobre las juntas y lagunas, las ruedas generan enormes fuerzas de impacto que pueden dañar tanto el material rodante como las propias vías. Por ello, los cambios y cruzamientos reciben una atención especial por parte de los inspectores para reducir la probabilidad de fallos que puedan conducir a descarrilamientos.

Aunque el transporte ferroviario sigue siendo un medio vital para trasladar personas y mercancías por todo el mundo, el apogeo de la construcción de vías férreas ya ha pasado. Con el tiempo, la consolidación de la industria del transporte ferroviario y la mayor eficacia de otros medios de transporte han provocado el cierre de vías férreas en muchos países. Por suerte, gracias a sus suaves pendientes, sus conexiones con los centros urbanos y su paso a través de bellos paisajes, los corredores ferroviarios en desuso son ideales para un uso alternativo: pasear, tanto a pie como en bicicleta. Las *vías verdes* son líneas abandonadas convertidas en largos senderos multiusos y se pueden encontrar por todo el mundo. Hay vías verdes que alcanzan cientos de kilómetros y conectan barrios, parques, tiendas, restaurantes e incluso campings.

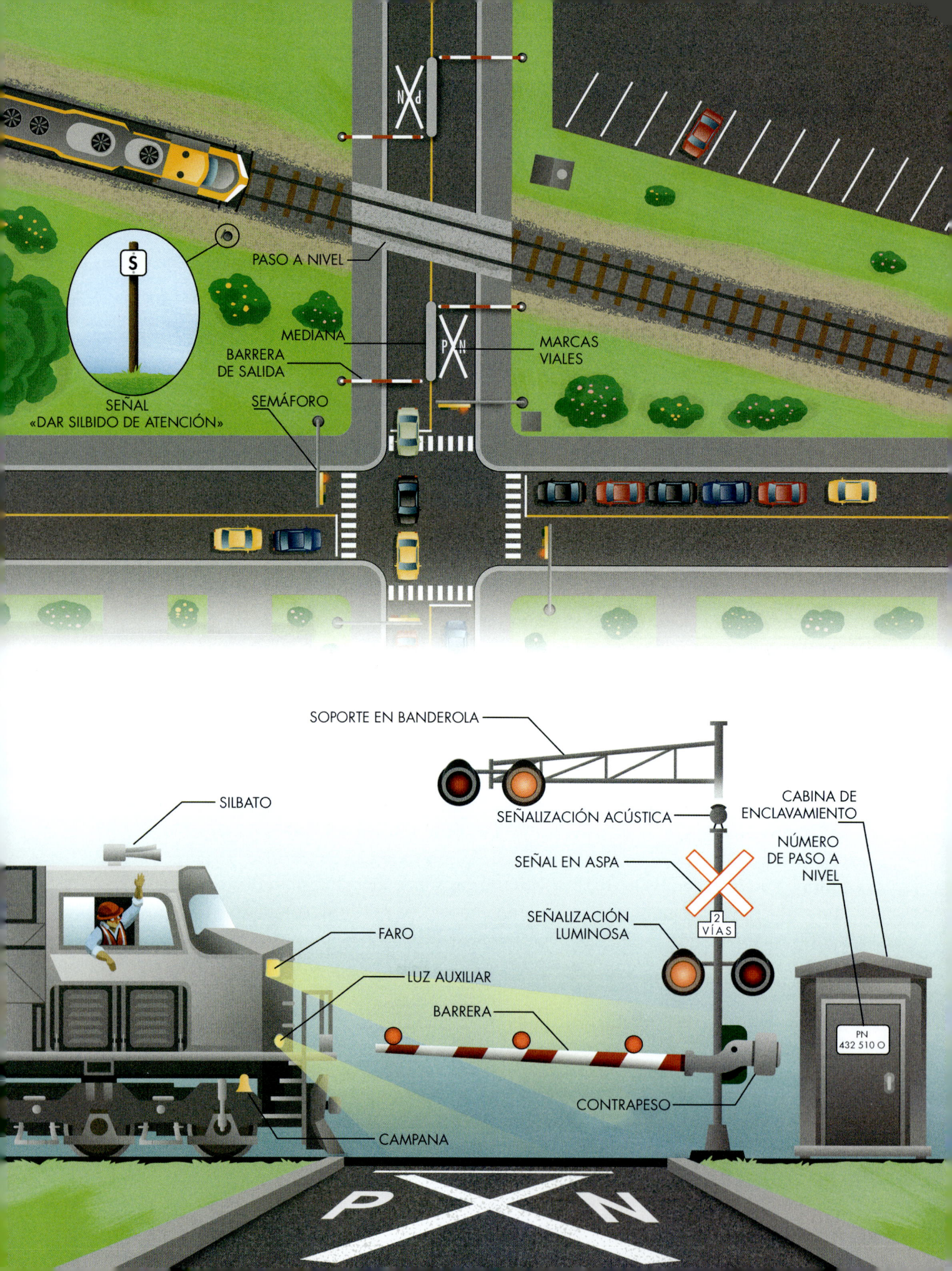

PASO A NIVEL

MEDIANA

BARRERA
DE SALIDA

MARCAS
VIALES

SEÑAL
«DAR SILBIDO DE ATENCIÓN»

SEMÁFORO

SOPORTE EN BANDEROLA

SILBATO

CABINA DE
ENCLAVAMIENTO

SEÑALIZACIÓN ACÚSTICA

NÚMERO
DE PASO A
NIVEL

SEÑAL EN ASPA

FARO

SEÑALIZACIÓN
LUMINOSA

LUZ AUXILIAR

BARRERA

CONTRAPESO

CAMPANA

PN
432 510 O

Los pasos a nivel

Los ferrocarriles recorren grandes distancias a través de áreas completamente despobladas, pero en los extremos de esos tramos vacíos se encuentran los centros de las ciudades que conectan. Cuanto más se acerca un ferrocarril a una población, más conflictos encuentra con otras infraestructuras. El más importante está relacionado con que los ferrocarriles son un impedimento para el flujo normal del tráfico peatonal y vehicular. En algunos casos se han construido puentes para que se puedan cruzar sin interrupciones, pero muchas veces se cruzan al mismo nivel. Es justo en estos PASOS A NIVEL donde es más probable que el ciudadano medio se tope con una vía férrea. Los trenes que circulan a toda velocidad no pueden detenerse a la distancia de visión del maquinista, y tampoco desviarse para sortear un peligro. Por eso, siempre tienen preferencia en los cruces. Los peatones y los vehículos a motor han de detenerse y dejar pasar los trenes, por lo que los pasos a nivel incluyen muchos elementos de seguridad para disminuir el potencial de colisiones peligrosas.

En muchos países, a los pasos a nivel se les asigna un identificador, llamado NÚMERO DE PASO A NIVEL, para simplificar la notificación de accidentes y averías. Las compañías ferroviarias modernas (y sus reguladores) se dedican a la seguridad pública y responden con rapidez a los informes de problemas. La seguridad se divide en dos categorías: activa y pasiva. Los *dispositivos de seguridad pasiva* son los que no cambian cuando se aproxima un tren. Incluyen señales de stop o ceda el paso y señales con el símbolo internacional de paso a nivel ferroviario que consta de dos listones en forma de «X»: SEÑAL EN ASPA. Cuando hay más de una vía, un panel suplementario indica el número total[1]. Con frecuencia también se incluye una MARCA VIAL en forma de aspa para que los conductores sepan que se acercan a las vías. Muchos pasos a nivel con poco tráfico solo incluyen elementos de seguridad pasiva. En estos casos es responsabilidad de los conductores prestar atención a estas advertencias, estar atentos al paso de trenes y proceder solo cuando sea seguro hacerlo.

Los *dispositivos de seguridad activa* avisan visual y acústicamente de la aproximación de un tren. Suelen activarse mediante un circuito de vía del mismo tipo que el empleado en la señalización automática descrita en el apartado anterior. Al igual que ocurre con las señales ferroviarias, los relés, la electrónica y las baterías que controlan la señalización automática de los pasos a nivel están ocultos dentro de unos recintos, que suelen llamar CABINAS DE ENCLAVAMIENTO. Cuando un tren se aproxima al paso a nivel, un par de SEÑALES LUMINOSAS de color rojo comienzan a parpadear para indicar a los conductores que deben detenerse. Si la calzada tiene varios carriles, el cruce puede incluir un segundo par de señales luminosas instaladas en un SOPORTE EN BANDEROLA. La SEÑALIZACIÓN ACÚSTICA mecánica o electrónica también alerta de la llegada del tren a los peatones o ciclistas que no puedan ver la señalización.

Aparte de la señalización acústica y luminosa, muchos pasos a nivel incluyen unas BARRERAS que se abaten sobre los carriles de circulación cuando un tren cruza la calzada. Las barreras están equipadas con bandas reflectantes y luces para hacerlas más visibles, incluso de noche. Muchos pasos también incluyen una

---

[1] *N. de la T.:* En España, el aspa será simple en caso de tratarse de una sola vía o doble si fueran más.

MEDIANA para disuadir a los conductores de rodear la barrera. En los pasos con mayor riesgo, suelen instalarse también barreras de salida por el mismo motivo. Funcionan con cierto retardo para evitar que un vehículo quede atrapado en las vías. La mayoría de las barreras de los pasos a nivel están diseñadas como advertencia visual, pero no son lo suficientemente fuertes para retener a un vehículo fuera de control. En los pasos a nivel de trenes de alta velocidad suelen instalarse barreras más robustas.

Uno de los problemas de los pasos a nivel se plantea cuando existe alguna intersección cercana controlada por semáforos. Los semáforos en rojo crean una *cola* de vehículos que puede invadir la vía férrea. Nunca se debe cruzar una vía férrea hasta saber que, al otro lado, la calzada está despejada. Aun así, los conductores que esperan en un semáforo suelen calcular mal el espacio disponible y terminan deteniéndose justo encima de las vías. Los SEMÁFOROS de las intersecciones con mucho tráfico ubicados cerca de pasos a nivel suelen estar coordinados con los dispositivos automáticos de seguridad ferroviaria. Cuando se aproxima un tren, el semáforo se pone en verde para despejar la cola que bloquea las vías.

Una consideración clave en el diseño de los pasos a nivel es el *tiempo de alerta*, es decir, entre la activación de los dispositivos y la llegada del tren al paso a nivel. Los ingenieros tienen que dar tiempo suficiente para que los vehículos despejen las vías o se detengan, pero no tanto como para que algunos conductores impacientes supongan que los dispositivos funcionan mal e intenten saltarse la barrera. La gente desconfía por naturaleza de los dispositivos automáticos y esa desconfianza se refuerza si las señales tardan demasiado en funcionar o interrumpen un trayecto sin motivo. Los ingenieros tienen en cuenta el volumen y tipo de tráfico, la proximidad de intersecciones controladas por semáforos, el número de vías y muchos otros factores para lograr un cuidadoso equilibrio. Los circuitos de vía más sofisticados tienen la capacidad de estimar la velocidad del tren (para que el tiempo de alerta no sea demasiado largo) e incluso de anular el aviso si el tren se detiene antes de llegar.

Esta señalización está diseñada para funcionar según el principio *failsafe* ('fallo seguro'). Cuando se produce una avería o una pérdida de alimentación, el dispositivo vuelve a la condición más segura (que es suponer que se aproxima un tren). En caso de pérdida de alimentación, la mayoría de los dispositivos disponen de baterías para alimentar la señalización luminosa y acústica. Los CONTRAPESOS se ajustan con sumo cuidado para que las barreras caigan de forma automática cuando no haya electricidad que las mantenga en pie. El funcionamiento *failsafe* garantiza que los vehículos a motor no crucen las vías si hay algún problema con los dispositivos de señalización de seguridad.

Además de la señalización de paso a nivel, las locomotoras proporcionan sus propias advertencias, mediante CAMPANAS, FAROS brillantes y LUCES AUXILIARES intermitentes más pequeñas. Lo más llamativo es que hacen sonar el SILBATO antes de cada paso a nivel. El patrón estándar son dos toques largos, uno corto y un último toque largo. Esta secuencia se prolonga o se repite hasta que el tren llega al paso a nivel. Si prestas atención, tal vez veas la SEÑAL «SILBAR» junto a las vías: una señal pequeña colocada antes del paso a nivel para notificar al maquinista cuándo debe empezar a «Dar el silbido de atención». En Estados Unidos, suelen consistir en un pequeño cartel blanco con una «W» mayúscula (en España, lleva una «S»).

Tal vez pienses que, con tanta señalización, todo el mundo se percatará de la llegada de un tren antes de cruzar un paso a nivel, pero cada año se producen cientos de accidentes mortales entre trenes y vehículos de motor en los pasos a nivel de todo el mundo. Si ves la señal en forma de aspa mientras conduces, no lo dudes, detente, escucha y mira a ambos lados antes de cruzar las vías.

PRESTA ATENCIÓN

Es muy difícil escapar del ruido del ferrocarril, sobre todo en los pasos a nivel, donde cada tren hace sonar su ensordecedor silbato. El ruido excesivo de los trenes puede ser perjudicial para la salud humana porque aumenta el nivel de estrés, altera el sueño e incluso llega a provocar pérdida de audición a largo plazo. Los trenes pasan a menudo por zonas densamente pobladas donde los silbatos resultan muy molestos. Para mitigar estas molestias, muchos gobiernos han creado *zonas de silencio*, unos tramos de vía en los que los trenes no hacen sonar el silbato antes de los pasos a nivel. En esos casos, se instalan medidas de seguridad adicionales para compensar la pérdida de esta importante señalización sonora, incluidas señales que recuerdan a los conductores que deben estar atentos a los trenes. Por supuesto, hay que seguir usando el silbato para avisar a los animales, vehículos y personas que ocupen las vías, pero las zonas tranquilas hacen que vivir o trabajar cerca de una vía férrea sea mucho más relajado.

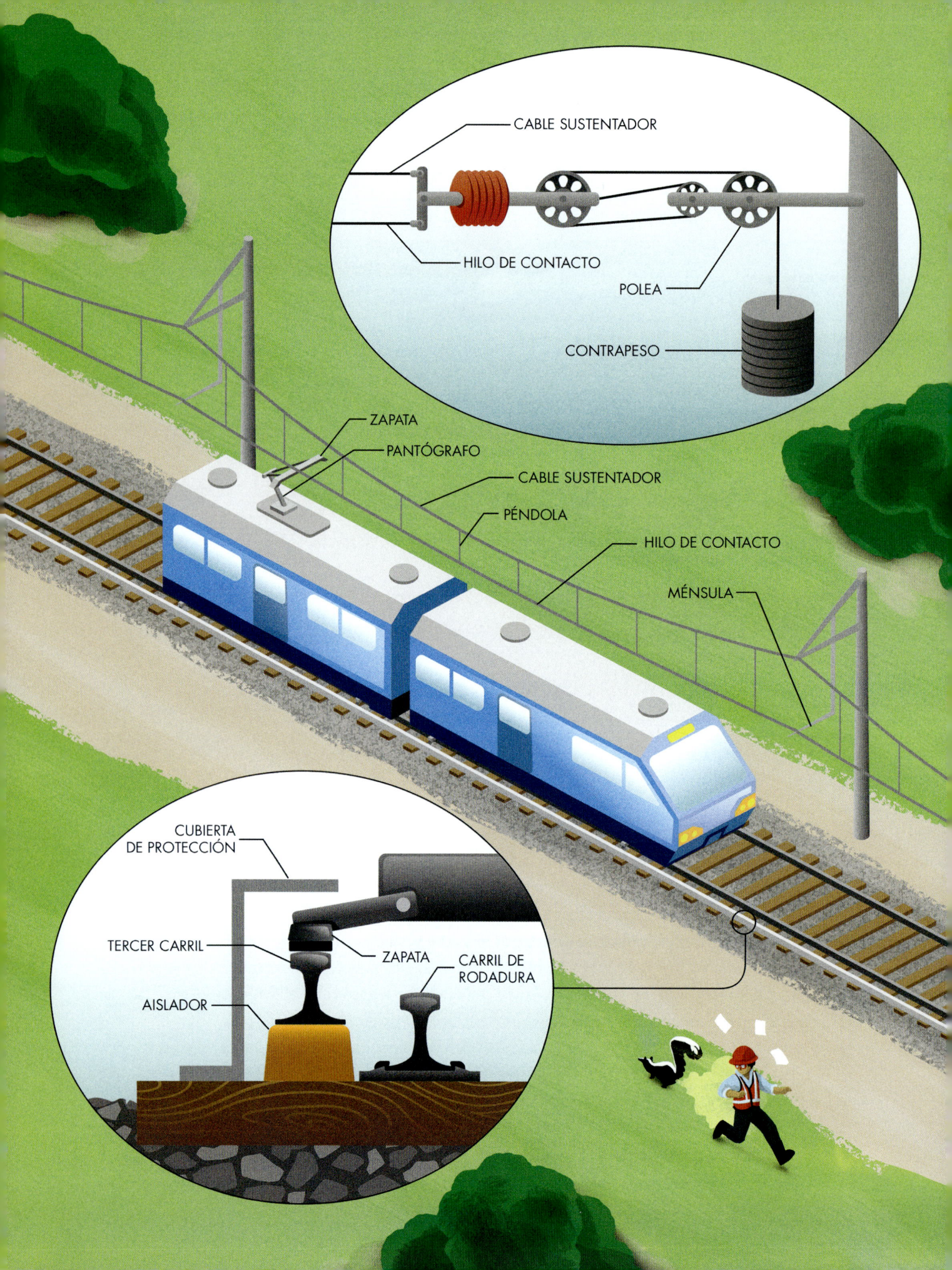

CABLE SUSTENTADOR

HILO DE CONTACTO

POLEA

CONTRAPESO

ZAPATA

PANTÓGRAFO

CABLE SUSTENTADOR

PÉNDOLA

HILO DE CONTACTO

MÉNSULA

CUBIERTA
DE PROTECCIÓN

TERCER CARRIL

ZAPATA

CARRIL DE
RODADURA

AISLADOR

Ferrocarriles electrificados

Casi todos los trenes modernos funcionan con energía eléctrica. Incluso los grandes motores diésel de las locomotoras de los trenes de mercancías se conectan a un generador eléctrico que acciona los *motores de tracción* que tiran del tren. Los motores eléctricos eliminan la necesidad de los enormes y complejos sistemas de transmisión que, de otro modo, serían necesarios para transmitir a las ruedas el impulso de los motores. Dada la relativa sencillez de transportar la electricidad a larga distancia, es natural preguntarse por qué llevar los motores a bordo. De hecho, muchas vías férreas están electrificadas, lo que significa que la energía eléctrica para la propulsión se suministra directamente al tren.

Electrificar un ferrocarril acarrea muchas ventajas. En primer lugar, como no tienen que cargar con el peso de grandes motores ni el enorme volumen de combustible que requieren, suelen ser más rápidos y eficientes que sus homólogos con motores diésel. Al retirar el motor también se eliminan los gases de escape, lo que mejora la calidad del aire. Esta característica es muy importante para los trenes que circulan por túneles como el metro, donde los humos del motor podrían concentrarse hasta alcanzar niveles peligrosos. Casi todos los sistemas de trenes rápidos usan ferrocarriles eléctricos. Por último, los trenes eléctricos son capaces de regenerar electricidad al frenar. En vez de convertir la energía cinética en calor desperdiciado durante la frenada, los motores eléctricos actúan como generadores y la transforman de nuevo en electricidad que pueden utilizar otros trenes. En el metro, donde los trenes desaceleran con rapidez, la *energía regenerativa* llega en ráfagas cortas, lo que reduce su utilidad. Sin embargo, en zonas de relieve muy irregular, puede ser una bendición. En una situación ideal, gran parte de la energía usada por un tren para subir una gran pendiente se podría retribuir durante el descenso para que la aprovechen los demás trenes del sistema.

Existen numerosas normas sobre ferrocarriles eléctricos en todo el mundo, de las cuales pocas han cambiado desde hace más de cien años. Muchos sistemas trabajan con corriente continua porque es muy fácil cambiar la velocidad de un motor de corriente continua mediante un sencillo equipo en la cabina. Sin embargo, la corriente continua de bajo voltaje no puede viajar lejos sin pérdidas significativas, por lo que la mayoría de los ferrocarriles de corriente continua requieren subestaciones distribuidas con regularidad para convertir la energía de la red en corriente continua a lo largo de la vía. Se puede suministrar corriente alterna a un voltaje más alto y reducirla en los trenes. Sin embargo, la CA es más peligrosa y requiere transportar a bordo equipos adicionales para transformarla en CC para los motores de tracción.

La infraestructura necesaria para suministrar energía a los trenes en movimiento es bastante compleja y su coste es la razón principal de que las vías férreas más largas y de escaso volumen de tráfico rara vez estén electrificadas. Hay dos formas principales de suministrar energía eléctrica a un tren: a través de un tercer carril o de una catenaria. Los sistemas de TERCER CARRIL incorporan un conductor energizado que discurre por la vía en paralelo a los carriles principales. El carril energizado se asienta sobre AISLADORES para mantenerlo aislado del suelo. Los trenes van equipados con ZAPATAS que se deslizan por el tercer carril para recoger la energía de tracción. Es un sistema sencillo y eficaz, pero supone un riesgo de descarga para las personas o animales cercanos a la vía férrea. Por razones de seguridad, se requiere un control estricto de los accesos, con vallas y señales de advertencia. Muchos terceros carriles están equipados con CUBIERTAS DE PROTECCIÓN para minimizar la posibilidad de lesiones al personal ferroviario y para mantener la lluvia, la nieve y el hielo lejos de la superficie del carril.

La otra opción para suministrar electricidad a los trenes es la catenaria. Las líneas aéreas son más seguras, por lo que la mayoría de los sistemas de alta tensión se instalan por encima de las vías. En esta configuración, sobre los trenes se instala un colector de corriente. La mayoría de los trenes modernos utilizan un PANTÓGRAFO: unos brazos accionados por muelles para mantener el contacto entre una zapata de grafito reemplazable y el cable aéreo. El concepto es sencillo, pero su puesta en práctica es más compleja. Si observas las líneas eléctricas aéreas, enseguida te darás cuenta del problema: su pandeo en la mitad del tramo. Sería imposible mantener el contacto con tales desviaciones de altura entre los soportes circulando a altas velocidades, por lo que se trabaja con un par de líneas para garantizar una transferencia fiable de electricidad. El cable superior, llamado CABLE SUSTENTADOR, solo sirve de soporte. La forma curva que adopta entre postes se denomina *catenaria*, y ese nombre se ha usado para referirse a todo el sistema. Unos soportes verticales llamados PÉNDOLAS conectan el cable sustentador con el HILO DE CONTACTO inferior, que es la línea sobre la que se desplaza el pantógrafo.

Este sistema de dos hilos permite mantener el hilo de contacto a una altura constante a lo largo de las vías, lo que hace posible que un pantógrafo se deslice por él a gran velocidad. Ambos cables reciben energía para transportar la corriente de tracción, y a menudo se mantienen tensos mediante CONTRAPESOS suspendidos en POLEAS en los extremos. Esta tensión absorbe la holgura para

reducir el pandeo de las líneas cuando se dilatan o se contraen a consecuencia de los cambios de temperatura. La tensión también aumenta la velocidad de las ondas que recorren los cables; reduce las vibraciones e incrementa su frecuencia (tal como ocurre con las cuerdas de una guitarra) para minimizar los rebotes, que podrían crear arcos eléctricos cada vez que el hilo de contacto y el pantógrafo se separan. El hilo de contacto se sujeta mediante MÉNSULAS de modo que forme una especie de zigzag horizontal para que la zapata del pantógrafo se desgaste en toda su superficie.

Los circuitos eléctricos han de poder cerrarse, por lo que se precisa un segundo conductor para completar la conexión. En la mayoría de los ferrocarriles electrificados, la corriente de retorno circula por los CARRILES DE RODADURA. Con una buena conexión a tierra, la tensión de los carriles será lo suficientemente baja para no suponer un peligro para personas ni animales. Sin embargo, la corriente de retorno plantea varios problemas técnicos. Por un lado, los circuitos de señales también circulan por los carriles. Si transportan corriente de retorno, las pequeñas señales de los circuitos de vía se ven sobrecargadas. Los ferrocarriles electrificados suelen utilizar circuitos de vía de corriente alterna para controlar las señales. Los relés para detectar trenes se diseñan con filtros para captar frecuencias específicas e ignorar la corriente de tracción del carril.

Otro problema importante de usar los carriles en contacto con el suelo como vía de retorno son las corrientes parásitas. El flujo de electricidad puede desviarse hacia tuberías, revestimientos de túneles, conductos de servicios públicos y otras estructuras metálicas cercanas, y provocar su rápida corrosión si no se mitigan. En algunos casos se emplea un cuarto carril o un conductor aéreo adicional para proporcionar una vía de retorno con menos probabilidades de desviarse hacia objetos metálicos cercanos.

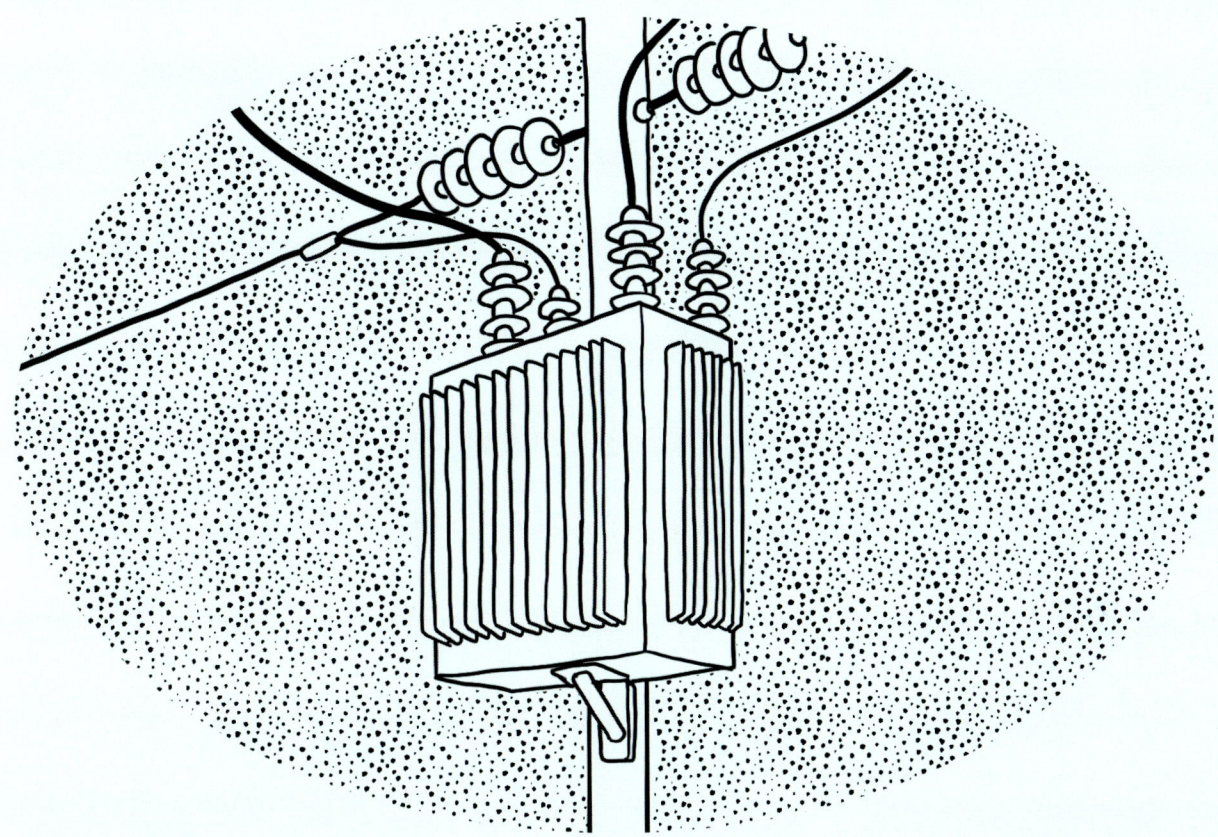

Aparte de las corrientes parásitas, los sistemas de CA con conductores aéreos crean un gran bucle cuando la corriente de retorno viaja a través de los carriles. Estos bucles generan campos electromagnéticos que pueden inducir ruido y tensión en las líneas de comunicación que discurren paralelas a las vías, incluidas las que transportan la información de las señales. No queremos que un semáforo en rojo se ponga en verde sin motivo por culpa del ruido eléctrico. Por eso, se suelen instalar transformadores de refuerzo a intervalos regulares para forzar la corriente de retorno en las líneas aéreas, reduciendo el tamaño de los bucles y anulando gran parte de las posibles interferencias.

6

PRESAS, DIQUES Y ESTRUCTURAS COSTERAS

Introducción

Todos tenemos claro que, al igual que el aire que respiramos, nuestras vidas prácticamente giran en torno al agua. Ella no solo es una necesidad fisiológica, sino que también sirve como fuente de energía, medio de transporte (de mercancías y pasajeros) y es excelente para las actividades recreativas. Además, es el hábitat para multitud de plantas y animales acuáticos. También puede ser destructiva: provoca inundaciones que dañan las propiedades y ponen en peligro la seguridad pública, además de erosionar las orillas de ríos y costas. Dado que el agua siempre está presente, con toda su ambivalencia: tanto nuestra absoluta dependencia de ella como la amenaza que representa, no es de extrañar que gran parte de nuestra infraestructura se dedique a controlarla y gestionarla.

Muchos de los proyectos más grandes y complejos del mundo fueron diseñados y construidos para proteger o aprovechar los inmensos recursos hídricos de nuestro planeta. Hemos levantado enormes presas para crear embalses de agua dulce, vastas redes de vías fluviales para la navegación marítima y gigantescos elementos de control de inundaciones y protección de costas en todo el mundo. Muchas de estas instalaciones atraen incluso suficiente atención e interés público para justificar sus propios centros turísticos que brindan puntos de observación seguros, así como oportunidades para conocer su historia y detalles técnicos. La próxima vez que pases cerca de una presa, puerto, esclusa o dique importante, ve al centro de visitantes, haz una visita guiada y, de paso, llévate una camiseta.

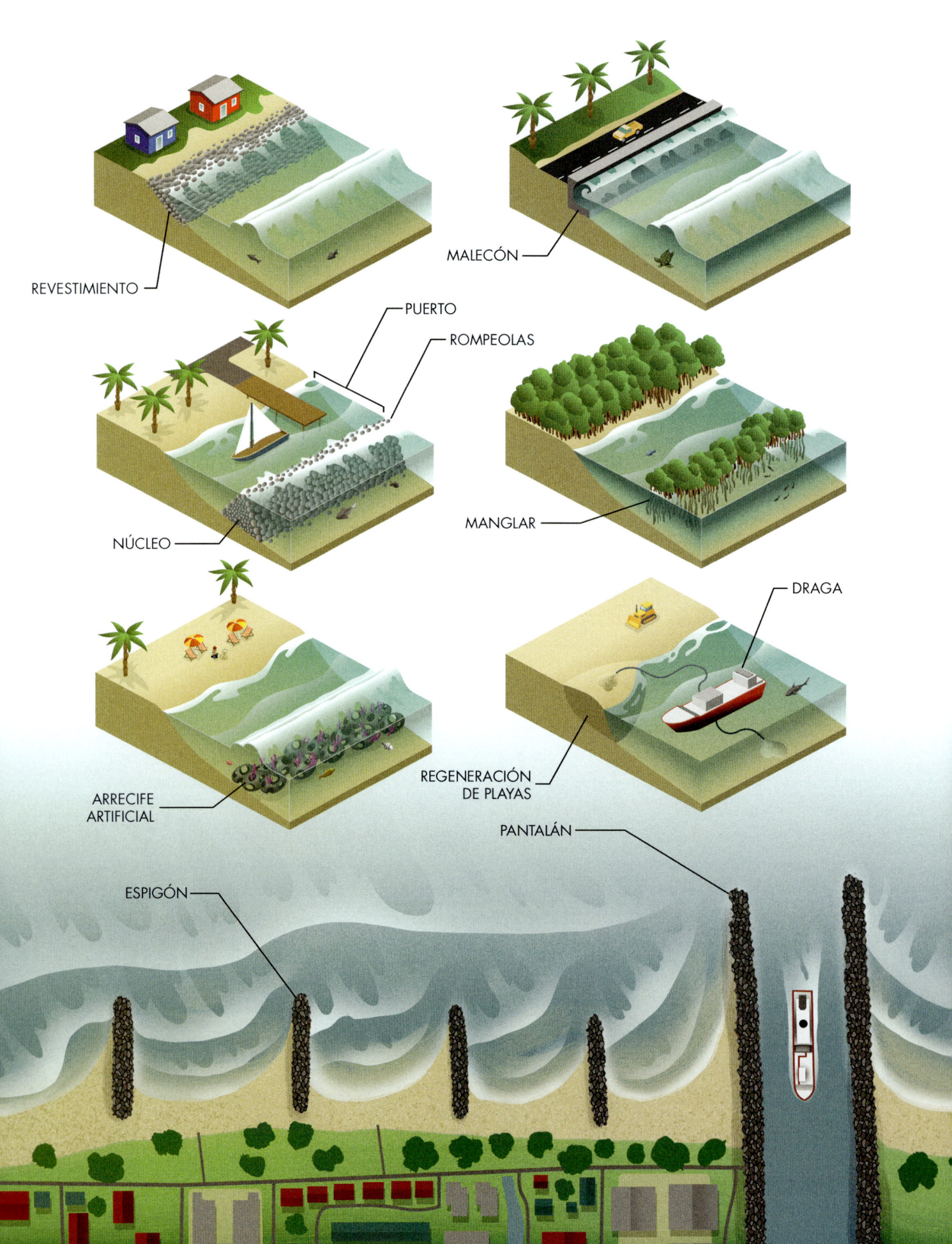

REVESTIMIENTO

MALECÓN

PUERTO

ROMPEOLAS

NÚCLEO

MANGLAR

ARRECIFE ARTIFICIAL

DRAGA

REGENERACIÓN DE PLAYAS

PANTALÁN

ESPIGÓN

Las estructuras de protección de las costas[1]

Aunque las costas parezcan estáticas e inmóviles en los mapas, son algunos de los lugares más dinámicos del mundo. Están sujetas a una amplia gama de fuerzas destructoras, como el viento, las olas, las mareas, las corrientes oceánicas y las tormentas. Los seres humanos también dejamos nuestra huella en las costas mediante el dragado de canales, la construcción de vías fluviales, el desarrollo de estructuras costeras y la captura de sedimentos en embalses de tierras altas antes de que puedan llegar a la costa. No es de extrañar que nuestras costas cambien y se transformen con el tiempo. La tierra y las rocas que componen el litoral están en constante movimiento y desaparecen sin cesar de algunos lugares para ser depositados en otro.

La orilla del mar es esencial para la humanidad, y no solo por sus bonitas puestas de sol. Muchas de nuestras mayores ciudades se asientan en las costas por las oportunidades que brindan la navegación y la pesca. Además, las playas sostienen las economías locales por los millones de puestos de trabajo y miles de millones de dólares de actividad económica en todo el mundo a través del turismo. La erosión del litoral es una amenaza constante para nuestras infraestructuras, zonas urbanizadas y vías navegables, que pone en peligro las estructuras a lo largo de la costa y el sustento de gran parte de las poblaciones costeras. Casi toda la ingeniería costera se centra en las formas de proteger el litoral y combatir las fuerzas destructoras que lo hacen cambiar y desaparecer.

Una de las estructuras costeras más básicas son los REVESTIMIENTOS, simples capas de material resistente sobre un talud natural. Por lo general, están formados por grandes piedras o bloques de hormigón capaces de soportar la fuerza constante de las olas y las mareas. Además, el uso de bloques o piedras también absorbe la energía de las olas y reduce su recorrido. Los MALECONES son estructuras verticales paralelas a la costa que protegen las zonas altas contra la erosión. Suelen construirse de hormigón armado. Muchos tienen un elemento llamado *botaolas* para redirigir la energía de las olas hacia el mar, reduciendo la probabilidad de que el agua rebase la parte superior. Se construyen muchas veces a una altura superior a la de la marea alta normal para proteger la costa contra inundaciones y mareas tormentosas. Por lo general, separan las zonas urbanizadas que protegen de las playas de arena situadas por debajo de su nivel.

Los ROMPEOLAS son otro tipo de estructura paralela para proteger zonas de la costa del oleaje. A diferencia de los revestimientos y los malecones, no están conectados a la costa. Por el contrario, se construyen mar adentro para disipar la energía de las olas y crear unas zonas de aguas tranquilas, llamadas PUERTOS, para los barcos y las estructuras costeras. Los rompeolas se construyen de muchos materiales, pero lo más habitual es que sean montículos de piedras. Con frecuencia, en el NÚCLEO del rompeolas se usan rocas más pequeñas para reducir el flujo de energía de las olas a través de la estructura, mientras que la capa exterior está formada por piedras más grandes que resisten mejor el embate de las olas.

Otra estructura de protección, llamada ESPIGÓN, penetra en el mar para combatir la *deriva costera*, es decir, el movimiento de los sedimentos a lo largo de la costa. Al igual que los rompeolas, los espigones se construyen con

---

[1] *N. de la T.*: La mayoría de las estructuras descritas en este apartado, en España se conocen directamente como diques.

montículos de piedras y escombros. Con el tiempo, los espigones atrapan la arena suspendida en las corrientes oceánicas para crear una playa (proceso llamado *acreción*). Si son del tamaño adecuado, también protegen la zona situada aguas abajo al reducir la velocidad y la fuerza de las corrientes a lo largo de la costa. Sin embargo, si son demasiado grandes, despojan a las corrientes de todos sus sedimentos y no dejan nada para reponer las playas que quedan detrás, por lo que se acelera la erosión de las costas desprotegidas. Por lo general, cuando se construye un espigón, se necesitan varios más para proteger la costa aguas abajo, lo que acaba provocando playas en forma de dientes de sierra.

Los PANTALANES son también estructuras perpendiculares a la costa. Se construyen por parejas para proteger la entrada de un canal de navegación prolongando su desembocadura en el mar. No solo bloquean el paso de sedimentos al canal, sino que también confinan el flujo de agua marina en su interior durante los cambios de marea, acelerándolo para arrastrar los sedimentos del fondo y minimizar su acumulación.

Hasta aquí hemos hablado de obras «duras» de protección contra la erosión, que son soluciones a largo plazo, pero también tienen consecuencias imprevistas. Por ejemplo, los rompeolas continuos de hormigón reflejan las olas en vez de absorberlas y agravan la erosión de las costas. Además, estas estructuras también afectan la calidad del hábitat marino y crean problemas medioambientales. Cuando es posible, los ingenieros costeros buscan soluciones «blandas» a la erosión. Una de esas técnicas consiste en plantar o mantener una vegetación capaz de crecer en las zonas afectadas por las mareas, denominada MANGLAR, cuyas densas redes de raíces absorben la energía de las olas y protegen el suelo de la costa.

Otra solución «blanda» a la erosión costera consiste en crear ARRECIFES ARTIFICIALES que sirvan de hábitat a peces, corales y otras especies. Se han utilizado muchos materiales para construir arrecifes artificiales, como rocas, hormigón, restos de naufragios e incluso vagones de metro sumergidos. Estos arrecifes proporcionan superficies donde pueden fijarse o esconderse organismos marinos, con el beneficio secundario de disipar la energía de las olas mar adentro, actuando como rompeolas sumergidos.

La técnica conocida como REGENERACIÓN DE PLAYAS también constituye otra estrategia blanda y consiste en invertir el proceso de erosión reponiendo el material perdido. Las playas no solo son zonas de recreo e importantes motores económicos, sino que también sirven de transición entre las zonas urbanas y el mar. Disipan la energía de las tormentas y las olas antes de que lleguen a las zonas urbanizadas, pero la arena puede desplazarse hacia aguas más profundas. Reponer la arena perdida protege las estructuras costeras y crea espacios de recreo. Para regenerar las playas se extraen sedimentos del fondo marino con una DRAGA y se bombean de vuelta a la costa en una *suspensión* de agua y arena mediante una tubería. Esta suspensión se descarga en tierra sobre una gran balsa para drenar el agua y que la arena se asiente, tras lo cual se distribuye por la playa con maquinaria de movimiento de tierras. La regeneración de playas tiene repercusiones medioambientales y no es una solución permanente, pero es una herramienta popular para hacer frente a la erosión de las costas.

Por último, la opción más barata para proteger la costa de los daños es que no sea necesario protegerla. La así llamada *estrategia de retirada* implica la compra y expropiación de propiedades y la reubicación de edificios e infraestructuras lejos de la costa. En algunos casos, la mejor ingeniería es dejar que la naturaleza haga lo que sabe hacer: permitir que la costa sea dinámica, que es el motivo de que nos resulte tan atractiva.

Los cantos rodados son una forma rentable de proteger la costa contra el poder destructivo del mar, el viento y las olas. Sin embargo, no todas las costas tienen una cantera cercana que pueda suministrar la cantidad necesaria para crear las estructuras costeras. Otra opción para crear revestimientos y rompeolas consiste en utilizar unas estructuras prefabricadas de hormigón, también conocidas como *tetrápodos*. Estas estructuras únicas poseen una forma geométrica gracias a la que se entrelazan para resistir las poderosas fuerzas hidrodinámicas. Son de múltiples formas y suelen ser más fáciles de transportar y colocar que los pesados cantos rodados, debido a que todas tienen el mismo tamaño, forma y peso. También se pueden fabricar más cerca del lugar del proyecto, lo que reduce los costes de transporte (especialmente en zonas sin canteras cercanas).

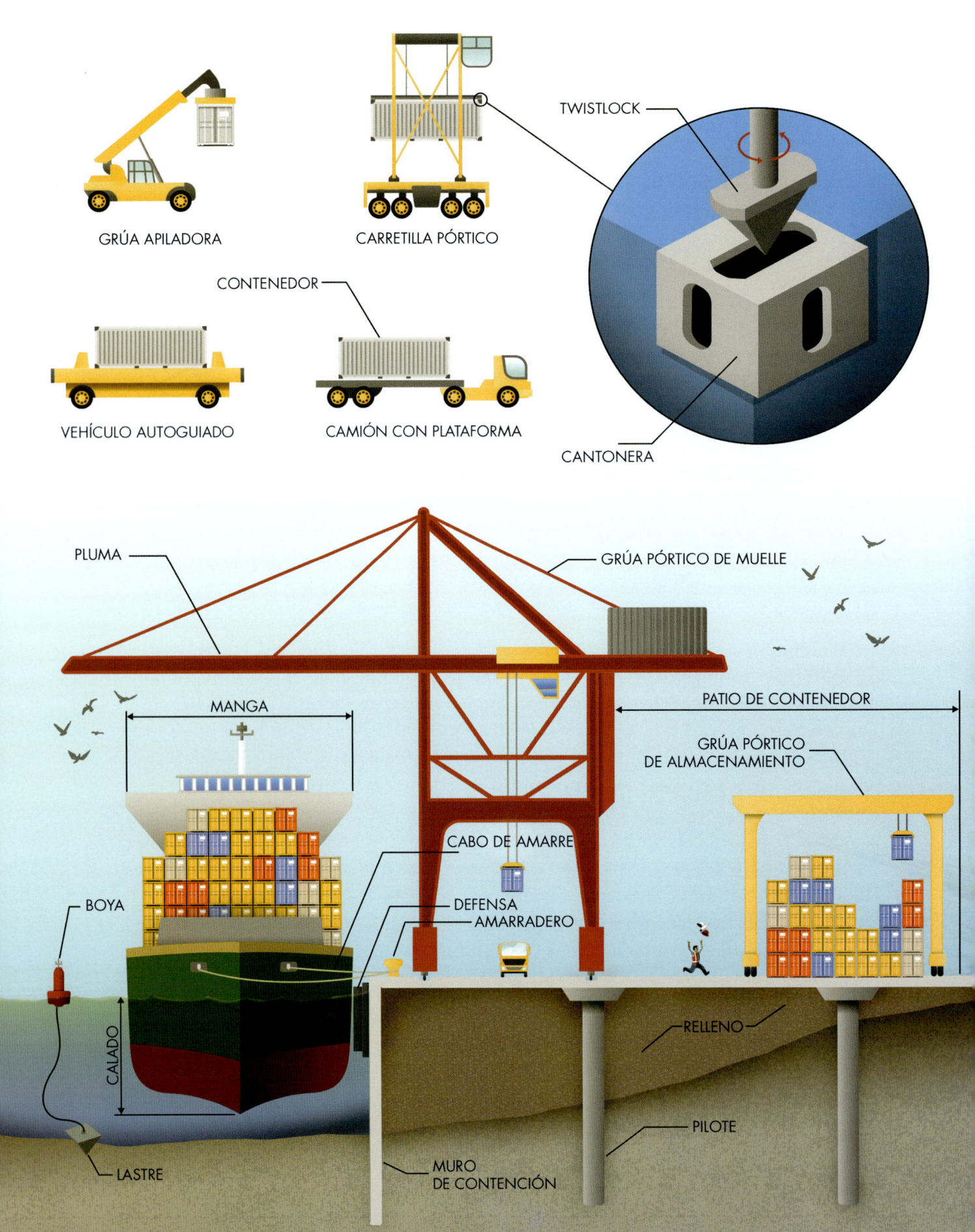

GRÚA APILADORA

CARRETILLA PÓRTICO

TWISTLOCK

CONTENEDOR

VEHÍCULO AUTOGUIADO

CAMIÓN CON PLATAFORMA

CANTONERA

PLUMA

GRÚA PÓRTICO DE MUELLE

PATIO DE CONTENEDOR

GRÚA PÓRTICO
DE ALMACENAMIENTO

MANGA

CABO DE AMARRE

BOYA

DEFENSA

AMARRADERO

CALADO

RELLENO

PILOTE

LASTRE

MURO
DE CONTENCIÓN

Los puertos

El transporte marítimo es una parte esencial de la vida moderna. Hoy en día no se recorren tantas distancias en barco porque no son tan rápidos como otros medios de transporte, pero sigue siendo el medio para trasladar grandes cantidades de carga por todo el mundo, para mantener complejas cadenas de suministro desde materias primas a productos acabados. El transporte fluvial y marítimo persiste porque los barcos son eficientes. Incluso los envíos más voluminosos se mueven prácticamente sin esfuerzo una vez que flotan sobre el agua. Desplazar una tonelada de mercancías en barco consume aproximadamente la mitad de energía que en tren y alrededor de una quinta parte que en camiones. Además, el transporte marítimo es la principal forma de transportar mercancías por zonas del planeta que no están conectadas por tierra.

Los *puertos* son los centros que conectan el transporte marítimo y terrestre. En términos sencillos, un puerto es un lugar donde puede atracar un barco, pero esa sencilla función oculta la enorme complejidad de las modernas instalaciones marítimas. Los puertos no solo se encuentran en ciudades costeras, sino también en ciudades situadas a lo largo de ríos y vías navegables interiores. Suelen constar de varias *terminales* donde se cargan y descargan mercancías (o personas, en el caso de los cruceros). Cada terminal está diseñada para manipular un tipo específico de mercancías de forma rápida y eficaz. Los *graneleros*, que transportan mercancías a granel, como cereales y minerales, se sirven de grandes cintas transportadoras o grúas de cangilones. Los *buques cisterna*, que transportan líquidos como petróleo (*petroleros*), se llenan y vacían mediante enormes mangueras. La mayoría de los cargueros que transportan mercancías envasadas lo hacen con CONTENEDORES, cajas de acero estandarizadas que se transfieren con facilidad entre trenes, camiones y otros buques mediante grúas.

La terminal de contenedores es una de las partes más reconocibles de un puerto comercial, con sus gigantescas grúas y sus coloridos contenedores. Las enormes GRÚAS PÓRTICO DE MUELLE se desplazan sobre carriles para recorrer toda la eslora de un buque y cargar o descargar contenedores con rapidez (uno cada dos minutos).

A veces los contenedores pasan directamente de un modo de transporte a otro (camiones, trenes u otros barcos), pero a menudo deben permanecer en la zona de almacenamiento o PATIO DE CONTENEDORES antes de que llegue el vehículo que los lleve a su destino. La «contenedorización» de la carga crea un rompecabezas, porque solo es posible acceder a los contenedores de arriba. Llegar a la parte inferior exige reubicar todos los que hay encima. Los sistemas de gestión informatizados optimizan la colocación de los contenedores con el objetivo de reducir el número de movimientos necesarios para manipularlos.

En los puertos modernos existe una gran variedad de maquinaria, cuyo control está cada vez más automatizado. Los CAMIONES CON PLATAFORMA son pequeños semirremolques que transportan contenedores por el patio de contenedores. Los VEHÍCULOS AUTOGUIADOS realizan la misma función, pero sin conductor. Las GRÚAS APILADORAS y las CARRETILLAS PÓRTICO transportan y elevan contenedores hasta y desde la parte superior de una pila. Las GRÚAS PÓRTICO DE ALMACENAMIENTO se desplazan sobre largas filas de contenedores. En lugar de ganchos, todos estos vehículos utilizan un dispositivo llamado *esparcidor* o *spreader* para elevar los contenedores.

Cada contenedor está equipado con CANTONERAS reforzadas en cuyos orificios ovalados encajan unos anclajes llamados TWISTLOCKS ('cierre de giro'). Dichos anclajes giran 90° y sujetan el esparcidor al contenedor con firmeza. Muy ingeniosos por su sencillez, estos mecanismos de cierre por torsión se instalan en la cubierta de barcos, camiones y trenes, y entre los contenedores. Son los responsables de que millones de estas enormes cajas de acero queden bien sujetas cada día.

Aunque la terminología marítima varía según la parte del mundo en que te encuentres, la estructura que sirve de borde a la terminal se denomina *muelle o embarcadero*. El muelle comprende uno o varios *atracaderos*, que son los lugares de estacionamiento de los buques. Cada atracadero incluye varios grandes AMARRADEROS a los que se atan los CABOS de amarre de los buques. Los *cabrestantes* del buque mantienen tensos estos cabos para minimizar su movimiento durante la carga y descarga. Además, las DEFENSAS situadas a lo largo de cada atracadero sirven de amortiguadores para proteger tanto el muelle como el casco del buque de posibles daños. Antiguamente se utilizaban neumáticos viejos, pero en los puertos modernos se instalan unos dispositivos diseñados específicamente para el tipo y tamaño de los buques a los que prestan servicio.

Una de las decisiones más importantes al diseñar una instalación portuaria consiste en determinar el buque más grande que puede admitir. Alojar buques muy grandes encarece la construcción y el mantenimiento de las instalaciones portuarias, pero también aumenta el tráfico y los ingresos, por lo que se trata de establecer un cuidadoso equilibrio. La ESLORA del buque de diseño determina la longitud de cada atracadero y el tamaño total del puerto. Su MANGA afecta al tamaño de la PLUMA de las grúas pórtico del muelle, y su CALADO determina la profundidad mínima. Esta profundidad se

mantiene dragando los sedimentos del fondo de la vía navegable mediante excavadoras y tubos de succión. Los diseñadores de buques (llamados *arquitectos navales*) intentan hacerlos lo más grandes posible siempre que puedan transitar por los canales, esclusas y puertos que van a navegar. De hecho, muchos buques llevan el nombre de la instalación por la que pueden transitar al límite: por ejemplo, los buques Suezmax son los más grandes capaces de atravesar el canal de Suez.

Los muelles deben ser estructuras robustas, capaces de resistir al viento, las olas, las mareas, las corrientes y las fuerzas extremas de las AMARRAS de los barcos día tras día. Además, deben ser bastante altos para permitir que atraquen buques enormes. Muchos se construyen sobre material de RELLENO, es decir, tierra traída al lugar y compactada para que sirva de base. Un MURO DE CONTENCIÓN refuerza el relleno al tiempo que permite a los barcos llegar hasta el borde. Cuando la geología del lugar no es la ideal para soportar el peso del equipamiento y la carga portuaria, el muelle se apoya sobre PILOTES. Estos elementos verticales de acero u hormigón se hincan o perforan a gran profundidad para evitar que el muelle se asiente o se desplace.

Las vías navegables emplean muchas ayudas a la navegación para auxiliar a los navegantes en la guía de sus barcos con seguridad. Los dispositivos flotantes, llamados BOYAS, delimitan las vías navegables y los peligros. Al igual que las señales de tráfico, emplean colores y símbolos normalizados para comunicar tanto determinada información como normas específicas. Suelen sujetarse con una cadena y un ancla. La cadena tiene suficiente holgura para absorber las cargas de choque de las olas, el viento y la corriente y adaptarse a los cambios de nivel de las mareas. El ancla puede ser un elemento pesado, llamado LASTRE, o un dispositivo hincado o perforado en el fondo.

Durante gran parte de la historia, era habitual que los barcos sobrecargados sucumbieran a la fuerza de las olas y se hundieran. En ausencia de normas, los capitanes se veían incentivados a llevar tanta carga como creían que el buque podía soportar y a menudo sobreestimaban la capacidad de carga, con la consiguiente pérdida de bienes y tripulaciones. Con el tiempo, las compañías de seguros junto a la comunidad naviera internacional formalizaron los requisitos para marcar el límite de carga legal en el casco de cada buque. Esta marca, que suele ser un disco atravesado por una línea horizontal, queda por debajo de la línea de flotación si el buque está sobrecargado y se conoce como *línea Plimsoll*[2] en honor al político británico que promovió su uso. La flotabilidad de un buque depende de la temperatura del agua y de si está en agua dulce o salada, por lo que la mayoría de los buques modernos cuentan con un conjunto de marcas que sirven como línea de carga en las distintas condiciones por las que pueden viajar.

---

[2] *N. de la T.*: El significado de las siglas es el siguiente: TF (*Tropical Fresh*): agua dulce zona tropical; F (*Fresh*): agua dulce resto de zonas; T (*Tropical Salt*): agua salada zona tropical; S (*Summer*): agua salada en verano; W (*Winter*): agua salada en invierno; WNA (*Winter North Atlantic*): invierno en el Atlántico Norte.

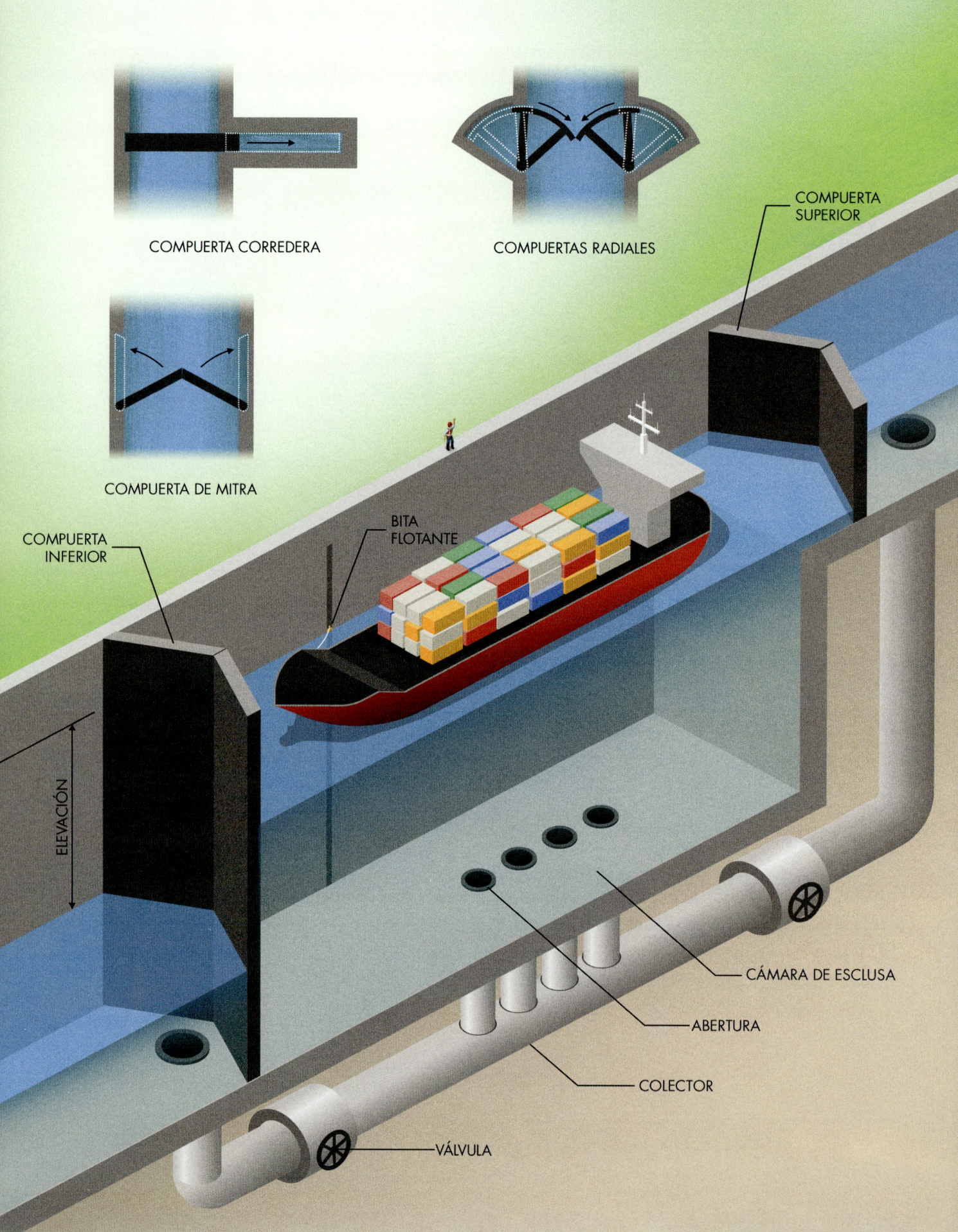

COMPUERTA CORREDERA

COMPUERTAS RADIALES

COMPUERTA DE MITRA

COMPUERTA SUPERIOR

COMPUERTA INFERIOR

BITA FLOTANTE

ELEVACIÓN

CÁMARA DE ESCLUSA

ABERTURA

COLECTOR

VÁLVULA

Las esclusas

El transporte por vías navegables tiene sus limitaciones: no todos los lugares son accesibles por barco. De cierto modo se ha intentado superar este obstáculo mediante la construcción de canales. Las primeras historias escritas ya hablan de navegación y de canales. Hace miles de años, nuestros antepasados intentaron llegar en barco a áreas inaccesibles de otro modo. Sin embargo, hay otra limitación que es aún más difícil de superar. La superficie de una masa de agua se nivela por sí misma. A diferencia de las carreteras y el ferrocarril, no es posible poner agua en una pendiente para subir o bajar por ella. Toda el agua de un canal ideal se situará al mismo nivel, pero en terrenos escarpados, eso requeriría tal volumen de excavación que sería prácticamente imposible. En vez de excavar unos cañones gigantescos para mantener los canales al mismo nivel, se construyen *esclusas* para subir y bajar los barcos, como si fueran los peldaños de una escalera.

Una esclusa es una CÁMARA estanca con grandes compuertas en sus extremos. El funcionamiento de una esclusa es bastante sencillo. Para subir, el barco entra en la cámara casi vacía y se cierra la COMPUERTA INFERIOR. Entonces se permite que el agua del canal superior llene la cámara y eleve el buque. Una vez que el nivel de agua de la esclusa alcanza el del canal superior, la COMPUERTA SUPERIOR se puede abrir por completo y el barco continúa su camino. Para descender se siguen los mismos pasos, pero a la inversa. El barco entra en la cámara llena, se cierra la compuerta superior y se drena el agua de la esclusa.

Una vez que el nivel de la cámara se iguala al del canal inferior, la compuerta inferior se abre del todo y el barco puede continuar. Se trata de un sistema de elevación totalmente reversible que, en su forma más simple, no requiere ninguna fuente externa de energía para funcionar, salvo la propia agua.

En los ríos, es posible combinar las esclusas con una presa que retenga el agua y descargue la crecida cuando sea necesario. La mayoría de las esclusas modernas para grandes barcos son de hormigón armado, parecidas a una bañera gigante. Los accesos se diseñan en línea, sin corrientes cruzadas, de modo que los barcos puedan alinearse fácilmente para entrar en la cámara. Las esclusas pequeñas para embarcaciones de recreo suelen ser autónomas, pero las grandes esclusas situadas en vías navegables muy transitadas cuentan con personal encargado de ejecutar operaciones las 24 horas del día.

Las compuertas ubicadas a cada lado de la CÁMARA DE LA ESCLUSA son en sí mismas unas maravillas de la ingeniería. La mayoría de las esclusas utilizan COMPUERTAS DE MITRA: dos hojas, parecidas a unas enormes puertas con bisagras que se unen en el centro. En vez de cerrarse en línea recta, forman un diedro con el ángulo obtuso a contracorriente. La propia presión del agua cierra las compuertas de forma hermética y las mantiene selladas y sin fugas durante el funcionamiento de la esclusa. En algunos lugares, sobre todo en los afectados por las mareas, es posible que el nivel del agua río abajo suba por encima del canal superior. En tal situación, las compuertas de mitra no funcionarían correctamente. Las COMPUERTAS RADIALES son una alternativa a las compuertas de mitra porque soportan la presión del agua en ambas direcciones. Las compuertas radiales tienen forma de porción de tarta con las bisagras en la punta y se unen en el centro. Algunas esclusas modernas emplean compuertas que se abren y cierran rodando en vez de usar bisagras: son las COMPUERTAS CORREDERA y poseen la ventaja de deslizarse hacia un espacio vacío del que se puede extraer el agua para realizar trabajos de mantenimiento y reparación en seco (en vez de tener que desmontarlas).

En todas las esclusas, la compuerta inferior es el verdadero caballo de batalla. La superior solo debe tener la altura suficiente para que los barcos entren en la cámara cuando está llena. Sin embargo, la compuerta inferior ha de soportar la presión del agua desde arriba hasta el fondo de la cámara. La presión del agua aumenta con la profundidad, por lo que las esclusas con una ELEVACIÓN importante requieren que la compuerta inferior soporte fuerzas extremas. Cuando un canal tiene que salvar un desnivel considerable, se colocan varias esclusas más pequeñas en serie (denominadas *juego*) en vez de una única esclusa grande.

El sistema necesario para llenar y vaciar la cámara de una esclusa es otra parte esencial de su ingeniería. Las esclusas representan un cuello de botella para el tráfico fluvial y marítimo, por lo que los operadores intentan reducir al mínimo el tiempo que tarda un barco en pasar. Imagina el reto que supone llenar y vaciar una piscina gigantesca treinta veces al día e incluso más, con gente dentro. Del mismo modo, no basta abrir la compuerta superior

y dejar que entre el agua. Por un lado, la diferencia de nivel del agua de las esclusas crea tanta presión que abrir la compuerta es prácticamente imposible. Y, peor aún, la entrada o salida de agua pondría en peligro a los barcos que transitan por la esclusa. Por tanto, la mayoría de las esclusas utilizan un sistema independiente para vaciar y llenar la cámara. La opción más sencilla consiste en instalar en cada compuerta una pequeña ventana, a veces llamada *paleta*, que se abre y se cierra. Las grandes esclusas disponen de COLECTORES para drenar el agua a través de unas ABERTURAS situadas en los laterales o el fondo de la cámara. Dos VÁLVULAS controlan la entrada y salida de agua. La esclusa se llena abriendo la válvula de la compuerta superior y se vacía abriendo la de la compuerta inferior. Las aberturas están cuidadosamente diseñadas para mover la mayor cantidad posible de agua sin crear turbulencias, corrientes de chorro o marejadas que representen algún peligro y puedan hacer zozobrar los barcos.

Incluso con un sistema de llenado bien diseñado, la cámara de una esclusa puede ser un espacio turbulento. Es necesario amarrar los barcos para evitar colisiones con las compuertas o las paredes. Sin embargo, los cabos de amarre no pueden sujetarse a la parte superior de la esclusa. Si el barco sube, se aflojarían de inmediato. En el caso contrario, ¡podrían sacarlo del agua! En las esclusas más pequeñas, el piloto ha de cobrar (recoger) o lascar (aflojar) los cabos según suba o baje el nivel del agua. Las esclusas más grandes utilizan BITAS FLOTANTES que se desplazan por guías verticales para mantener a los barcos amarrados en su sitio mientras ascienden o descienden.

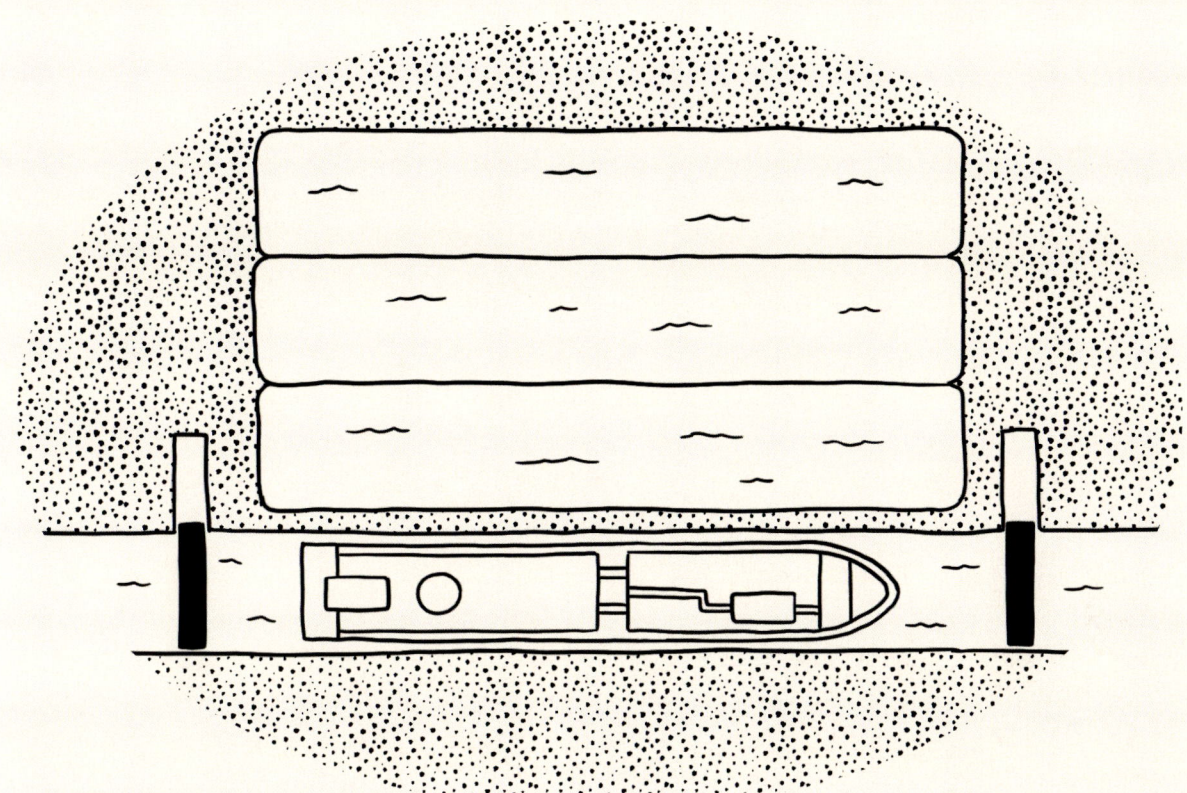

Aunque los barcos circulen por las esclusas en ambas direcciones, el agua solo lo hace en una. Cada vez que se vacía la esclusa, toda esa agua se pierde río abajo. Los canales no tienen una fuente de agua ilimitada y el funcionamiento de las esclusas día tras día puede suponer la pérdida de millones de litros de agua al día. En algunas instalaciones se crean unas *cuencas de ahorro de agua*, también llamadas *estanques laterales*, para reducir la pérdida de agua a través de las esclusas. La cámara de la esclusa desagua en un estanque cercano en vez de soltar el agua río abajo. Cuando llega el momento de llenar la esclusa, se usa primero el agua de la cuenca para elevar el nivel todo lo posible. El resto de agua para llenar la cámara se suministra desde el canal superior.

A falta de grandes bombas, el ahorro de agua está limitado por la gravedad. Los estanques laterales deben situarse a una altura media entre la parte superior y la inferior de la cámara de la esclusa para que el agua pueda entrar y salir, lo que significa que solo es posible reciclar un tercio del agua. Sin embargo, el ahorro puede aumentar con el tamaño y el número de estanques. Por ejemplo, las esclusas más nuevas del Canal de Panamá disponen de tres estanques cada una, lo que permite ahorrar el 60 % del agua que se necesitaría de otro modo.

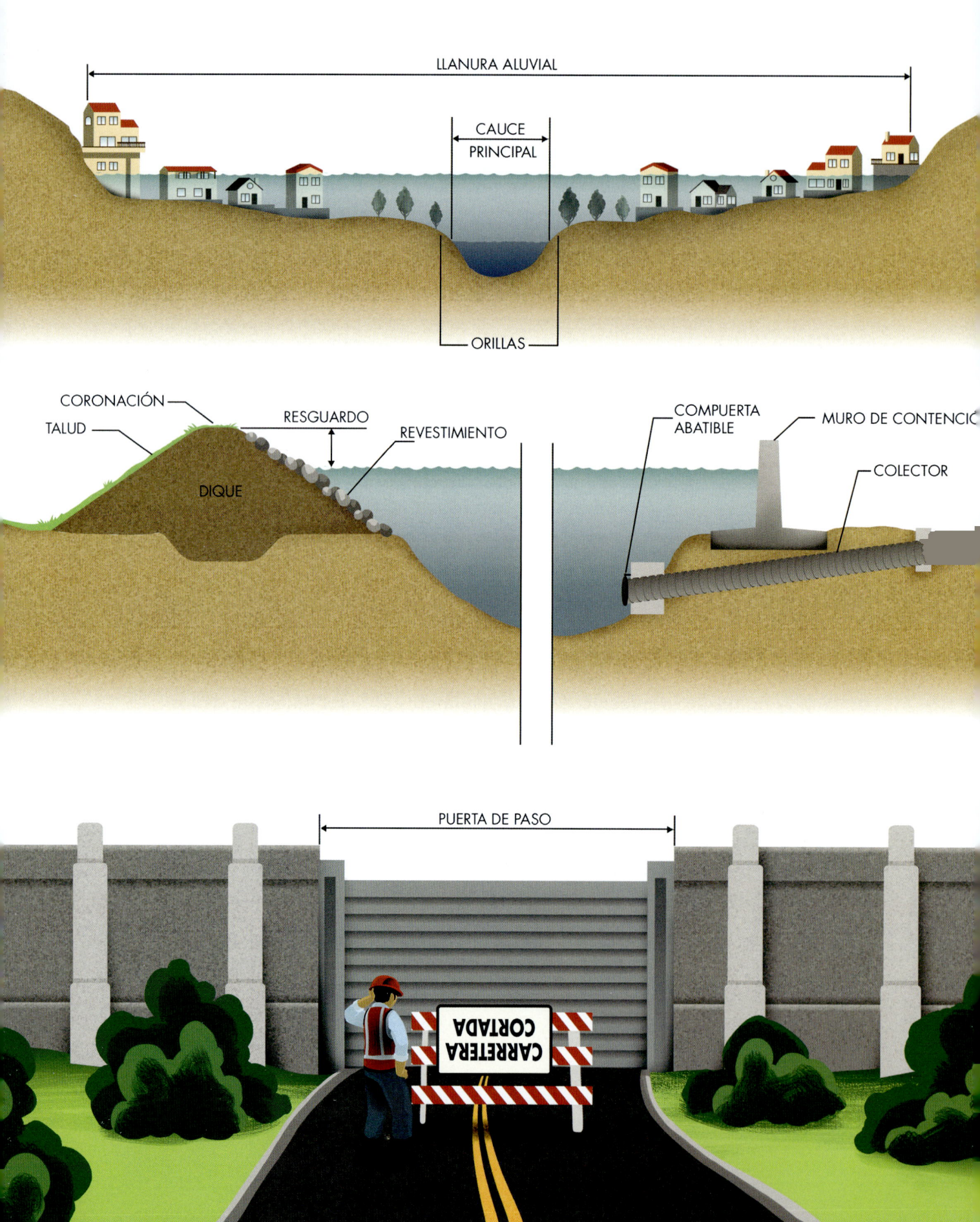

LLANURA ALUVIAL

CAUCE
PRINCIPAL

ORILLAS

CORONACIÓN

TALUD

RESGUARDO

REVESTIMIENTO

DIQUE

COMPUERTA
ABATIBLE

MURO DE CONTENCIÓ

COLECTOR

PUERTA DE PASO

CARRETERA CORTADA

Los diques y los muros de contención

Cada año, las inundaciones afectan a zonas pobladas, cuestan vidas y millones de dólares en daños, devastan comunidades y paralizan las economías locales. Si alguna vez has sufrido alguna, entenderás lo impotentes que nos sentimos al enfrentarnos a la madre naturaleza. Es imposible controlar la cantidad de lluvia que va a caer, pero hemos desarrollado formas de gestionar el agua una vez que llega a la tierra para limitar el peligro que supone para personas y propiedades.

Las inundaciones de los ríos son en especial difíciles de gestionar porque sus efectos no son lineales. En el CAUCE PRINCIPAL, por donde fluye habitualmente el río, un aumento del nivel del agua crea solo un ligero crecimiento de la zona inundada. Las pendientes empinadas de las ORILLAS del río contienen el caudal. Sin embargo, más allá de las orillas, la topografía suele ser llana y abierta, ideal para tierras de cultivo y urbanizaciones. Cuando el caudal del río rebasa la orilla, incluso pequeños aumentos del nivel del agua crean amplias zonas inundadas. Estas zonas situadas justo por encima de las orillas suelen denominarse LLANURAS ALUVIALES por su vulnerabilidad ante los desbordamientos. Una solución estructural a las inundaciones fluviales es aumentar la altura de las orillas para contener el flujo de agua lejos de las zonas urbanizadas.

La forma más habitual de elevar las orillas de un río consiste simplemente en reunir tierra cercana y amontonarla formando un terraplén. Estas estructuras, llamadas DIQUES o MOTAS, han servido durante siglos para desviar y embalsar el agua. También se utilizan a lo largo de las zonas costeras para protegerse de las marejadas ciclónicas. Aunque sencillos en su concepción, los diques modernos se basan en una ingeniería avanzada para proteger las zonas bajas de las inundaciones. Después de todo, el suelo no es el material de construcción más resistente, en particular cuando debe enfrentarse a aguas rápidas. Los ingenieros especifican la PENDIENTE del talud y los requisitos de compactación del dique en función de las propiedades del suelo disponible para su construcción.

Los flujos rápidos durante las inundaciones erosionan y dañan el lado fluvial de los diques. En los taludes es frecuente que se plante hierba, porque sus densos sistemas radiculares los protegen contra la erosión. Los diques sometidos a inundaciones de larga duración o a grandes oleajes suelen incluir una protección adicional de piedra u hormigón, llamada REVESTIMIENTO. Como se deterioran con el tiempo, igual que los diques de tierra, su mantenimiento es vital. Los diques deben mantenerse libres de árboles y arbustos que puedan ser derribados o arrancados durante una crecida. También hay que disuadir a los animales de excavar sus madrigueras en los diques porque son vías de filtración de agua a través de la estructura del suelo.

Aunque son relativamente baratos y sencillos, los diques ocupan mucho terreno debido a su forma trapezoidal. Una alternativa más cara pero que ahorra espacio consiste en construir MUROS DE CONTENCIÓN. Suelen ser de hormigón armado y cumplen la misma función de elevar las orillas de los ríos para contener su caudal. Y son menos susceptibles de deterioro a largo plazo porque se construyen con materiales más resistentes que el suelo compactado.

La altura de un dique o muro de contención es una decisión crítica. La magnitud potencial de las inundaciones es casi ilimitada. Si puedes imaginar una gran tormenta, probablemente imagines otra mayor, lo que significa que la infraestructura contra inundaciones ha de encontrar un equilibrio entre su coste de construcción y la protección que proporciona. En Estados Unidos, muchos diques y muros de contención están diseñados para proteger contra la *avenida de los 100 años*[3], un término algo confuso para un concepto sencillo. Como disponemos de amplios registros históricos de precipitaciones en todo el mundo, podemos estimar la relación entre la gravedad de cualquier tormenta y la probabilidad de que se produzca. La avenida de los 100 años es un punto de referencia en esa línea: una tormenta teórica que tiene una probabilidad del 1 % de ser igualada o superada en un año dado en un lugar determinado. Aunque su nombre implica que solo ocurre una vez cada cien años, la probabilidad anual del 1 % equivale a una probabilidad del 26 % de que se produzca una tormenta de este tipo en un plazo de 30 años. A lo largo de 50 años, esa probabilidad se aproxima al 40 %, casi como cuando lanzamos una moneda al aire.

Diseñar para la avenida de los 100 años es nuestra forma de reconocer que no es rentable protegerse contra todas las crecidas, pero es posible diseñar nuestras infraestructuras para protegernos contra ellas el 99 % de las veces. Para establecer la altura de la CORONACIÓN de un dique, llamada RESGUARDO, los ingenieros utilizan registros históricos de inundaciones y modelos hidráulicos para calcular la altura que alcanzaría la avenida de los 100 años a lo largo de un río; luego añaden un poco más, para tener en cuenta la incertidumbre y evitar que las olas desborden las estructuras.

No siempre es posible rodear por completo una zona con riesgo de inundación con un dique o un muro de contención. Por ejemplo, las carreteras y las vías férreas necesitan una vía para cruzar las zonas protegidas. No siempre hay espacio o fondos suficientes para construir rampas o puentes que pasen por encima de cada muro, así que a veces se deja un acceso, llamado PUERTA DE PASO, para que pase una carretera o una vía férrea. Estas puertas de acero estancas deben cerrarse antes de cada inundación para cerrar el perímetro. Por supuesto, solo son viables en las zonas situadas a lo largo de las principales cuencas fluviales, donde las inundaciones «avisan» gradualmente con cierta antelación. Una puerta abierta anularía por completo el propósito del dique o muro de contención, por lo que no son de utilidad en zonas expuestas a crecidas repentinas.

Por otra parte, el cerramiento de las zonas bajas crea unas cuencas que pueden llenarse de agua del lado equivocado del muro durante las tormentas. Los diques necesitan alguna forma de permitir el drenaje en una dirección sin que el río retroceda hacia las zonas protegidas durante las inundaciones. Algunos sistemas a gran escala emplean bombas para drenar las zonas bajas, pero las bombas son muy caras. Unas tuberías, llamadas COLECTORES, pasan a través de los diques y muros de contención (o sus cimientos) para drenar por gravedad las zonas cerradas. Estos colectores están equipados con compuertas (que deben cerrarse manualmente durante las inundaciones) o unos dispositivos que protegen de forma automática contra el reflujo, llamados *válvulas antirretorno*. Las COMPUERTAS ABATIBLES son un tipo de válvula que se cierra herméticamente gracias a la propia presión del agua procedente de la dirección opuesta.

Aunque los diques protegen las zonas bajas de las inundaciones, también crean nuevos problemas. Al «confinar» los ríos en espacios

---

[3] *N. de la T*.: En España, para realizar estos cálculos y tener en cuenta la mayoría de los sucesos que puedan afectar a la infraestructura que se va a calcular, se considera la avenida de 500 años.

pequeños, se eleva el nivel del agua que además fluye a mayor velocidad y se agravan los efectos de las inundaciones aguas abajo. Incluso con proyectos excelentes, nuestra capacidad para «controlar» a la madre naturaleza tiene sus limitaciones. Las infraestructuras de control de inundaciones son vitales en las zonas urbanizadas, pero deben combinarse con la gestión y el respeto a las llanuras aluviales naturales de los ríos.

Una técnica habitual para combatir las inundaciones consiste en apilar sacos de arena para retener o desviar el agua. Con solo una pequeña cuadrilla de trabajadores, se añaden sacos de arena a la parte superior de un dique para aumentar su altura o colocarlos alrededor de una estructura desprotegida para evitar el paso del agua. Los sacos suelen llenarse solo hasta la mitad, de modo que se amolden con facilidad a los adyacentes sin dejar espacios entre ellos. Excavar una pequeña zanja central debajo ayuda a encajarlos para soportar mejor la presión de las aguas de la crecida. Los sacos se apilan en forma de pirámide, de modo que la anchura inferior mida alrededor de tres veces su altura. Puede añadirse una lámina de plástico a la cara aguas arriba para impermeabilizar aún más la barrera.

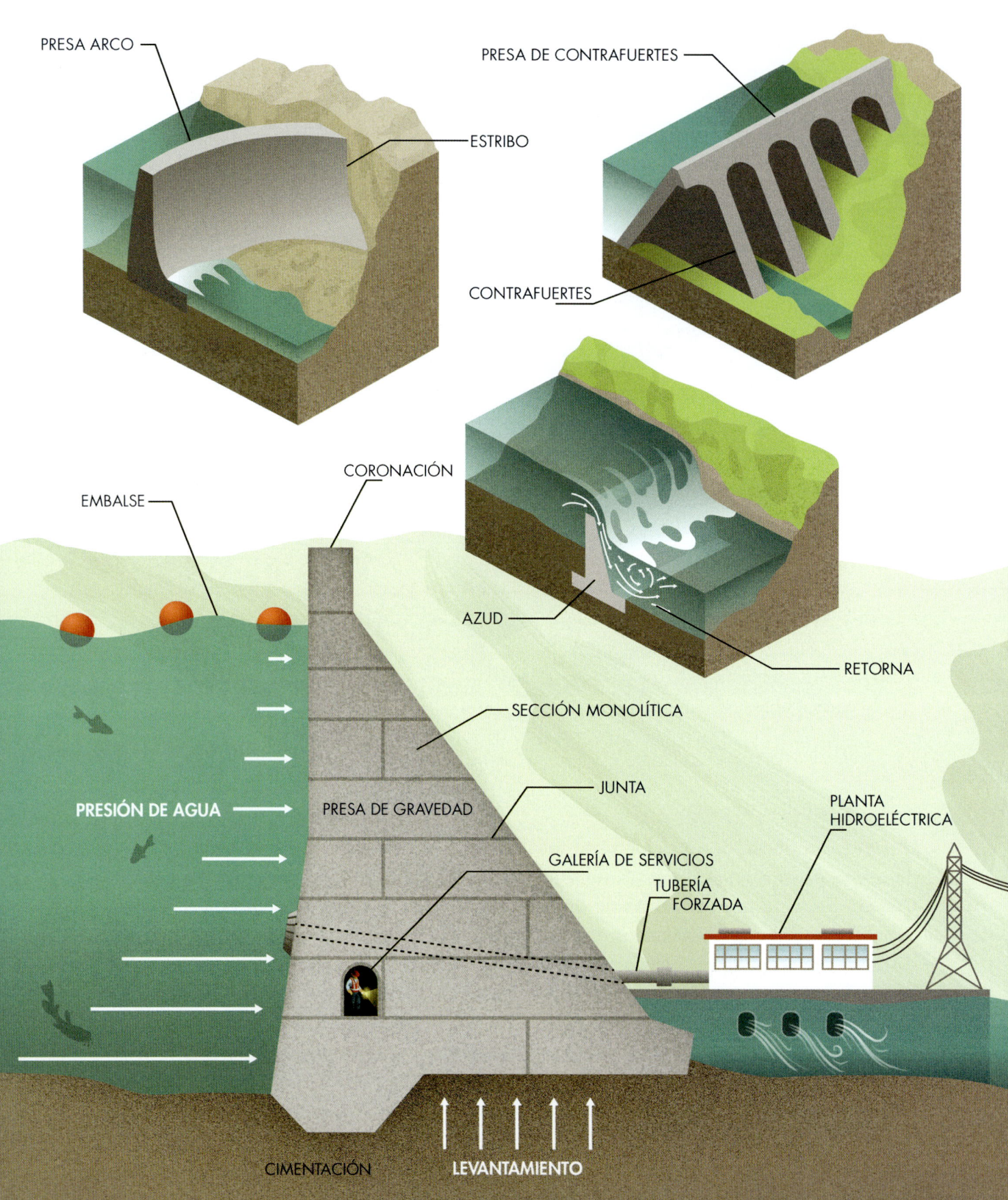

PRESA ARCO

ESTRIBO

PRESA DE CONTRAFUERTES

CONTRAFUERTES

EMBALSE

CORONACIÓN

AZUD

RETORNA

PRESIÓN DE AGUA

SECCIÓN MONOLÍTICA

PRESA DE GRAVEDAD

JUNTA

GALERÍA DE SERVICIOS

TUBERÍA
FORZADA

PLANTA
HIDROELÉCTRICA

CIMENTACIÓN

LEVANTAMIENTO

Las presas de hormigón

El agua es uno de los recursos más esenciales de la Tierra, pero los ciclos hidrológicos son muy variables. Desde sequías hasta inundaciones pasando por todos los fenómenos intermedios, lograr un suministro de agua constante puede ser un desafío importante. Es imposible controlar cuánto y cuándo lloverá, pero sí podemos desarrollar sistemas de almacenamiento para suavizar los altibajos de la afluencia de lluvias a lo largo del año. La construcción de presas en los valles de los ríos permite crear *embalses*, una forma de almacenar el agua y utilizarla a lo largo del tiempo para regar cultivos, proporcionar agua a las ciudades y generar electricidad.

Otra opción es mantener vacíos los embalses en previsión de condiciones meteorológicas adversas y, de este modo, retener las aguas de las crecidas para liberarlas gradualmente, reduciendo los daños río abajo (más adelante hablaremos sobre estos aliviaderos). Las grandes presas sirven para múltiples propósitos que se ejecutan en diferentes zonas, denominadas *balsas*, dentro del embalse. Se puede mantener una llena para que funcione como fuente de energía hidroeléctrica o de suministro de agua y otra vacía para almacenarla en caso de inundación. En las presas que se usan para generar electricidad, la central hidroeléctrica que alberga las turbinas y otros equipos suele ser visible aguas abajo. Si la central no está conectada a la presa, también se podrán ver unas tuberías de gran diámetro que llevan el agua a las turbinas, llamadas TUBERÍAS FORZADAS.

Las presas se construyen de muchos materiales diferentes, pero las más grandes y emblemáticas están hechas de hormigón (en el apartado siguiente se describen las presas construidas con tierra y piedras). El hormigón es fuerte y duradero, lo que posibilita que una presa soporte la tremenda presión del agua embalsada. A diferencia de muchas grandes estructuras en las que las cargas son verticales por la fuerza de gravedad, las fuerzas más significativas que actúan en las presas son horizontales. A medida que aumenta la profundidad de un embalse, también lo hace la PRESIÓN que ejerce sobre la cara aguas arriba. El agua también puede filtrarse a través de los poros y grietas de los cimientos y crear una presión en la parte inferior de la estructura, denominada LEVANTAMIENTO. La tarea de soportar esa presión es un factor importante en el diseño y el aspecto físico de las presas.

Las PRESAS DE GRAVEDAD se oponen a la fuerza del agua embalsada simplemente con su peso. El hormigón es bastante pesado y, con la masa suficiente, una estructura puede ser bastante estable para evitar el vuelco o el deslizamiento a consecuencia de las fuerzas horizontales. Las presas de gravedad suelen ser más anchas en su base, donde la presión del agua es mayor. Se estrechan hasta llegar a la CORONACIÓN, que a veces solo tiene el ancho suficiente para que un vehículo pase por encima y les confiere una pendiente característica en el lado de aguas abajo. Del mismo modo, las PRESAS DE CONTRAFUERTES transfieren las fuerzas del embalse a los cimientos mediante unos CONTRAFUERTES triangulares. Aunque la presión del agua empuja la presa horizontalmente, la cara inclinada aguas arriba aprovecha el peso del agua para aumentar su estabilidad. Las presas de contrafuertes requieren menos hormigón para su construcción (de ahí que también se denominen *aligeradas*), pero también más mano de obra para construir los intrincados elementos necesarios para su estabilidad, por lo que no suelen ser muy viables en los tiempos modernos.

A diferencia de las presas de gravedad y de contrafuertes, las PRESAS ARCO transfieren gran parte de la fuerza del agua embalsada a los ESTRIBOS ubicados a cada lado de la presa en vez de hacerlo a los cimientos. Al igual que los puentes arco (descritos en el capítulo 4), las presas arco aprovechan la geometría. Al no depender tanto de su propio peso, las presas en arco necesitan mucho menos hormigón y, por tanto, su construcción resulta más económica. Sin embargo, están limitadas por las condiciones topográficas y orográficas del terreno, puesto que los estribos deben resistir la mayor parte de las fuerzas del agua del embalse que intentarán empujar la estructura aguas abajo. Por ello, las presas arco suelen encontrarse en valles estrechos y rocosos. Algunas presas de contrafuertes se diseñan como *presas de múltiples arcos*, en las que cada arco pequeño se apoya en un contrafuerte en vez de haber un único arco que abarque todo el valle.

Las presas de hormigón no se construyen de una sola vez: el hormigón se contrae cuando pasa de líquido a sólido, lo que provoca que aparezcan grietas, que también lo hacen producto de los cambios de temperatura a lo largo del año. En las aceras y las calzadas las grietas no son críticas, pero en una presa pueden dar lugar a fugas que debiliten y dañen la estructura. Las presas de hormigón se construyen por bloques, llamados SECCIONES MONOLÍTICAS, con JUNTAS horizontales y verticales que les proporcionan libertad de movimiento y reducen la probabilidad de aparición de grietas. A diferencia de las grietas aleatorias que podrían formarse en una estructura de hormigón macizo, las juntas son fáciles de sellar mediante selladores empotrados. Aunque no se ven desde el exterior, muchas presas de hormigón tienen túneles internos, llamados GALERÍAS, que recogen el agua que se filtra y permiten a los ingenieros controlar la integridad de la estructura desde dentro. Las

galerías también proporcionan un lugar para el drenaje que alivia la presión en el interior de los cimientos de la presa.

Otro tipo de estructura de hormigón, que suele denominarse AZUD, no se utiliza para almacenar agua, sino simplemente para elevar el nivel de ríos y arroyos. La profundidad de un curso natural de agua varía con el tiempo y puede ser bastante somera en largos tramos. Los azudes embalsan un pequeño volumen de agua al elevar de forma artificial su nivel y de este modo conseguir canales navegables, aumentar la profundidad de las tomas de abastecimiento de agua y riego, o crear un desnivel para alimentar turbinas y molinos. Se denominan *vertederos* porque el agua fluye por encima (en vez de hacerlo a través de alguna compuerta). Este desbordamiento puede suponer un grave peligro para bañistas y navegantes.

Cuando la lámina de agua o *lámina vertiente* pasa por encima del vertedero y se precipita al nivel inferior, crea una zona de recirculación aguas abajo. En esta zona, conocida como RETORNA, se quedan atrapados gran cantidad de objetos, escombros e incluso personas. Por las fuertes fuerzas hidráulicas, las duras superficies, las turbulencias desorientadoras y los escombros sumergidos, los azudes son unas máquinas perfectas para mantener a las personas sumergidas; en consecuencia, se producen muchos ahogamientos en estas estructuras. La mayoría se construyeron hace mucho tiempo, cuando los molinos y las fábricas dependían de la fuerza hidráulica para accionar sus equipos y la seguridad no era una de las prioridades. En muchas ciudades los han eliminado o convertido en lugares de recreo, para restaurar el ecosistema acuático y atraer al turismo exterior. Si nadas o remas en algún río donde exista algún azud, no subestimes el peligro que representan estas estructuras aparentemente inocuas.

Las presas son estructuras de alto riesgo. Dado que una avería podría provocar una grave inundación aguas abajo y amenazar zonas pobladas, la mayoría de las grandes presas cuentan con exhaustivos planes de vigilancia para mantener su seguridad. Además de las inspecciones periódicas de los ingenieros, muchas presas disponen de instrumentos que controlan la integridad de la estructura. Estos dispositivos sirven para medir la presión del agua dentro de la presa o sus cimientos, el asentamiento o movimiento, el flujo de agua en los desagües e incluso la temperatura del hormigón. Son suficientemente sensibles para ver cómo el tamaño de una presa aumenta de forma sutil por el calor en los días soleados. Muchas presas también están equipadas con hitos topográficos cuya ubicación se controla con exactitud periódicamente mediante precisos equipos de medición. Todos los datos procedentes de la instrumentación de una presa proporcionan alertas tempranas de las condiciones que podrían contribuir a un fallo y permiten a los ingenieros evaluar y reparar los problemas antes de que lleguen a representar un peligro.

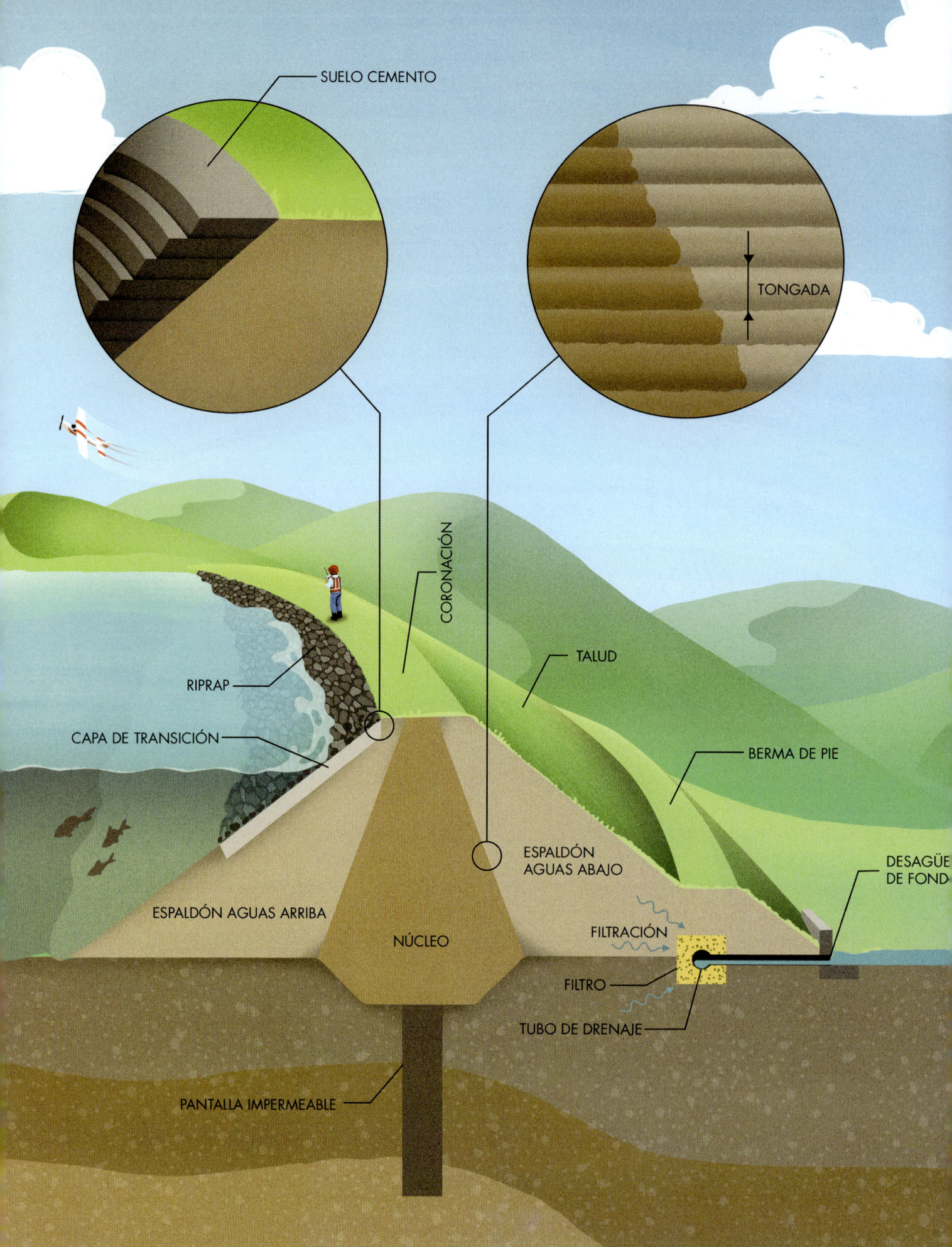

SUELO CEMENTO

TONGADA

CORONACIÓN

TALUD

RIPRAP

CAPA DE TRANSICIÓN

BERMA DE PIE

ESPALDÓN
AGUAS ABAJO

DESAGÜE
DE FOND

FILTRACIÓN

ESPALDÓN AGUAS ARRIBA

NÚCLEO

FILTRO

TUBO DE DRENAJE

PANTALLA IMPERMEABLE

Presas de materiales sueltos

Aunque el arquetipo de una presa es una estructura de hormigón, la mayoría de las presas del mundo se construyen con materiales sueltos. A diferencia de las presas de hormigón, que suelen requerir una geología específica y una fuente cercana de materiales (sobre todo áridos y cemento), las presas de *materiales sueltos* pueden construirse casi en cualquier lugar. Si hay dos materiales abundantes en nuestro planeta, son la tierra y las piedras. Sin embargo, una presa de contención no es solo un montón de tierra colocado junto a un río. El uso de materiales tan primitivos para embalsar enormes volúmenes de agua de forma segura es un complejo reto de ingeniería y los observadores atentos se darán cuenta de muchos de los entresijos del diseño de una presa de este tipo.

Las presas de materiales sueltos se construyen con tierra (*terraplén*) o con piedras y grava (*escollera*). Ambos tipos de material se comportan de manera diferente a la del hormigón. Al tratarse de sustancias granulares compuestas de partículas individuales, el terraplén y la escollera son inestables por naturaleza. La gravedad siempre intenta separarlos y la única fuerza que mantiene unido un terraplén es el rozamiento entre los granos o las piedras. Para que los grandes terraplenes se mantengan en pie a largo plazo y resistan la presión de un embalse, han de tener unos TALUDES suaves a ambos lados. Estos taludes dependerán de las propiedades del material empleado, pero el ancho de la mayoría de las presas de escollera es de alrededor de tres veces su altura. Pueden ser más pronunciados, pero rara vez la relación ancho-alto es inferior a 2:1. Eso significa que

tanto las presas de tierra como las de escollera ocupan un gran espacio en su base y se estrechan a medida que su altura disminuye hacia los extremos. Muchas también cuentan con una BERMA DE PIE, una zona de relleno adicional a lo largo de la parte inferior de uno o ambos taludes para estabilizar aún más la estructura.

Para construir una presa no basta verter tierra y piedras. Los materiales granulares se asientan y comprimen con el tiempo, y la altura magnifica este efecto. No queremos que las presas se encojan una vez construidas, así que el relleno debe compactarse durante su colocación para crear una estructura firme y estable. La compactación acelera el proceso de asentamiento, de este modo se produce durante la construcción y no después. Si el suelo se compacta hasta su máxima densidad, no se asentará más con el tiempo. Los modernos equipos de construcción compactan una capa de tierra de hasta 30 centímetros de espesor. Pasar el compactador sobre capas más gruesas solo densificará la superficie, dejando suelto el suelo subyacente. Por ello, los terraplenes se construyen lentamente de abajo hacia arriba en capas individuales denominadas TONGADAS.

La escollera y la mayoría de los terraplenes son permeables porque dejan pasar el agua (fenómeno denominado FILTRACIÓN). A diferencia de las presas de hormigón, que consiguen estabilidad y estanqueidad con un solo material, las presas de materiales sueltos suelen requerir elementos adicionales para contener el embalse. La mayoría de las presas de materiales sueltos cuentan con distintas zonas de material. El NÚCLEO se construye con suelos arcillosos muy impermeables a las filtraciones. Dependiendo de la geología del emplazamiento, encontrar volumen suficiente de arcilla que cumpla las estrictas especificaciones de estanqueidad puede ser todo un reto. El núcleo suele ser la parte más cara de los proyectos de este tipo, por lo que sus dimensiones se diseñan para ajustarse al mínimo requerido. Los ESPALDONES tienen especificaciones menos estrictas porque solo proporcionan estabilidad y no necesitan ser tan impermeables.

Las presas de escollera, al ser mucho más porosas que las de terraplén, incluyen una barrera de hormigón, asfalto o arcilla en el núcleo o a lo largo del talud aguas arriba para impermeabilizarla ante posibles filtraciones. Además, aunque no sea visible desde el exterior, muchas presas de materiales sueltos incorporan algún tipo de PANTALLA IMPERMEABLE en los cimientos. A menudo, estas pantallas se construyen de hormigón o de una mezcla de arcilla para cortarles el paso a las filtraciones a través de los cimientos de la presa.

La fuerza repetida de las olas al chocar con una estructura de tierra vulnerable la erosiona y provoca su deterioro. Por tanto, casi todas las grandes presas de materiales sueltos cuentan con algún tipo de protección en la cara aguas arriba para evitar los daños causados por las olas a largo plazo. Esta protección casi siempre consiste en un paramento de piedras llamado RIPRAP. Entre la presa y las piedras más grandes se coloca una capa de grava, llamada CAPA DE TRANSICIÓN, para evitar que la tierra se escurra por debajo del riprap. De forma alternativa, en muchas presas se usa una mezcla de tierra y cemento para crear un paramento barato pero duradero denominado SUELO-CEMENTO. A menudo se coloca por niveles a lo largo

de la cara de aguas arriba, lo que le da su característico aspecto escalonado.

Más allá de los límites de cualquier protección, las presas de materiales sueltos suelen estar cubiertas de hierba para protegerlas de la erosión provocada por la escorrentía de las precipitaciones. Gracias a sus suaves pendientes cubiertas de hierba, a primera vista, estas presas parecen una parte natural del paisaje. Si no vemos el embalse del otro lado, es posible que ni siquiera nos demos cuenta de que se trata de una presa, salvo por la CORONACIÓN perfectamente nivelada, que suele delatarlas.

Todas las presas poseen alguna fuga de agua. Conseguir la estanqueidad absoluta en estructuras tan grandes, por lo general, no merece la pena. Por tanto, para asegurarse de que las fugas no provoquen problemas, los ingenieros recurren al drenaje, que, en la mayoría de los casos, constan de dos partes: los FILTROS, que impiden que la filtración arrastre partículas del suelo mediante capas de grava o arena, y los TUBOS DE DRENAJE perforados, ubicados en el interior de los filtros, que recogen el agua que encuentran en su camino y la descargan en el desagüe para que no acumule presión. Esas pequeñas tuberías que salen del lado de aguas abajo de la presa, suelen ser los DESAGÜES DE FONDO del sistema de drenaje interno de la estructura.

Algunas presas no se construyen en los ríos y arroyos, sino en zonas altas cercanas. Las *balsas* son diques circulares para contener toda el agua almacenada. Necesitan bombas para captar el agua de una fuente cercana (casi siempre un río). Suelen ser más caras porque la estructura debe rodear todo su perímetro. Sin embargo, afectan menos el entorno natural porque no crean barreras en los ríos y se pueden construir en lugares menos sensibles.

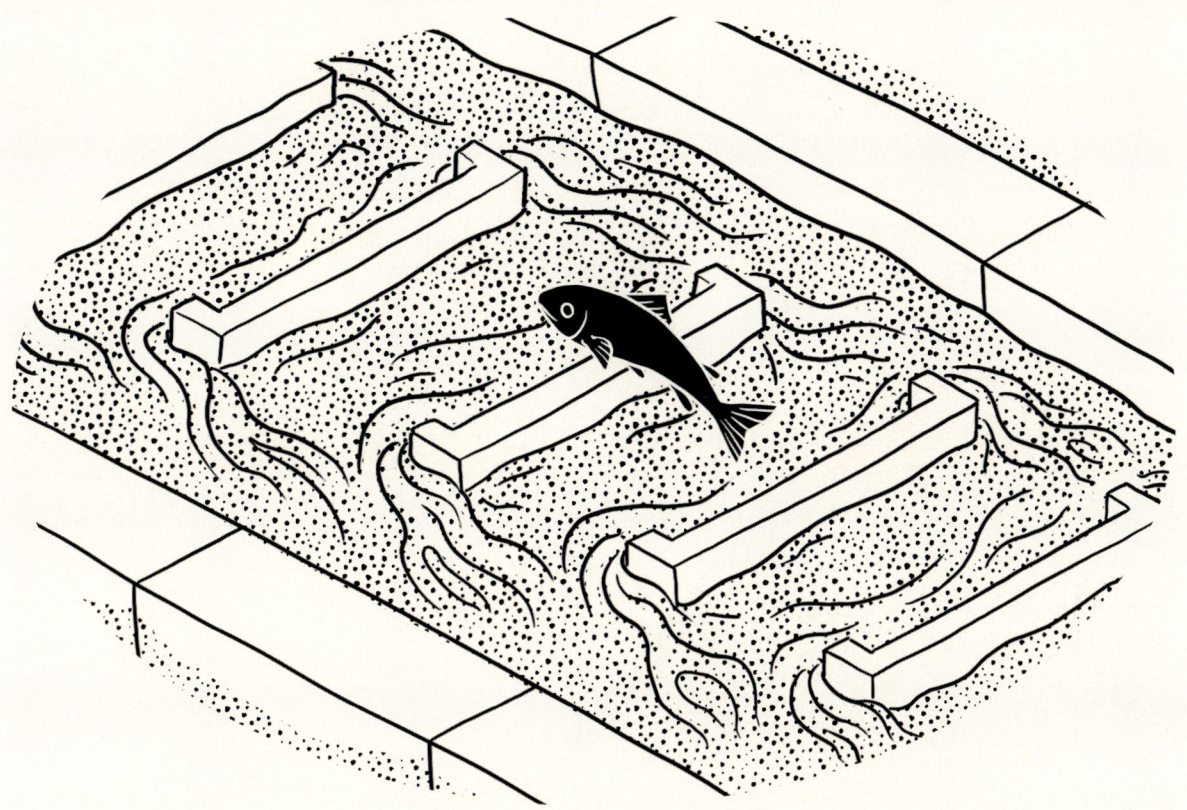

Aunque vitales para el ser humano, porque almacenan agua, evitan inundaciones y proporcionan una fuente renovable de electricidad, las presas alteran drásticamente el entorno natural. Muchas se construyeron antes de que existiera una normativa medioambiental estricta y provocaron daños indiscriminados en los ecosistemas acuáticos y los procesos hidrológicos naturales. Uno de los problemas más importantes radica en que bloquean las rutas de migración de los peces. Para solucionar este problema, algunas presas y otras barreras artificiales están equipadas con *pasos de peces* (también conocidos como *escalas de peces*). Aunque existen varios diseños, la mayoría consiste en una serie de artesas con saltos bajos o cascadas por las que pueden saltar los peces. Diseñar una estructura que imite el caudal de un río natural mientras atraviesa una distancia vertical considerable es todo un reto, y algunas configuraciones son más eficaces que otras. Sin embargo, biólogos e ingenieros continúan estudiando opciones para reducir el impacto de las presas en el medio natural.

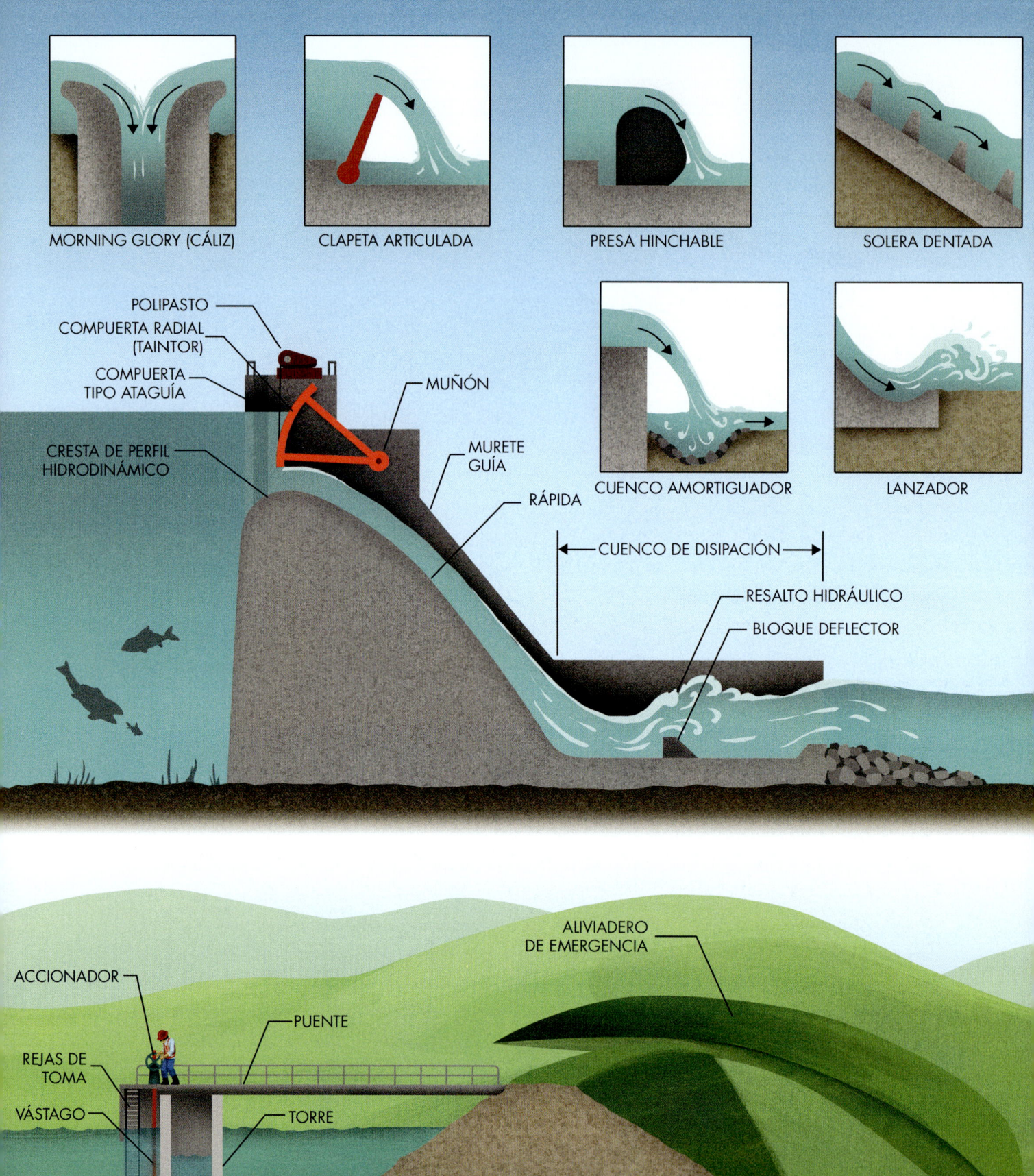

MORNING GLORY (CÁLIZ)

CLAPETA ARTICULADA

PRESA HINCHABLE

SOLERA DENTADA

CUENCO AMORTIGUADOR

LANZADOR

POLIPASTO

COMPUERTA RADIAL (TAINTOR)

COMPUERTA TIPO ATAGUÍA

MUÑÓN

CRESTA DE PERFIL HIDRODINÁMICO

MURETE GUÍA

RÁPIDA

CUENCO DE DISIPACIÓN

RESALTO HIDRÁULICO

BLOQUE DEFLECTOR

ACCIONADOR

PUENTE

ALIVIADERO DE EMERGENCIA

REJAS DE TOMA

VÁSTAGO

TORRE

TABLERO

CONDUCTO

BALSA DE IMPACTO

Los aliviaderos y los desagües

Aunque las presas están destinadas a almacenar agua, también necesitan una forma de evacuarla, ya sea porque el agua es necesaria para algún fin o para evitar que la presa se desborde. Existen múltiples estructuras para descargar el agua de las presas de manera segura en función de su finalidad y capacidad. Se trata de un proceso dinámico, por lo que los aliviaderos y los desagües suelen ser los componentes más complejos de una presa.

Aunque la terminología varía, los *desagües* son las instalaciones que liberan agua de un embalse para satisfacer necesidades aguas abajo. En algunos casos se conduce el agua a una estación de bombeo que la envía por tuberías a plantas de tratamiento de agua potable en zonas pobladas o a instalaciones de riego. En otros casos, se conduce a las tuberías forzadas de centrales hidroeléctricas. Y en otros se libera de nuevo en el río para ser extraída río abajo o para mantener los ecosistemas acuáticos aguas abajo.

Casi siempre es difícil detectar las tuberías de desagüe por estar total o parcialmente sumergidas bajo el embalse. Suelen estar situadas cerca del centro de la presa, donde el agua es más profunda. En las presas de hormigón con caras verticales aguas arriba, los desagües suelen estar dentro de la propia presa. Como las presas de materiales sueltos tienen una base muy ancha, los desagües son una especie de TORRE independiente en el interior del embalse. Por lo general, un PUENTE conecta la torre con la coronación de la presa para facilitar el acceso al personal y los vehículos.

Las principales características de los desagües son las válvulas y compuertas que controlan el caudal de agua. Pero antes, el agua debe pasar por unas REJAS DE TOMA que impiden que los residuos lleguen a las instalaciones donde podrían causar daños. Las rejillas protectoras de las tomas

de las estaciones de bombeo y las centrales hidroeléctricas suelen utilizar mallas muy finas para impedir también el paso a los peces.

El paso del agua por los desagües se controla mediante diferentes tipos de válvulas y compuertas. Una compuerta atascada (abierta o cerrada) puede tener graves consecuencias, por lo que la mayoría de los desagües cuentan con una serie de controles de caudal para proporcionar redundancia y facilitar el mantenimiento periódico. La mayoría de los desagües conducen el agua a través de la presa por un gran CONDUCTO de acero o de hormigón armado. Con frecuencia, en los desagües se emplean *compuertas deslizantes*, que son unos TABLEROS metálicos que se mueven arriba o abajo a través de una abertura. Un VÁSTAGO conecta la hoja a un ACCIONADOR, que suele subir o bajar el conjunto mediante un motor. La calidad y la temperatura del agua de un embalse varían en función de la profundidad, por lo que las torres de salida cuentan con compuertas a distintos niveles, para seleccionar la profundidad a la que extraer el agua.

Uno de los mayores riesgos de las presas son las inundaciones. No es práctico construir una presa capaz de almacenar volúmenes extremos de agua. Por otra parte, nunca debe permitirse que el nivel de agua rebase la presa porque erosionaría y dañaría la estructura y sus cimientos. Por tanto, en todas las presas se diseña al menos un aliviadero: una estructura para descargar el agua con seguridad cuando el embalse está lleno.

Debido a la variabilidad del caudal de entrada, muchas grandes presas disponen de más de un aliviadero. El más pequeño se denomina *aliviadero principal* o *de servicio* y deja pasar caudales normales cuando el embalse está lleno. El otro se denomina *aliviadero auxiliar* o DE EMERGENCIA y solo se activa en circunstancias extremas. Según su diseño, el aliviadero auxiliar probablemente solo funcionará durante unos pocos momentos aterradores en toda la vida de una presa, por lo que puede ser tan simple como un canal excavado (o perforado) en un estribo. A veces se refuerza toda una sección de la presa para que sirva de aliviadero, lo que se denomina *protección contra el rebase*.

Los aliviaderos no controlados regulan el nivel del embalse mediante un *vertedero*: una estructura que posibilita que el agua pase por encima de su umbral. El volumen de agua descargada depende estrictamente del nivel del embalse y del tamaño y forma del aliviadero. Muchos aliviaderos no controlados tienen un PERFIL HIDRODINÁMICO (o perfil CREAGER) sobre la cresta para aumentar el volumen de agua descargable con una longitud y una profundidad de flujo determinadas. Algunas presas tienen unos vertederos circulares, llamados MORNING GLORY (CÁLIZ), que descargan en un conducto. Se usan en cañones estrechos donde no hay espacio para aliviaderos más convencionales.

Por su parte, en los aliviaderos controlados las descargas se controlan mediante compuertas, que añaden complejidad, pero reducen su coste porque proporcionan flexibilidad en la capacidad de descarga y, de este modo, es posible construir estructuras más pequeñas. Las COMPUERTAS RADIALES o TAINTOR poseen una cara curva y brazos largos que pivotan alrededor de un MUÑÓN montado en un bastidor sobre las paredes de hormigón. Un POLIPASTO situado encima de la compuerta eleva la estructura mediante cadenas para permitir que el agua

fluya por debajo. Las CLAPETAS ARTICULADAS pivotan en su parte inferior y se accionan mediante cilindros hidráulicos. También existen unas PRESAS HINCHABLES que se inflan con aire comprimido o agua para subir y bajar. Todas las compuertas requieren mantenimiento e inspecciones periódicas, por lo que en la mayoría de los aliviaderos se instalan unas COMPUERTAS TIPO ATAGUÍA aguas arriba, que aíslan la compuerta para su mantenimiento.

Cuando el agua pasa por un aliviadero o un desagüe, desciende desde el nivel del embalse hasta el del curso natural aguas abajo y gana velocidad en el descenso. En un aliviadero de canal abierto, el agua se desplaza por la RÁPIDA mientras los MURETES GUÍA laterales mantienen el caudal contenido. El agua a gran velocidad posee un poder destructivo capaz de erosionar y dañar una presa si no se controla, lo que significa que tanto los aliviaderos como los desagües necesitan disipar la energía hidráulica y ralentizar el caudal antes de liberarlo en el curso natural de agua.

En los aliviaderos y desagües se usan muchas estructuras para disipar energía. Se construyen BALSAS DE IMPACTO, donde se hace chocar el agua contra un sólido muro de hormigón. La SOLERA DENTADA implica el uso de bloques para ralentizar el agua mientras desciende. En los CUENCOS AMORTIGUADORES, el agua cae en un gran agujero protegido antes de continuar aguas abajo. Los grandes aliviaderos disponen a veces de un elemento deflector, denominado LANZADOR, al final del vertedero para lanzar el caudal al aire, donde se rompe en una fina pulverización. Por último, muchos aliviaderos utilizan los denominados CUENCOS DE DISIPACIÓN[4]

---

[4] *N. de la T.*: En EE. UU., hay tres estructuras de disipación de energía (*plunge pool, impact basin* y *stilling basin*) que en España se engloban bajo el término de CUENCOS DE DISIPACIÓN. Para su mejor comprensión, en esta traducción se han empleado términos similares para diferenciarlas. *Stilling basin* (traducido como CUENCO DE DISIPACIÓN) es el nombre genérico de estas estructuras. *Plunge pool* (se ha traducido como CUENCO AMORTIGUADOR) se sitúa a la salida del aliviadero y va revestido con materiales resistentes, disipa la energía con el flujo de la descarga. *Impact basin* (traducido como BALSA DE IMPACTO) también se sitúa a la salida y el caudal golpea un deflector vertical.

para proteger los cimientos de la presa de la erosión. Los cuencos de disipación se basan en un fenómeno llamado RESALTO HIDRÁULICO que se produce cuando el agua que fluye rápidamente pasa a una corriente más lenta. La mayoría de los cuencos de disipación emplean diferentes combinaciones de BLOQUES DEFLECTORES para forzar la formación de un resalto hidráulico. El salto turbulento permanece dentro del cuenco de disipación, lo que permite que un flujo suave y tranquilo continúe aguas abajo y minimiza el potencial de erosión que, de otro modo, amenazaría la integridad de la estructura.

PRESTA ATENCIÓN

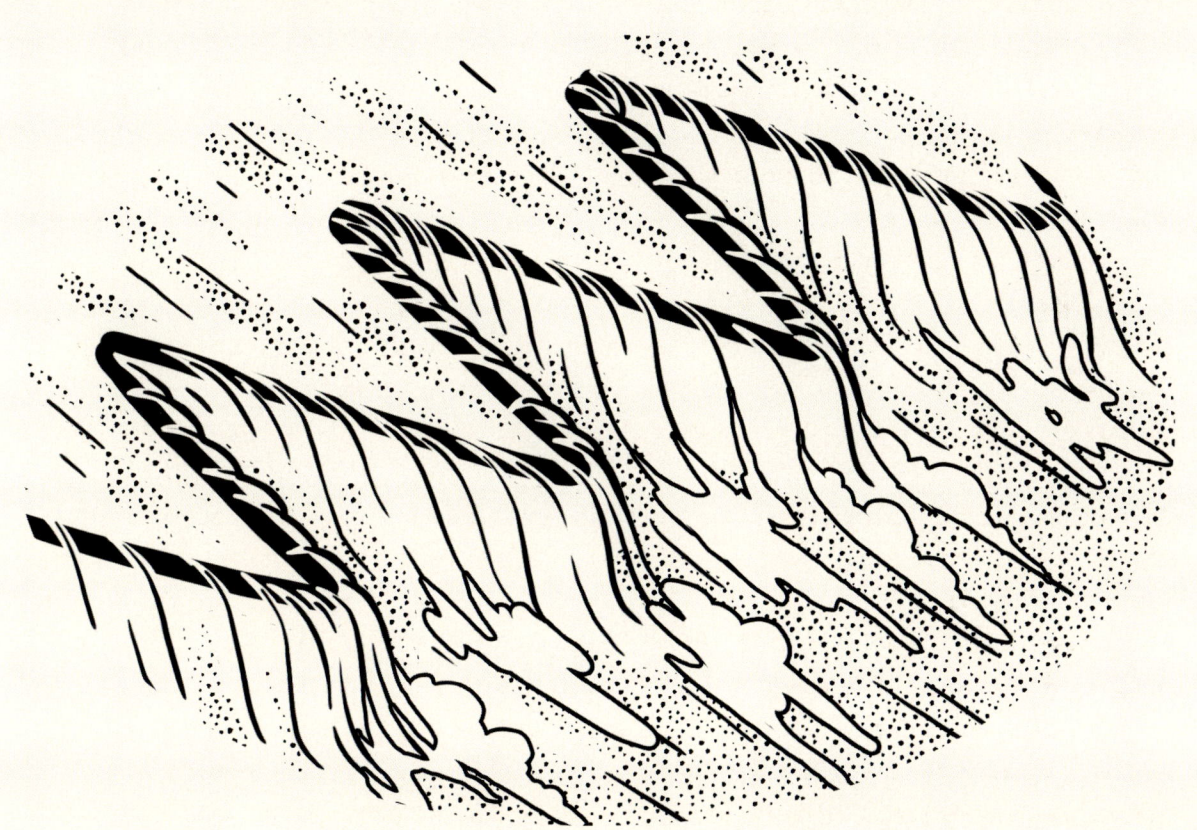

El caudal de agua sobre un vertedero está relacionado tanto con su longitud total como con la altura del agua sobre la cresta. Uno de los principales objetivos del diseño de un aliviadero consiste en minimizar su tamaño (y, por tanto, el coste de su construcción) sin reducir la cantidad de agua que puede evacuar. Una ingeniosa estrategia de ingeniería para espacios reducidos consiste en hacer los vertederos en zigzag para doblar su longitud. Esta configuración suele utilizarse para aumentar su capacidad; lo que a su vez posibilita elevar el nivel de la presa (gracias al mayor almacenamiento) sin sacrificar su capacidad. Los vertederos con formas trapezoidales o triangulares se denominan *vertederos tipo laberinto* y los de estructuras cuadradas, *vertederos en tecla de piano*.

7

REDES DE ABASTECIMIENTO Y SANEAMIENTO

Introducción

El agua es una necesidad humana fundamental, pero su limpieza es igual de importante. Incluso antes de la llegada de la ingeniería moderna, muchas civilizaciones habían desarrollado estrategias para suministrar agua potable a las zonas urbanas y eliminar las aguas residuales para evitar que contaminaran las fuentes de agua. En el siglo XIX, cuando las ciudades de todo el mundo empezaron a crecer en población y densidad, la amenaza para la salud pública debido a las enfermedades transmitidas por el agua se hizo más peligrosa e insidiosa. La ciencia del saneamiento se desarrolló como una necesidad para mantener a los habitantes de las ciudades a salvo de pestes y plagas. En la actualidad, casi todas las ciudades y pueblos disponen de complejos sistemas para suministrar suficiente agua potable a sus ciudadanos y eliminar las aguas residuales. Aunque es fácil darlo por sentado, el desarrollo y mantenimiento de los sistemas de abastecimiento de agua y tratamiento de aguas residuales son empresas enormes que requieren muchas infraestructuras. Gran parte de las tuberías y válvulas están enterradas bajo tierra en las ciudades, pero si se sabe dónde mirar es posible observar muchos equipos e instalaciones.

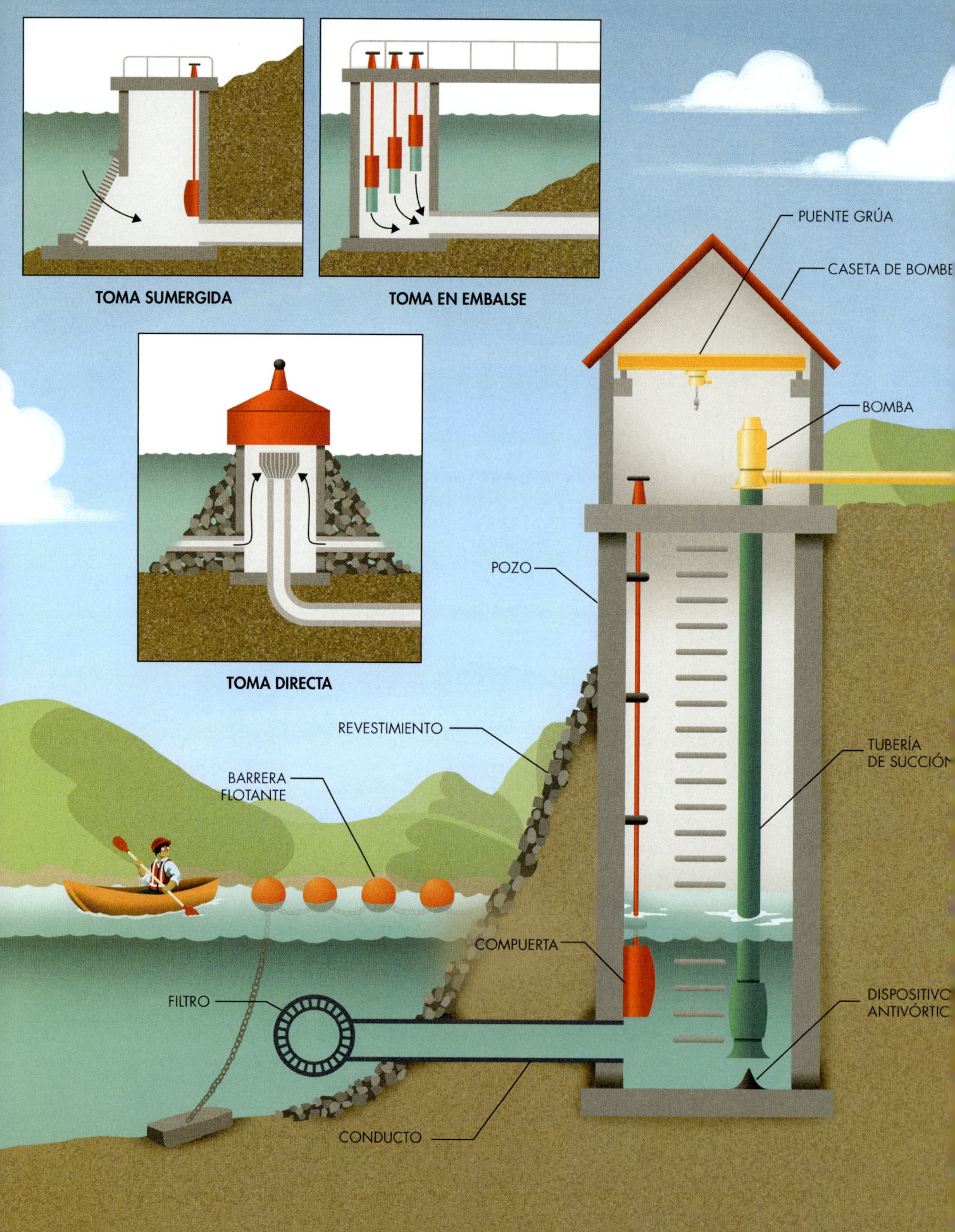

TOMA SUMERGIDA

TOMA EN EMBALSE

TOMA DIRECTA

PUENTE GRÚA

CASETA DE BOMBE

BOMBA

POZO

REVESTIMIENTO

BARRERA
FLOTANTE

COMPUERTA

FILTRO

TUBERÍA
DE SUCCIÓN

DISPOSITIVO
ANTIVÓRTIC

CONDUCTO

Las captaciones y las estaciones de bombeo

Gran parte del agua de la que dependemos para beber, limpiar y regar los cultivos comienza su viaje en ríos, arroyos, riachuelos, lagos o embalses. Todas estas fuentes se conocen como *aguas superficiales* (en contraposición a los recursos hídricos subterráneos, que trataremos en el siguiente apartado). La captación de agua de ríos y lagos tal vez parezca sencilla; sin embargo, la transición del caudal de una fuente de agua superficial a una tubería o acueducto para que llegue a su destino plantea muchos problemas de diseño. Las *estructuras de captación* realizan esta tarea fundamental. Pueden estar asociadas a algún embalse (por ejemplo, una presa), pero suelen ser estructuras independientes y las verás cerca de las orillas de los ríos, lagos o embalses si prestas atención.

Las captaciones o TOMAS EN EMBALSES y lagos por lo general consisten en grandes torres de hormigón o mampostería (como se explica en el capítulo 6). Para complicar las cosas, las estructuras consideradas *desagües* de una presa sirven de *toma* para las estaciones de bombeo y los acueductos. Las más antiguas, denominadas TOMAS DIRECTAS, se construían en tierra, se llevaban flotando a su localización y luego se rellenaban con escombros. Un pozo central transporta el agua por gravedad a través de la toma hasta un túnel subacuático, desde donde se bombea hasta las instalaciones de tratamiento y distribución situadas en la orilla.

Aunque la eliminación completa de contaminantes y sedimentos suele realizarse más tarde, el diseño de las tomas incluye asegurarse de que el agua de origen esté lo más limpia posible para reducir la carga en las plantas de tratamiento. Esta agua sin tratar se denomina *agua cruda*. En embalses y lagos, el volumen de sedimentos en suspensión, la cantidad de microorganismos (como el plancton y las algas) e incluso la temperatura del agua varían de forma significativa con la profundidad. Por eso, la mayoría de las estructuras de toma de agua de lagos y embalses tienen *orificios* en varios niveles, de modo que los operarios puedan seleccionar la profundidad ideal. Las compuertas de los distintos orificios se abren o cierran en función de las condiciones del agua de origen y de las necesidades aguas abajo.

Se establecen dispositivos para variar a voluntad el nivel de toma del agua, con lo que se consigue, dentro de ciertos límites, seleccionar las características del agua.

Las tomas en ríos se enfrentan a una serie de retos algo diferentes. Por una parte, el nivel de los ríos varía considerablemente. Por otra parte, hay que tener en cuenta que los ríos son sistemas dinámicos. Las crecidas desplazan grandes cantidades de sedimentos, cambian la ubicación y la forma de las orillas e incluso llegan a alterar el curso de los ríos. Las tomas de los ríos casi siempre están situadas en un tramo recto del cauce o en la parte exterior de los meandros. Los sedimentos tienden a depositarse en el lado convexo de los meandros, donde el caudal es más lento, por lo que los ingenieros lo evitan debido a que las tomas podrían obstruirse con facilidad. Las TOMAS SUMERGIDAS se instalan en el margen de los ríos para permitir que el agua fluya lateralmente hacia la estructura. Sin embargo, la parte más profunda de un canal natural (llamada *vaguada*) suele estar en el centro, por lo que en las tomas sumergidas a veces es necesario dragar el lecho del río para permitir que el agua fluya cuando su nivel es bajo. Este dragado no solo es perjudicial para el delicado entorno de los ríos, sino que debe realizarse con regularidad, porque con el tiempo se depositan nuevos sedimentos.

Una alternativa a los problemas que plantea la variación del nivel del agua y la acumulación de sedimentos consiste en construir un pequeño *vertedero* río abajo. Una estructura de este tipo eleva el nivel del agua al tiempo que ralentiza su caudal para que los sedimentos se asienten. Sin embargo, representan un obstáculo para la navegación y para la fauna migratoria y pueden ser bastante peligrosas (como explicamos en el capítulo 6), por lo que han caído en desuso. La localización de las estructuras modernas se selecciona con extremo cuidado para evitar problemas de sedimentación y de la bajada del nivel del agua, al tiempo que minimizan el impacto ambiental. Una alternativa a las tomas sumergidas consiste en tender un CONDUCTO desde la sección más profunda del canal hasta la orilla, preferiblemente mediante perforación para evitar la apertura de zanjas en el margen natural del río. Un FILTRO de malla en el extremo del conducto impide la entrada de peces o residuos y una COMPUERTA controla el caudal de paso.

A menos que el destino final del agua cruda esté muy por debajo de la fuente, la mayoría de las tomas van acompañadas de una *estación de bombeo*, que bombea el agua desde la fuente hasta una tubería o acueducto. Las BOMBAS suelen instalarse directamente encima o junto a la estructura de captación y, a veces, en el interior de una edificación denominada CASETA DE BOMBAS.

Estas estructuras se reconocen por los PUENTES GRÚA incorporados que sirven para reparar y sustituir los equipos cuando es necesario.

En una estación de bombeo, el agua pasa a través de un conducto o túnel y llega a una estructura llamada cámara o POZO con suficiente volumen y profundidad para que las bombas puedan funcionar. Debe diseñarse para crear las condiciones de caudal ideales y permitir que la bomba funcione de forma eficiente sin recibir daños. Cuando existen flujos turbulentos es posible que aparezcan *vórtices* (como al vaciar una bañera). Si dejamos que un vórtice entre en la boca de la TUBERÍA DE SUCCIÓN, el aire afectará al buen funcionamiento de la bomba e incluso podría provocar un fallo. A veces se instalan DISPOSITIVOS ANTIVÓRTICE para evitar que el caudal se arremoline en la entrada de la bomba.

En ríos y lagos, las tomas de agua constituyen un grave peligro para bañistas y navegantes debido a las estructuras sumergidas y al rápido flujo del agua. Cuando existe riesgo de daños a personas, los propietarios de las tomas instalan BARRERAS FLOTANTES para advertir a la gente del peligro potencial. Estas barreras consisten en elementos flotantes de colores brillantes asegurados con cadenas. Se anclan al lecho del río o lago para crear una zona de exclusión alrededor de las estructuras peligrosas. Algunas barreras tienen capacidad suficiente para retener escombros, árboles flotantes y hielo que podrían dañar las estructuras de captación. Además, cuando una toma o estación de bombeo debe situarse cerca de la orilla, se instala algún REVESTIMIENTO o protección (por ejemplo, *riprap*) para evitar la erosión que amenace la estructura.

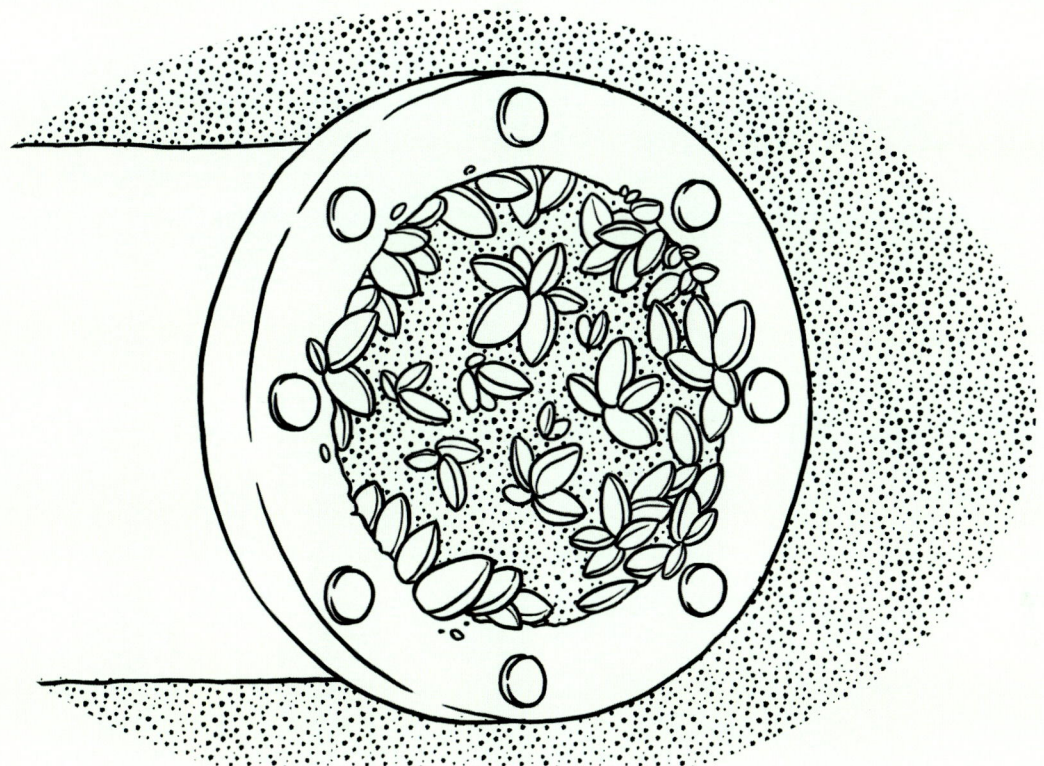

Como las estructuras de captación suelen instalarse en ríos y lagos, han de enfrentarse a la fauna acuática. Ciertos organismos (como mejillones, caracoles y almejas) se adhieren a las infraestructuras hidráulicas, obstruyen las tomas y reducen su eficacia a medida que se acumulan (proceso conocido como *bioincrustación*). Las empresas emplean revestimientos antiincrustantes que disuaden a estos organismos de adherirse o facilitan su eliminación. Sin embargo, deben aplicarse con regularidad, lo que requiere costosas paradas de servicio. En muchos casos, la solución más eficaz es la limpieza mecánica (es decir, el raspado). Los equipos de buceo limpian las estructuras accesibles como las rejillas, pero las tuberías se limpian con un dispositivo cilíndrico, llamado *pig*, que se arrastra por el interior del conducto. Muchas de las especies más problemáticas no son autóctonas de las masas de agua afectadas y, por tanto, tienen menos competencia para sobrevivir, lo que ocasiona que sus poblaciones se expandan con rapidez. Una de las formas más importantes de combatir las bioincrustaciones consiste en evitar que estas especies invasoras se propaguen, por lo que muchos estados cuentan con leyes que obligan a limpiar, drenar y secar las embarcaciones antes de entrar en ríos y lagos.

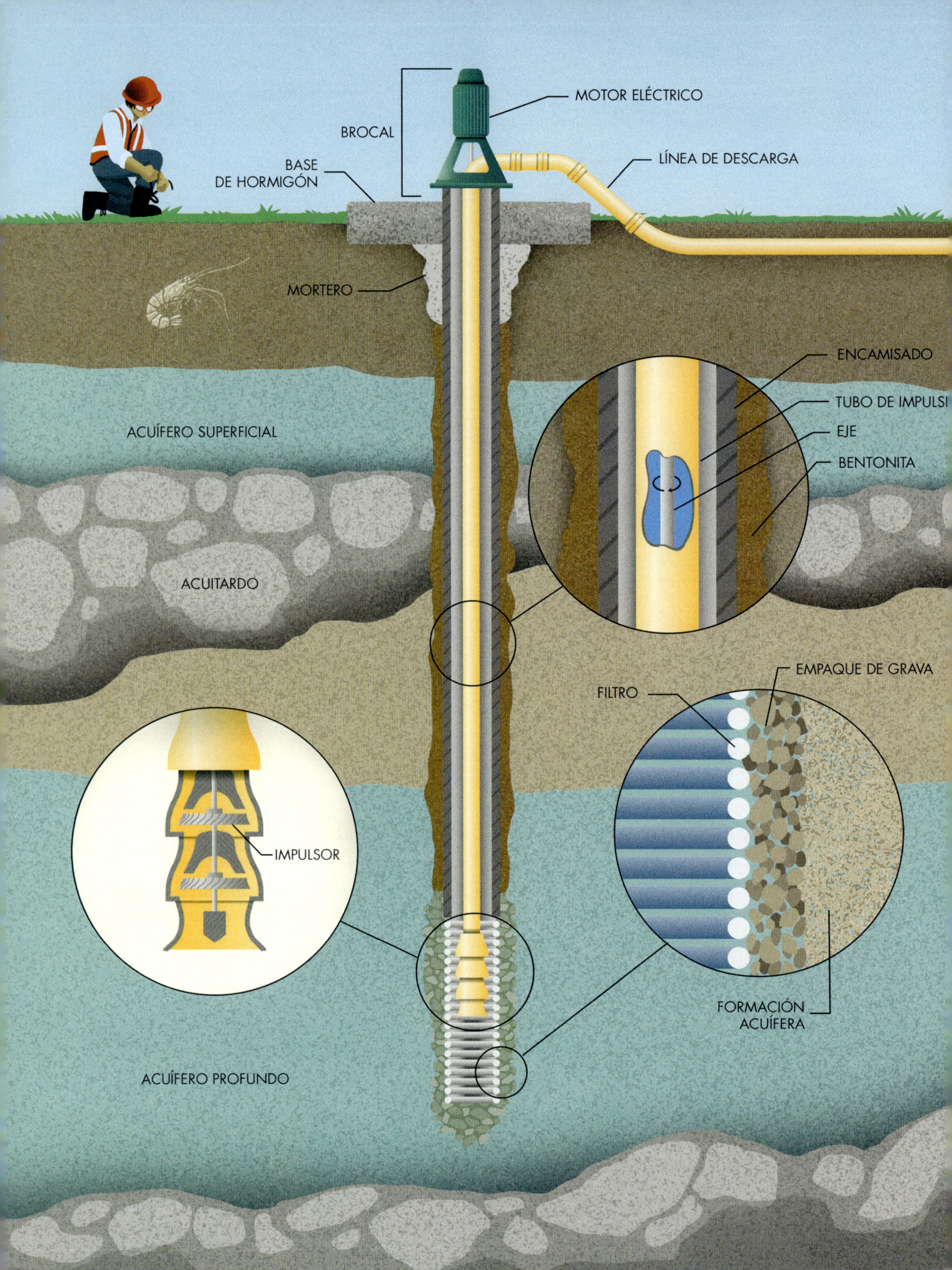

MOTOR ELÉCTRICO

BROCAL

LÍNEA DE DESCARGA

BASE
DE HORMIGÓN

MORTERO

ENCAMISADO

TUBO DE IMPULSI

EJE

BENTONITA

ACUÍFERO SUPERFICIAL

ACUITARDO

EMPAQUE DE GRAVA

FILTRO

IMPULSOR

FORMACIÓN
ACUÍFERA

ACUÍFERO PROFUNDO

Los pozos

No toda el agua que cae en forma de precipitaciones va a parar a ríos y lagos. Una parte se filtra en el suelo a través de los espacios entre las partículas de tierra y rocas. A veces, esta agua subterránea alcanza una capa geológica menos permeable (llamada ACUITARDO) y no puede seguir descendiendo. Durante largos períodos de tiempo, esta agua se acumula para crear vastos recursos subterráneos llamados ACUÍFEROS. Es un error común pensar que el agua subterránea se almacena en áreas abiertas como ríos o lagos subterráneos. Aunque en algunos lugares existen grandes cavernas subterráneas, lo cierto es que son relativamente raras. Casi todos los acuíferos son formaciones geológicas de arena, grava o roca saturadas de agua, como unas esponjas. La función de un *pozo* es extraer el agua subterránea para consumo humano. En su forma más básica, los pozos son simples agujeros a los que se filtra el agua subterránea desde el suelo circundante. Sin embargo, los pozos modernos utilizan una ingeniería sofisticada para proporcionar una fuente fiable y duradera de agua dulce. Las granjas los utilizan para el riego. Los hogares y negocios rurales dependen de ellos cuando no disponen de conexión a la red de abastecimiento municipal. Y muchas grandes ciudades utilizan el agua subterránea como fuente primaria de agua dulce para la población.

La disponibilidad de agua subterránea varía de forma muy significativa alrededor del mundo. En casi todas partes hay capas de suelo o roca saturadas de agua subterránea. Sin embargo, el volumen de agua, su calidad y la facilidad para extraerla desde la superficie dependen sobre todo de la geología local. Las aguas subterráneas también están conectadas al resto del sistema hidrológico, por lo que extraerla afectará al volumen y la calidad de los recursos hídricos superficiales. Por desgracia, es imposible ver lo que hay bajo el suelo y los métodos de exploración de la geología del subsuelo implican principalmente realizar *sondeos*, lo que suele ser bastante caro. Por tanto, la disponibilidad de agua subterránea en un área específica generalmente se determina mediante la combinación de muchas fuentes de información, incluido el conocimiento local y el rendimiento de los pozos cercanos. Seleccionar la ubicación y la profundidad de un pozo a veces también es un arte (además de ser una ciencia) para los hidrólogos especializados en aguas subterráneas.

Para instalar un pozo se perfora el subsuelo con un equipo de perforación. El técnico de sondeos lleva registros detallados del suelo y la roca excavados (denominados *catas*) que se comparan con las hipótesis geológicas realizadas durante el diseño. Una vez excavado el pozo a la profundidad adecuada, se introduce un tubo de acero o plástico, denominado ENCAMISADO, que sirve de soporte para evitar que la tierra y las rocas sueltas caigan dentro del pozo. En la tubería se coloca un FILTRO a la profundidad a la que se extraerá el agua. El filtro sirve para que fluyan las aguas subterráneas y evita que las partículas de tierra y roca entren en el interior del pozo, donde podrían contaminar el agua o dañar las bombas.

Una vez instalados el encamisado y el filtro, hay que rellenar el *espacio anular* (la zona entre el pozo excavado y el encamisado). La zona del filtro, por lo general, se rellena con grava o arena gruesa, lo que se denomina EMPAQUE DE GRAVA. Este material actúa como filtro para impedir que las partículas finas de la FORMACIÓN ACUÍFERA entren en el pozo a través del filtro. El resto del espacio a lo largo del encamisado sin filtro suele rellenarse con BENTONITA, que se hincha para crear un sello impermeable de modo que el agua subterránea menos profunda (que puede ser de menor calidad) no se desplace por el espacio anular hacia el filtro. Por último, la sección superior del espacio anular se sella de forma definitiva, también con bentonita o con MORTERO. Este sello garantiza que los contaminantes de la superficie no penetren en el pozo. En el peor de los casos, los contaminantes podrían penetrar en el pozo y fluir hacia el acuífero, contaminándolo para otros usuarios, por lo que la mayoría de las jurisdicciones tienen normas estrictas sobre el sellado sanitario de pozos. El BROCAL del pozo es el revestimiento de la superficie con una BASE DE HORMIGÓN para evitar daños o infiltraciones en el pozo.

Durante la perforación de un pozo es posible que se extienda una capa de arcilla o de partículas finas a lo largo de la superficie y que esta obstruya el flujo de agua. Una vez instalados, lo más frecuente es que se sometan a un procedimiento denominado *desarrollo del pozo*, para establecer la conexión hidráulica con el acuífero. Este proceso consiste en bombear agua o aire para eliminar los sedimentos finos a lo largo del contacto entre la grava y la formación acuífera.

Un pozo correctamente terminado y desarrollado hace posible que el agua subterránea fluya sin sedimentos desde el acuífero hasta el encamisado. Sin embargo,

necesita una forma de llevar el agua a la superficie. Las *bombas de chorro*, que aspiran el agua como si fuera una pajita, funcionan bien en pozos poco profundos. Pero este método no es efectivo en los demás. Al beber con una pajita, se crea un vacío que ocasiona que la presión de la atmósfera circundante empuje la bebida hacia arriba. Sin embargo, solo se dispone de una cantidad limitada de atmósfera para equilibrar el peso de un fluido en un tubo de succión. Si pudiéramos crear un vacío completo en una pajita, lo más alto que extraeríamos un sorbo de agua serían unos diez metros. Así pues, en los pozos profundos es imposible recurrir a la succión para llevar el agua a la superficie, sino que es preciso instalar una bomba en el fondo del pozo que impulse el agua hacia la superficie.

Los pozos de gran capacidad están equipados con *bombas verticales*. En la boca del pozo se instala un MOTOR ELÉCTRICO conectado a un EJE vertical que baja por el centro de un TUBO DE IMPULSIÓN. En la parte inferior, el eje acciona una serie de IMPULSORES que hacen subir el agua del pozo por el tubo de impulsión hasta la LÍNEA DE DESCARGA. Las bombas verticales son fáciles de mantener, gracias a que el motor es accesible desde la superficie. Sin embargo, son ruidosas y requieren que el pozo tenga una alineación perfecta en toda su longitud. La alternativa más popular consiste en colocar el motor en el fondo del pozo junto a los impulsores, en un conjunto sellado denominado *bomba sumergible*. Las bombas sumergibles son más silenciosas porque sus componentes móviles están bajo tierra, pero por lo general disponen de menor capacidad debido a que sus motores son más pequeños porque hay que colocarlos en el interior del pozo.

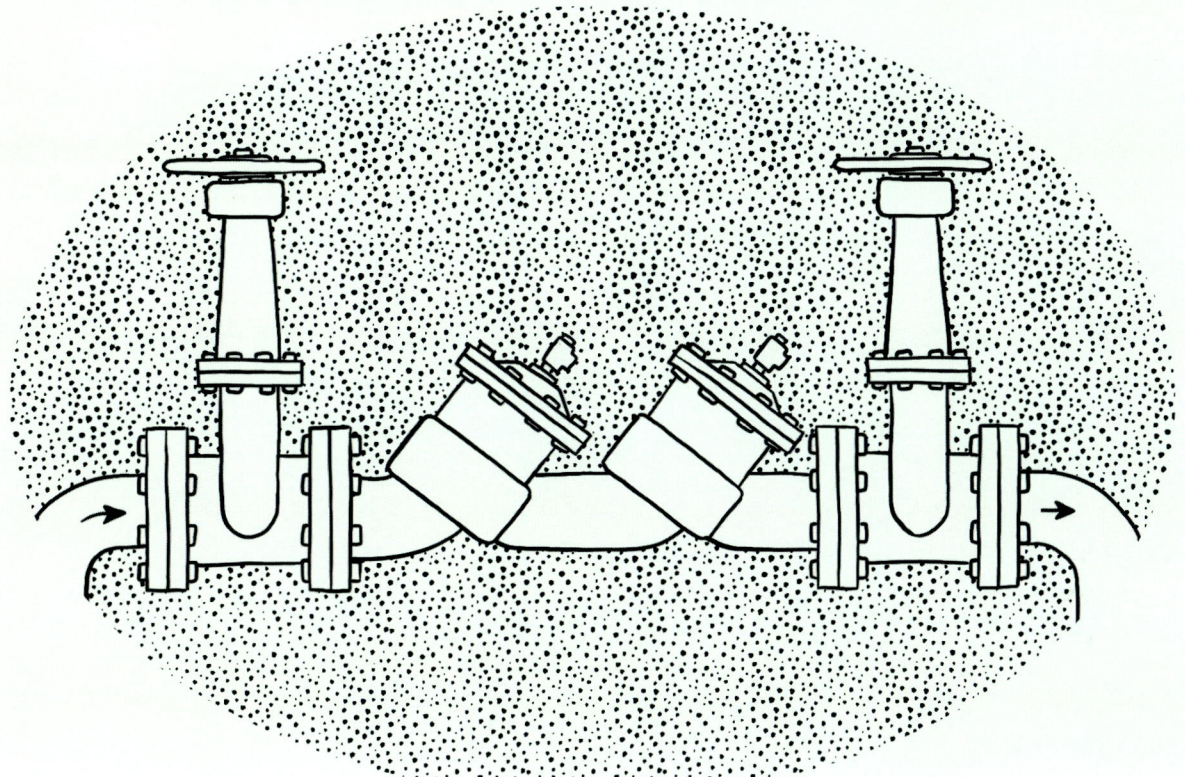

Cuando las tuberías se rompen o se congelan, posibilitan que el agua contaminada pase de la superficie al interior del pozo y contamine el agua que contiene (y potencialmente incluso el acuífero circundante). Esto no sucede solo en los pozos, sino también en los sistemas de abastecimiento de agua potable. Cuando estos sistemas pierden presión a causa de la rotura de la tubería principal o a la pérdida de potencia de las bombas, se pueden introducir contaminantes peligrosos en la red. Por tanto, en los pozos y otros lugares donde existen potenciales contaminantes (como los sistemas de riego y los aspersores contraincendios) se instalan dispositivos antirretorno. En muchos casos se usan dos *válvulas antirretorno* en serie para garantizar que el agua solo fluya en una dirección, incluso si una de las válvulas funciona mal. Con frecuencia se combinan con llaves de paso para comprobar periódicamente los componentes mecánicos.

ACUEDUCTO DE CANAL ABIERTO

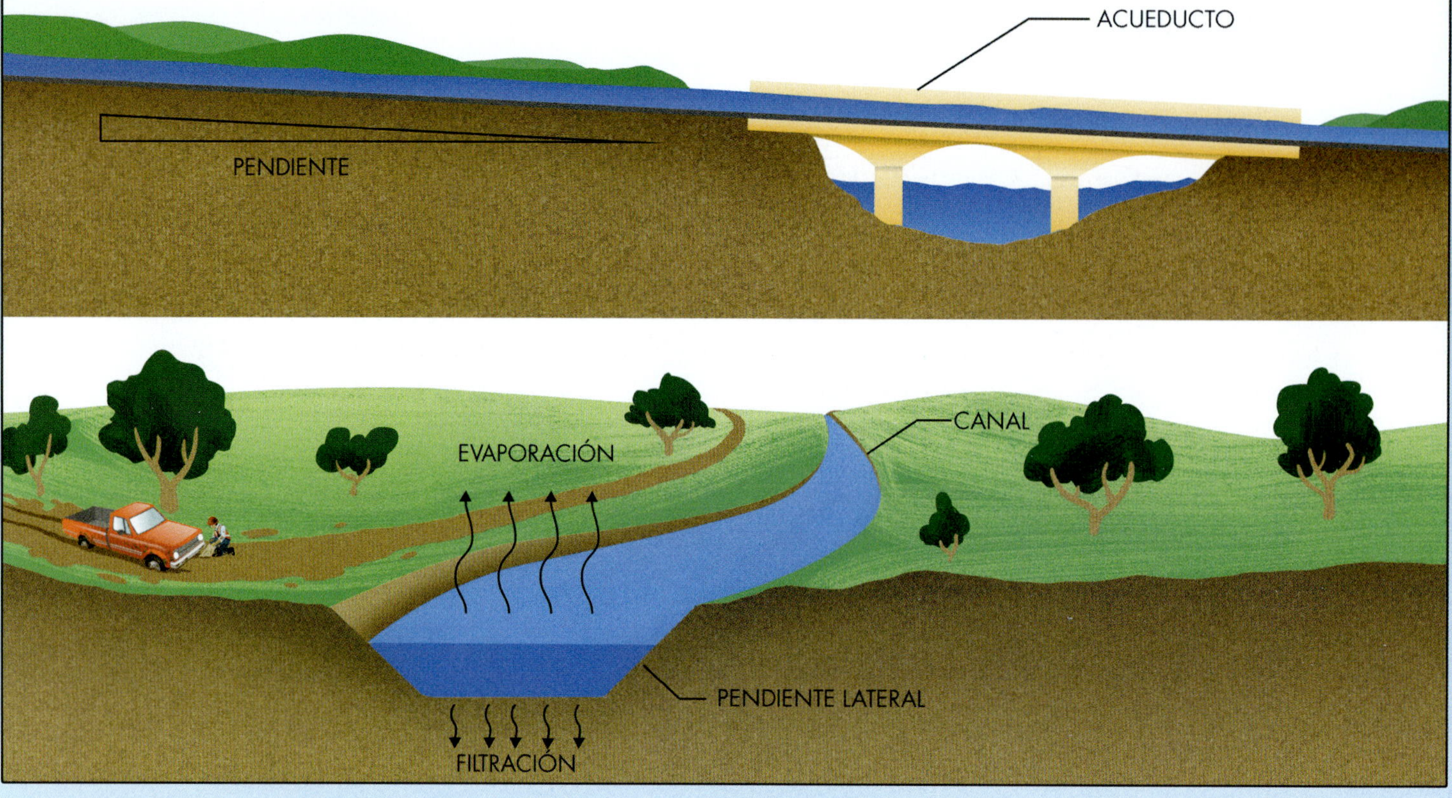

ACUEDUCTO

PENDIENTE

EVAPORACIÓN

CANAL

PENDIENTE LATERAL

FILTRACIÓN

ACUEDUCTO SUBTERRÁNEO

GALERÍA

REVESTIMIENTO

POZO

PENDIENTE

SIFÓN HIDRÁULICO

TUBERÍA A PRESIÓN

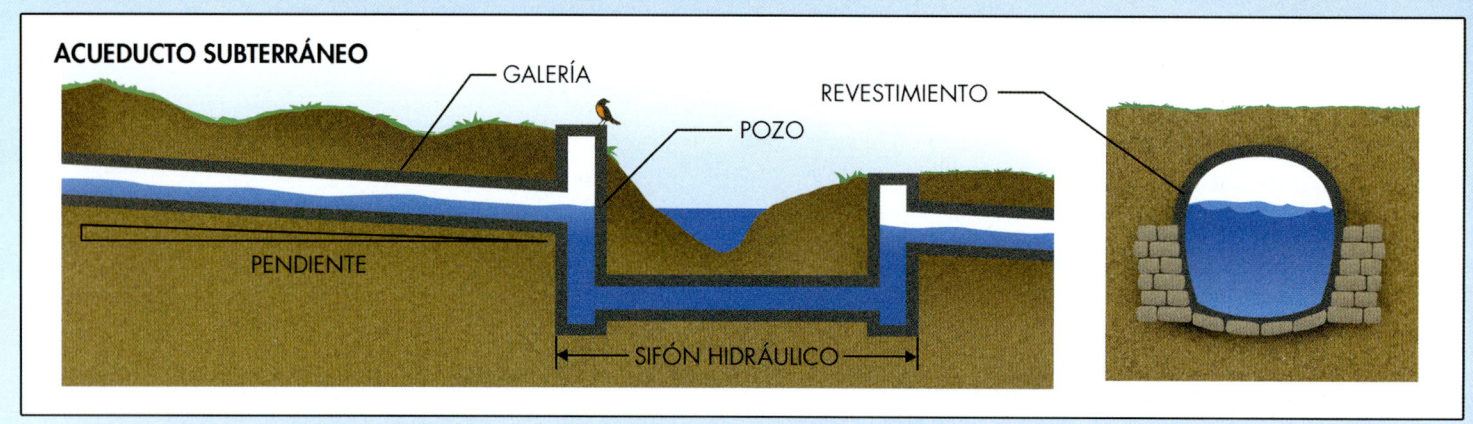

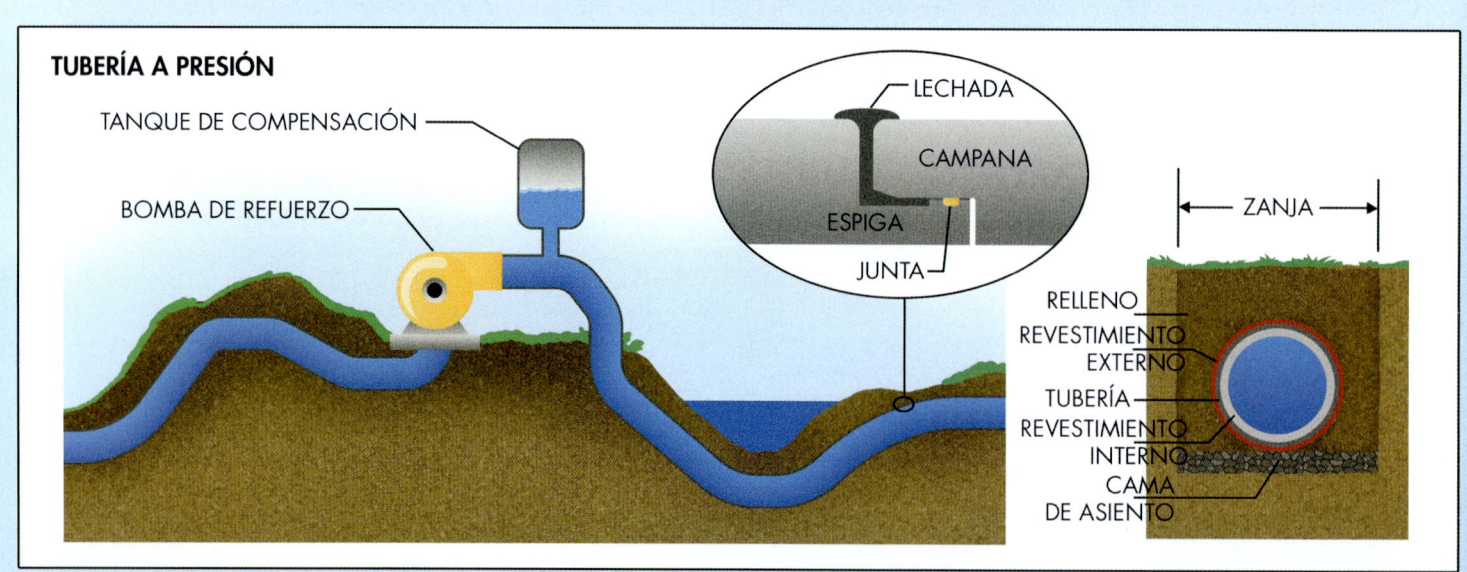

TANQUE DE COMPENSACIÓN

BOMBA DE REFUERZO

LECHADA

CAMPANA

ESPIGA

JUNTA

ZANJA

RELLENO

REVESTIMIENTO EXTERNO

TUBERÍA

REVESTIMIENTO INTERNO

CAMA DE ASIENTO

Las tuberías y acueductos de la red de distribución

Lo ideal sería que los recursos hídricos estuvieran situados cerca del lugar donde se necesitan. Por desgracia, muchas zonas pobladas no reciben precipitaciones abundantes a lo largo del año. En consecuencia, algunos de los proyectos de infraestructuras más impresionantes del mundo tienen la sencilla misión de transportar el *agua cruda* desde una fuente hasta una región poblada donde se distribuya a los usuarios. Los antiguos romanos eran famosos por sus acueductos, que recorrían muchos kilómetros para llevar agua a las ciudades, incluso cruzando ríos mediante elaborados PUENTES de piedra. Sin embargo, los puentes eran solo una pequeña parte del sistema de acueductos, que solía incluir kilómetros de tuberías, canales y túneles. Los ingenieros modernos utilizan muchas de las herramientas de los antiguos romanos para transportar el agua a donde se necesita.

La terminología puede variar, pero la palabra *acueducto* describe casi siempre cualquier estructura hecha por el hombre para transportar agua a grandes distancias. Quizá la técnica más sencilla para transportar agua sea un CANAL ABIERTO. Si la fuente de captación posee la altura (elevación) suficiente con relación al destino, excavar un canal es una forma garantizada de obligar al agua a fluir, y la gravedad hace todo el trabajo. Muchos acueductos tienen PENDIENTES muy graduales, de modo que la inclinación es prácticamente imperceptible a la vista. Sin embargo, la cantidad de fluido que se mueve por gravedad está relacionada con el tamaño y la pendiente del canal, por lo que un canal más inclinado sería más pequeño (y, por tanto, más barato de construir) y movería el mismo volumen de agua que otro mayor, pero con una pendiente más gradual.

Pero el caudal no es el único factor para tener en cuenta en el diseño de canales abiertos. La velocidad del caudal ha de ser lo bastante rápida para minimizar la sedimentación de limo, pero lo bastante lenta para evitar que socave y erosione el fondo. Además, debe ser lo bastante ancho para transportar un caudal suficiente y, a la vez, lo bastante profundo para evitar la EVAPORACIÓN del agua al aire o su FILTRACIÓN al suelo. Los ingenieros sopesan todos estos factores a la hora de elegir la sección y la ruta que seguirá un canal a lo largo de su recorrido. Por ejemplo, muchos acueductos discurren paralelos a ríos cuya topografía desciende de forma natural a lo largo de grandes distancias y la mayoría de los canales tienen una sección transversal trapezoidal con PENDIENTES LATERALES (con menos probabilidad de derrumbarse). Además, muchos incluyen un revestimiento de hormigón para mitigar las pérdidas por filtración y socavación.

Los canales abiertos suelen ser la opción más barata, pero presentan varios inconvenientes, como la pérdida de agua por evaporación y filtración, las heladas que pueden bloquear el caudal y su vulnerabilidad a la contaminación. Los canales también acarrean impacto ambiental porque dividen el paisaje igual que las carreteras. Por último, los canales solo fluyen cuesta abajo, lo que limita su viabilidad en terrenos accidentados. En muchos casos, trasladar un acueducto bajo tierra en forma de GALERÍAS o tuberías tiene sentido.

Los ACUEDUCTOS SUBTERRÁNEOS que no funcionan a presión lo hacen exactamente igual que los canales en superficie y fluyen por gravedad con la superficie superior libre. Sin embargo, el agua está protegida contra la contaminación, la evaporación y las filtraciones gracias al REVESTIMIENTO DE LA GALERÍA o la tubería. Los acueductos subterráneos también necesitan una PENDIENTE constante para fluir por gravedad, pero eso es más fácil de conseguir cuando el curso de agua no está limitado a la superficie terrestre. Además, reducen los problemas medioambientales gracias a que minimizan los impactos en la superficie. Incluso pueden pasar por debajo de los ríos mediante POZOS, que ayudan a formar SIFONES HIDRÁULICOS y eliminan la necesidad de construir puentes.

Cuando la elevación de la fuente de captación de agua es inferior a la del punto final o el terreno a lo largo del trayecto presenta demasiadas ondulaciones para conducir el agua por gravedad, los SISTEMAS A PRESIÓN son la única solución viable. Si se instala una estación de bombeo en el punto de captación (como vimos en el apartado anterior), se puede impulsar el agua en contra de la gravedad. Estas tuberías suelen instalarse en ZANJAS lo bastante profundas para protegerlas de daños y heladas. La tubería se coloca sobre una CAMA de apoyo que actúa como un colchón para distribuir las cargas a lo largo de toda la línea.

La selección del material de la tubería es una parte fundamental del diseño de un acueducto. Debe tener suficiente resistencia para soportar tanto la presión interna del agua como las fuerzas externas del MATERIAL DE RELLENO y las cargas superficiales. También han de soportar la corrosión del agua que transportan en su interior y del terreno circundante. Las tuberías se fabrican de múltiples materiales, como acero, plástico, fibra de vidrio y hormigón, y todos disponen de sus ventajas en diferentes circunstancias. Las tuberías de mayor diámetro por lo general cuentan con REVESTIMIENTOS protectores exteriores e interiores para prolongar su vida útil.

A diferencia de las tuberías de fontanería que utilizan conexiones roscadas o pegamento, las juntas de la mayoría de las tuberías de gran diámetro son soldadas o poseen un diseño tipo «campana-espiga». Cuando la ESPIGA de una sección de tubería se desliza en el interior de la CAMPANA de otra, comprime la JUNTA de goma para crear un sello hermético. A veces se instala una banda de LECHADA alrededor de las juntas para proteger tanto las juntas como el acero expuesto contra la corrosión y otros daños.

Seleccionar el tamaño de la tubería es otra decisión fundamental en el diseño de un acueducto. Las tuberías de diámetro más pequeño son menos caras, pero requieren que el agua se mueva más deprisa para conseguir el caudal equivalente al de una tubería de mayor diámetro. El agua pierde energía (la tubería pierde carga) por fricción; y estas pérdidas aumentan con la velocidad, por lo que el dinero que se ahorra al instalar una tubería de menor diámetro podría perderse por el mayor coste de bombeo. En el caso de tuberías muy largas, estas pérdidas en ocasiones son tan importantes como para necesitar BOMBAS DE REFUERZO a lo largo del recorrido para mantener la presión del sistema. A medida que las tuberías envejecen, su superficie interior se vuelve más rugosa, por lo que los ingenieros deben tener en cuenta la fricción y los costes de bombeo durante toda la vida útil de la tubería.

La masa de fluido en un acueducto de gran longitud puede ser enorme, a veces mayor que la de un tren de mercancías a plena carga. Cuando toda esa agua fluye por una tubería, tiene bastante impulso. Sin embargo, a pesar de ser un fluido, el agua no es muy compresible, por lo que al cerrar una válvula o detener una bomba, ese impulso no tiene adónde ir y se crea un pico de presión que se propaga como una onda de choque a través de toda la tubería, un efecto denominado *golpe de ariete*. Estas ondas de choque son un problema en las viviendas cuando los grifos se cierran demasiado rápido y las tuberías se golpean contra las paredes. Sin embargo, en grandes tuberías capaces de contener inmensos volúmenes de fluido, cerrar una válvula de forma repentina equivaldría a estrellar un tren de mercancías contra un muro de hormigón. Para evitar picos de presión que podrían dañar equipos y romper tuberías, los ingenieros diseñan válvulas de cierre programado y bombas que arrancan y se detienen de forma gradual. En situaciones en las que los operarios necesitan un control rápido del caudal, es posible instalar TANQUES DE COMPENSACIÓN para absorber los picos de presión y minimizar los efectos dañinos de los golpes de ariete.

PRESTA ATENCIÓN

Aunque las tuberías están pensadas para transportar agua, los ingenieros también deben tener en cuenta lo que ocurre cuando entra aire en ellas. Las tuberías son sistemas sellados, pero el aire puede entrar disuelto en el agua, introducido por las bombas o durante el llenado inicial de la tubería. Cuando estas burbujas de aire se aglutinan en un punto alto, ocupan espacio y provocan estrechamientos en el flujo. En el peor de los casos, estas *bolsas de aire* llegan a bloquear completamente la tubería. Muchas tuberías están equipadas con *ventosas* que dejan salir de forma automática las burbujas en los puntos altos de la tubería mientras mantienen el agua dentro. Es posible que las veas sobresalir por encima de la superficie del suelo si miras con atención.

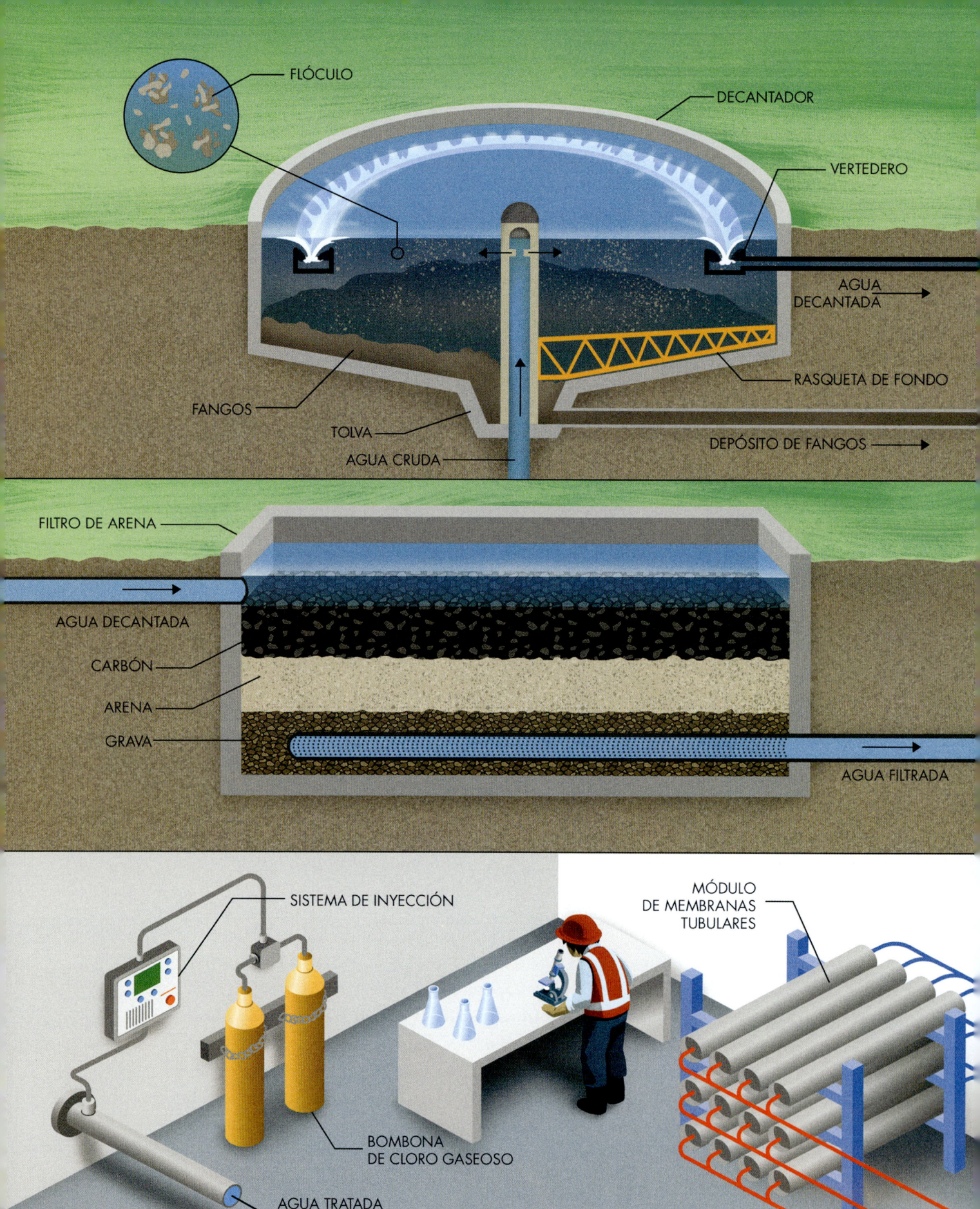

FLÓCULO

DECANTADOR

VERTEDERO

AGUA DECANTADA

RASQUETA DE FONDO

FANGOS

TOLVA

AGUA CRUDA

DEPÓSITO DE FANGOS

FILTRO DE ARENA

AGUA DECANTADA

CARBÓN

ARENA

GRAVA

AGUA FILTRADA

SISTEMA DE INYECCIÓN

MÓDULO DE MEMBRANAS TUBULARES

BOMBONA DE CLORO GASEOSO

AGUA TRATADA

Las estaciones de tratamiento de agua potable

La mayoría de las fuentes de AGUA CRUDA están sujetas a contaminación por bacterias, sedimentos y otras sustancias que pueden ser peligrosas para la salud. Aparte de eso, las partículas orgánicas a veces afectan negativamente al sabor y el olor del agua. Antes de que el agua se distribuya a hogares y empresas y se utilice para beber o cocinar, normalmente debe pasar primero por un proceso de purificación en una planta de tratamiento de agua para hacerla *potable*. Existe una amplia variedad de técnicas para purificar el agua y hacerla segura para el consumo humano. La mayoría de las *plantas potabilizadoras* o estaciones de tratamiento de agua potable (ETAP) están diseñadas a medida para una fuente de agua concreta y los posibles contaminantes que la amenazan. Por ejemplo, las aguas subterráneas suelen requerir menos tratamiento que las superficiales porque son menos vulnerables a la contaminación. No todas las plantas potabilizadoras ejecutan el mismo conjunto de procesos y no todas son visibles para un observador externo. Sin embargo, comprender los pasos básicos de la potabilización del agua a escala municipal ayuda a entender y contextualizar los demás elementos del sistema de abastecimiento de agua de una ciudad.

Tanto las aguas subterráneas como las superficiales contienen diversos elementos en suspensión en forma de partículas. Estas partículas sólidas dan al agua un aspecto turbio (llamado *turbidez*) y pueden albergar microorganismos peligrosos. El primer paso en la mayoría de las plantas de tratamiento consiste en eliminar estas partículas en suspensión mediante un proceso llamado *sedimentación*, que a menudo se realiza en tres etapas. En primer lugar, se mezcla un *coagulante* químico con el agua. Los coagulantes neutralizan la carga eléctrica que hace que las partículas en suspensión se repelan entre sí, permitiendo que se adhieran unas a otras. A continuación, se añade al agua un *floculante* químico, que une las partículas en suspensión formando grupos llamados FLÓCULOS. El floculante se añade lentamente para no romper los flóculos.

A medida que los flóculos de partículas en suspensión crecen, llegan a pesar lo suficiente para asentarse (tercer y último paso de la sedimentación). El agua cruda se bombea a una balsa donde permanecerá casi inmóvil mientras los flóculos se depositan en el fondo. Esta balsa puede ser tan simple como un depósito rectangular de hormigón que se vacía y limpia con regularidad. Sin embargo, muchas plantas de tratamiento de aguas tienen unos depósitos llamados DECANTADORES que incluyen mecanismos para recoger los sólidos a medida que se depositan en el fondo de forma automática. Estos depósitos circulares son un componente muy reconocible en muchas plantas de tratamiento de agua. El agua cruda sube por el centro del decantador y se dirige lentamente hacia el perímetro exterior, dejando caer las partículas que forman una capa de *fangos* o LODOS en el fondo. El agua decantada pasa por encima de un VERTEDERO, de modo que solo una fina capa alejada de los fangos puede salir del decantador. Las RASQUETAS DE FONDO los empujan por la TOLVA del fondo del decantador hasta el DEPÓSITO DE FANGOS.

La sedimentación elimina la mayoría de los sólidos en suspensión, pero no limpia completamente el agua de partículas diminutas, virus y bacterias. En la mayoría de las ETAP, después de la sedimentación tiene lugar un proceso de *filtración*, que consiste en forzar el paso del agua a través de medios porosos. Los filtros de las potabilizadoras municipales suelen consistir en capas de ARENA, CARBÓN y otros materiales granulares. El agua fluye por gravedad o bajo la presión de las bombas a través de los medios filtrantes, mientras que las partículas indeseables del agua se quedan atrapadas. Una capa de GRAVA impide que el agua filtrada arrastre el medio filtrante. Con el tiempo, los sólidos se acumulan en este y reducen su eficacia. Los filtros se lavan por medio del *retrolavado* haciendo pasar el agua en sentido contrario, agua que después se devuelve a la entrada de la depuradora para volver a ser procesada.

Algunas ETAP modernas han sustituido los filtros de arena tradicionales por unas *membranas*: finas láminas de material semipermeable. Se hace pasar el agua a presión a través de los diminutos poros de la membrana donde queda atrapada cualquier partícula no deseada. Las ETAP que emplean la filtración por membranas por lo general cuentan con un bastidor de MÓDULOS FILTRANTES tubulares, que sustituye rápidamente las unidades individuales si se atascan o funcionan mal. Los filtros de membrana eliminan incluso los contaminantes más pequeños (virus incluidos), por lo que a veces son preferibles al empleo de varios procesos de tratamiento independientes para obtener agua potable.

El último paso de las plantas potabilizadoras es la DESINFECCIÓN, donde se elimina cualquier resto de parásitos, bacterias y virus. Existen varios métodos para desactivar los microorganismos y potabilizar el agua, pero la principal herramienta empleada en la mayoría de las ciudades consiste en añadir al agua una sustancia química desinfectante (habitualmente, cloro o cloramina). Estas sustancias químicas son seguras para el consumo humano en bajas concentraciones y, a la vez, destruyen los microorganismos que podrían enfermarnos. En muchas ETAP se usa cloro gaseoso almacenado en unos depósitos metálicos cilíndricos denominados BOMBONAS. El gas se añade al agua, donde se disuelve y destruye los patógenos causantes de enfermedades, a una velocidad predeterminada mediante un SISTEMA DE INYECCIÓN.

Una ventaja esencial de la desinfección química es que sigue funcionando mientras el agua recorre los kilómetros de tuberías desde la ETAP hasta llegar a los clientes individuales del sistema de abastecimiento. Pero antes de que el agua potable salga de la planta debe someterse a pruebas para garantizar que cumple las normas de calidad. Hay muchos contaminantes potencialmente peligrosos para la salud humana y la composición química del agua de origen puede cambiar a lo largo de su recorrido (en especial entre estaciones), por lo que hay que verificar constantemente que el agua que sale de la ETAP está limpia y es segura.

Los desinfectantes químicos, como el cloro, suelen añadirse en las ETAP. Sin embargo, las normas de calidad del agua exigen que, incluso en los puntos más alejados, haya desinfectante en el agua. Esto garantiza que los organismos peligrosos no sobrevivan en ningún punto del recorrido. El cloro que permanece en el agua se denomina *residual* y es un indicador esencial de que un proceso de tratamiento y distribución de agua funciona con eficacia. El cloro se descompone a medida que atraviesa los depósitos y tuberías, pero si el desinfectante se introduce únicamente en las plantas potabilizadoras solo existe una oportunidad de proporcionar suficiente cloro residual en todos los puntos del sistema. Con frecuencia, las tuberías cercanas a la planta poseen demasiado cloro y las más remotas, demasiado poco.

Muchas ciudades ubican estaciones de cloración de refuerzo en lugares estratégicos para proporcionar una distribución más uniforme. En algunas incluso se analiza de forma automática el cloro residual y se ajusta la dosis de refuerzo en consecuencia. Estas estaciones de refuerzo pueden ubicarse en pequeños edificios independientes o forman parte de un sistema de distribución de agua (como torres de agua y otros depósitos). Las señales de «¡PELIGRO! CLORO» podrían ser la única pista de lo que hay dentro.

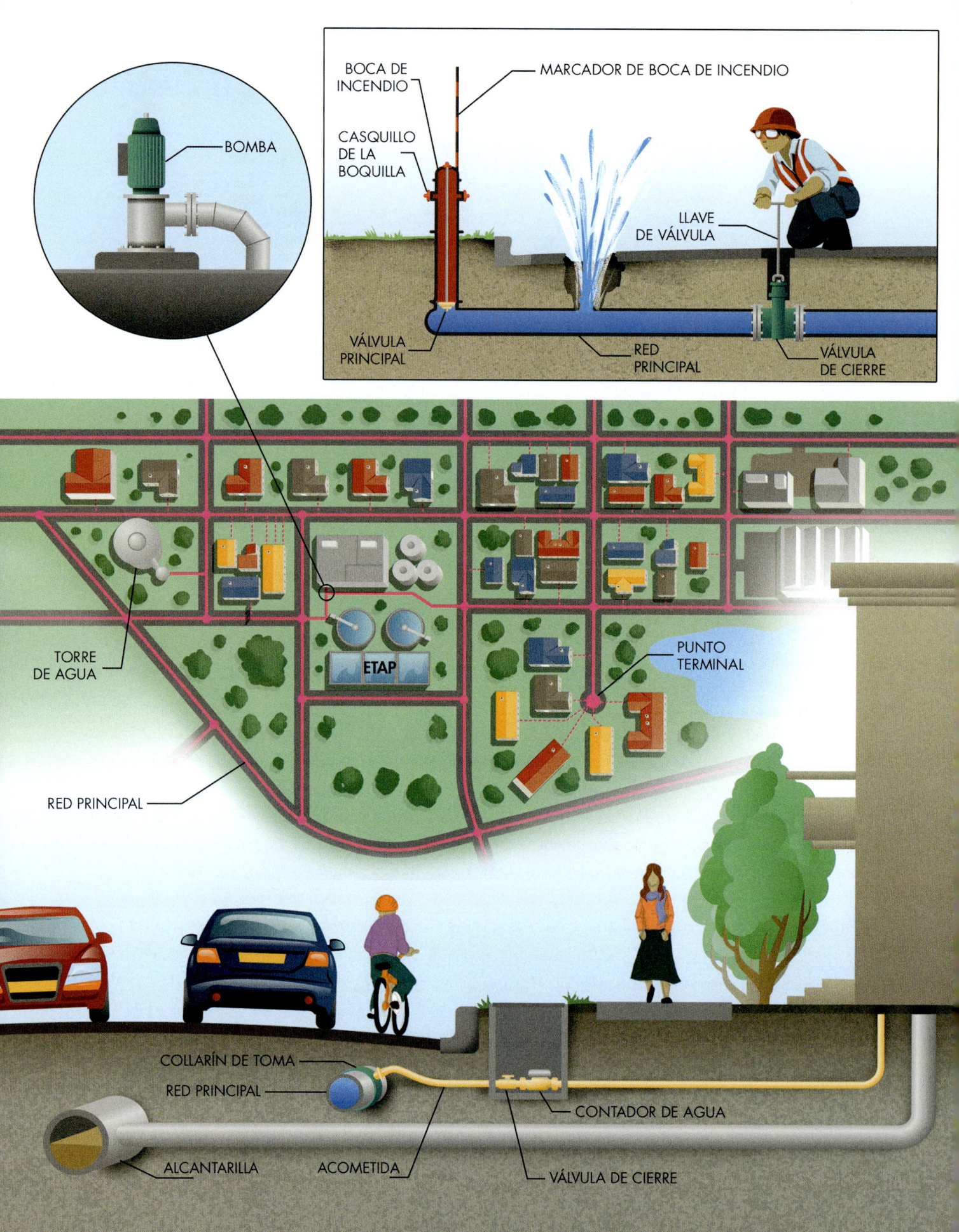

BOMBA

BOCA DE INCENDIO

MARCADOR DE BOCA DE INCENDIO

CASQUILLO DE LA BOQUILLA

LLAVE DE VÁLVULA

VÁLVULA PRINCIPAL

RED PRINCIPAL

VÁLVULA DE CIERRE

TORRE DE AGUA

ETAP

PUNTO TERMINAL

RED PRINCIPAL

COLLARÍN DE TOMA

RED PRINCIPAL

CONTADOR DE AGUA

ALCANTARILLA

ACOMETIDA

VÁLVULA DE CIERRE

El sistema de distribución de agua

Una vez que el agua ha sido captada, transportada hasta una población y purificada de contaminantes, ha de ser distribuida a los clientes del área de servicio de la empresa que gestiona el abastecimiento de agua. El agua potable se transporta desde pozos y ETAP, a veces a lo largo de muchos kilómetros, hasta llegar a los hogares y las empresas. Un sistema municipal de *distribución de agua* está formado por todas las tuberías, válvulas y otros elementos interconectados que se combinan para transportar el agua tratada para beber, limpiar, cocinar, regar las plantas y una amplia variedad de procesos comerciales e industriales. La red de distribución también proporciona un beneficio secundario: el suministro de agua a presión para la extinción de incendios y minimizar las posibilidades de su propagación a las estructuras adyacentes. A diferencia de las infraestructuras de agua cruda, compuestas por grandes instalaciones singulares, es imprescindible que la red de distribución de agua esté repartida por las zonas urbanas. Tanto la construcción como el mantenimiento de un sistema tan extenso y esencial para la salud humana plantean muchos retos.

El primer paso de una red de distribución de agua son las BOMBAS. Estas, al igual que las situadas en las captaciones de agua cruda (de las que hablamos antes), se encargan de presurizar las tuberías, normalmente a una presión entre dos y seis veces superior a la atmosférica, razón por la que se denominan bombas de *alta presión* (parte de esta presión se almacena en depósitos o TORRES DE AGUA, como verás en el apartado siguiente). Las estaciones de bombeo situadas con frecuencia en las ESTACIONES DE TRATAMIENTO DE AGUA POTABLE la envían a los consumidores. La presión que proporcionan las bombas no solo hace que el agua potable fluya hacia su destino, sino que también garantiza que los contaminantes no entren en el sistema de abastecimiento a través de juntas abiertas o pequeños agujeros en las tuberías. Si se producen fugas, el agua saldrá del sistema presurizado en vez de permitir la entrada de impurezas o contaminantes. Estas bombas consumen una gran cantidad de electricidad, por lo que necesitan conexiones sólidas a la red eléctrica y generadores de reserva para posibles cortes. La energía muchas veces es uno de los costes más elevados de las empresas de abastecimiento de agua. El ahorro de agua reduce su desperdicio, así como la importante cantidad de energía precisa para recogerla, tratarla y distribuirla.

Desde las bombas, el agua potable llega a una serie de tuberías de la RED PRINCIPAL del sistema de distribución de agua potable dentro de una ciudad. Suelen discurrir de forma subterránea para protegerse de daños y, lo que es más importante, de las heladas. La mayoría de la red está conectada en forma reticulada o mallada, y sigue el trazado de las calles. Muchos ayuntamientos exigen que las tuberías de la red principal estén bastante distanciadas de las ALCANTARILLAS, por lo que cuando ambas redes discurren en paralelo, se deben situar en lados opuestos de la calle.

La instalación de conducciones de agua en forma de RED MALLADA requiere más tuberías y juntas que en las REDES RAMIFICADAS. Sin embargo, en los sistemas mallados, el agua toma múltiples caminos para llegar a cualquier punto, lo que aumenta la fiabilidad del servicio y permite reparar las tuberías principales sin afectar al resto de la red. Otra ventaja de las redes malladas radica en evitar el estancamiento. En los PUNTOS TERMINALES de las redes ramificadas, el agua solo fluye cuando los usuarios abren el grifo. Si el agua potable permanece en una tubería durante mucho tiempo, el desinfectante puede descomponerse y se deteriora la calidad del agua. En los sistemas mallados, el agua de las tuberías circula continuamente para satisfacer la demanda allí donde se produzca.

Los clientes individuales obtienen el agua de las redes principales a través de ACOMETIDAS. Para conectar estas acometidas a la red principal se utilizan COLLARINES desde donde parte una tubería hasta un CONTADOR DE AGUA que mide el volumen utilizado y permite a la empresa cobrar a cada cliente en función de su consumo. La medición del consumo en las acometidas fomenta el ahorro de agua y ayuda a las empresas de servicios públicos a identificar fugas en el sistema de distribución.

En ocasiones se producen roturas en la red principal, normalmente por movimientos del terreno, heladas o el deterioro por el paso del tiempo. Cuando esto ocurre, es preciso excavar y reparar los daños. Aunque es posible reparar una tubería mientras se produce un «géiser» de agua, siempre es una tarea bastante complicada y resulta mucho más fácil si se aísla del resto del sistema antes de empezar. En las intersecciones de la red principal se instalan

VÁLVULAS DE CIERRE para desconectar partes de la red antes de proceder a los trabajos de reparación. Estas válvulas se instalan en unas arquetas con pequeñas tapas de acero. La mayoría de los tramos de tuberías cuentan con alguna línea sin válvulas de cierre para ahorrar costes de instalación y mantenimiento. Si es preciso aislar esta tubería, se cierran las demás válvulas del tramo. Las brigadas de reparación tienen unas LLAVES DE VÁLVULA para abrir o cerrar las válvulas, según sea necesario. Del mismo modo, también se incluyen una o más válvulas de cierre en cada acometida para aislar las viviendas y negocios individuales en caso de reparaciones o durante alguna emergencia.

Aunque el agua potable es esencial para las necesidades humanas básicas, las ciudades también necesitan agua para la extinción de incendios. Algunas de las peores catástrofes de la historia tuvieron lugar porque las llamas arrasaron zonas pobladas sin medios suficientes para impedir su propagación. Las ciudades están salpicadas de BOCAS DE INCENDIO que proporcionan acometidas a las tuberías de agua a presión para ayudar a extinguir incendios. En la mayoría de las ciudades de Estados Unidos se usan bocas de incendios de columna seca, cuyas VÁLVULAS están situadas bajo tierra para protegerlas contra las heladas y los daños que puedan causar vehículos fuera de control. En algunos lugares, el color de los CASQUILLOS DE LAS BOQUILLAS de las bocas de incendio indica el caudal máximo disponible para la extinción de incendios. En las zonas más frías, a veces se colocan unos MARCADORES que sobresalen por encima de la capa de nieve para facilitar su localización en invierno.

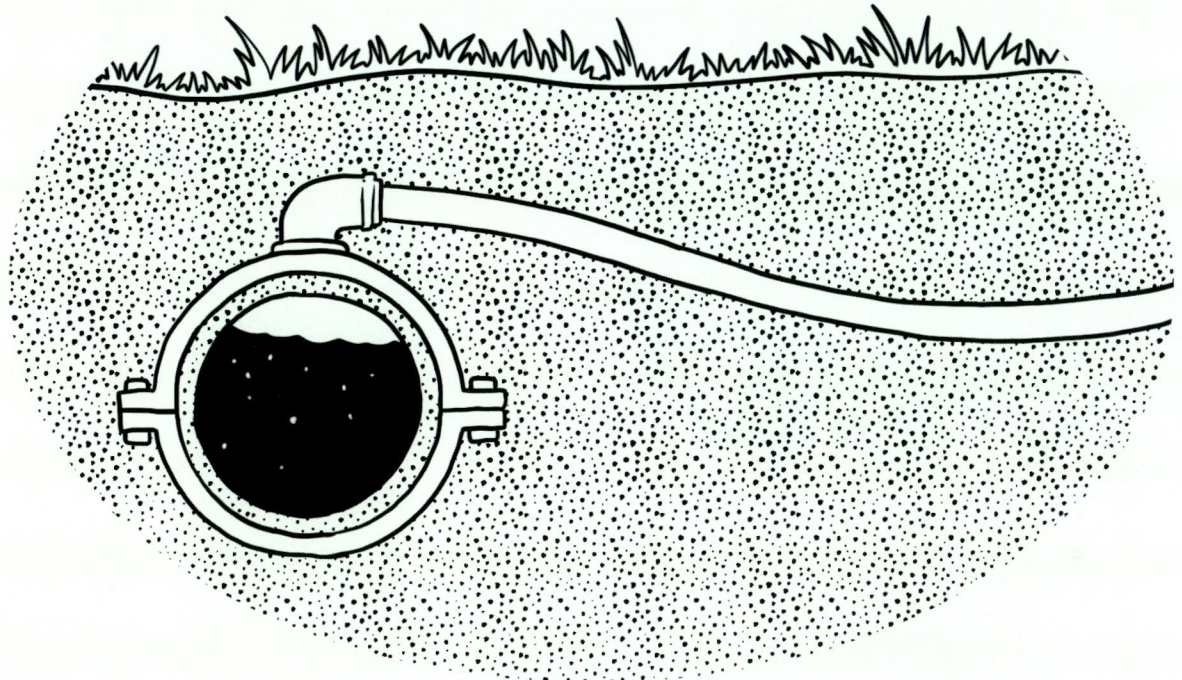

Hasta principios del siglo XX, era habitual el uso de tuberías de plomo para conectar las casas y las empresas a la red subterránea de agua y algunas ciudades permitieron su uso hasta la década de 1980. El plomo es un metal resistente y, al mismo tiempo, suficientemente flexible para doblar las tuberías con facilidad. Sin embargo, incluso a bajas concentraciones, la exposición al plomo es peligrosa para la salud y es posible que acarree efectos neurológicos, en especial en los niños. El plomo se puede filtrar en el agua que circula por las tuberías y así se expone a las personas a este peligroso contaminante. La mayoría de las ciudades con gran cantidad de tuberías de plomo trabajan en su sustitución de forma permanente, a menudo con un gran coste. En algunas ciudades incluso se introducen productos químicos inhibidores de la corrosión en el agua para reducir la posibilidad de filtración de partículas de plomo en las tuberías antes de que puedan ser sustituidas. Para saber si existe plomo en el agua que llega a tu domicilio, considera la posibilidad de hacerla analizar en un laboratorio para reducir las probabilidades de exposición a este peligroso metal pesado.

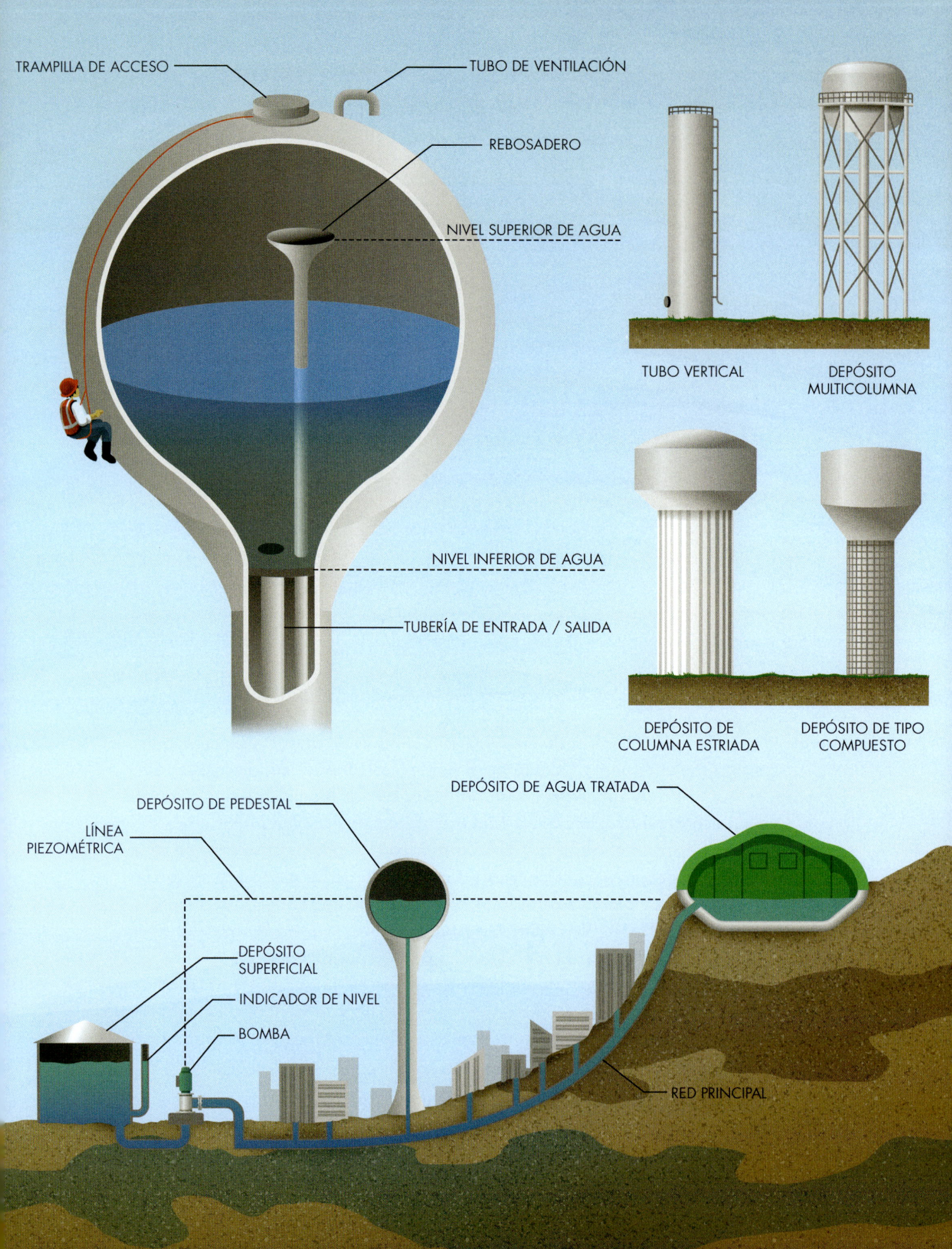

TRAMPILLA DE ACCESO

TUBO DE VENTILACIÓN

REBOSADERO

NIVEL SUPERIOR DE AGUA

NIVEL INFERIOR DE AGUA

TUBERÍA DE ENTRADA / SALIDA

TUBO VERTICAL

DEPÓSITO MULTICOLUMNA

DEPÓSITO DE COLUMNA ESTRIADA

DEPÓSITO DE TIPO COMPUESTO

DEPÓSITO DE PEDESTAL

DEPÓSITO DE AGUA TRATADA

LÍNEA PIEZOMÉTRICA

DEPÓSITO SUPERFICIAL

INDICADOR DE NIVEL

BOMBA

RED PRINCIPAL

Las torres y los depósitos de agua

La demanda de agua potable varía de forma significativa no solo a lo largo del año (debido a los cambios climatológicos estacionales), sino incluso a lo largo del día. El consumo de agua en las ciudades suele ser mayor por las mañanas y por las noches, cuando la gente se ducha, cocina y riega el césped. Por otro lado, algunas de las mayores demandas de agua de las ciudades están relacionadas con los incendios, que se producen de forma aleatoria, a cualquier hora del día. Los incendios pueden arder sin control en zonas urbanas densamente pobladas, por lo que la mayoría de los municipios se aseguran de que el sistema de distribución tenga capacidad de reserva, sobre todo, en los días de mayor demanda de agua. Los ingenieros que diseñan los sistemas de distribución deben tener en cuenta toda la variabilidad posible de los caudales para definir el tamaño de bombas, tuberías, válvulas y otros equipos. Una de las partes más importantes de un sistema de distribución de agua (y la más visible) es una solución al problema de la demanda de agua potable: su almacenamiento.

Muchos de los pasos que intervienen en la captación, transporte, tratamiento y distribución del agua son más eficaces cuando se producen a un ritmo constante. En las plantas potabilizadoras, la alimentación química y los procesos de purificación no toleran cambios bruscos. Por su parte, las BOMBAS de los sistemas de distribución de agua funcionan a una velocidad específica. Si no existiera ningún lugar donde almacenar el agua, los operarios se verían obligados a aumentar o reducir constantemente la producción para satisfacer una demanda tan cambiante. Por añadidura, las instalaciones de tratamiento y las bombas tendrían que dimensionarse para los picos de la demanda,

aunque solo se utilizaran a su capacidad total una o dos veces al año, lo que aumentaría su coste y complejidad. Los depósitos y embalses suavizan los picos y valles de la demanda y permiten que las bombas y otras infraestructuras funcionen en condiciones estándar. Cuando el consumo es bajo (por ejemplo, de noche), el exceso de producción de las potabilizadoras se destina a llenar los depósitos. Y, viceversa, el agua almacenada complementa el trabajo de la planta de tratamiento para satisfacer la demanda de agua durante los picos de consumo.

Existen muchas estructuras de almacenamiento en los sistemas de distribución de agua. Los DEPÓSITOS SUPERFICIALES suelen ser grandes recintos circulares de acero u hormigón. Si observas con cuidado, muchos incluyen un INDICADOR DE NIVEL en el exterior para que sea fácil de saberlo de un vistazo. Algunas ciudades construyen unos depósitos o embalses semienterrados denominados DEPÓSITOS DE AGUA TRATADA, que almacenan volúmenes importantes a un coste relativamente bajo. Por lo general, están revestidos de plástico u hormigón para evitar fugas y se cubren para minimizar la posibilidad de contaminación (aunque aún existen algunos embalses descubiertos). A menudo, en las estaciones de tratamiento de agua potable se pueden ver tanto depósitos superficiales como semienterrados de agua tratada.

Una desventaja del almacenamiento a ras de suelo es que el agua no tiene presión y, por tanto, ha de bombearse al sistema de distribución, lo que causa fluctuaciones en la demanda de agua. Muchos depósitos suelen instalarse en la cima o en las laderas de las montañas, por encima de la zona de abastecimiento, con objeto no solo de almacenar el agua, sino también conservar la energía que transmiten las bombas. Este proceso se conoce como *almacenamiento elevado*. Gracias a los *depósitos elevados*, las bombas funcionan de forma constante, en vez de tener que encenderse y apagarse para satisfacer la demanda cambiante de consumo de agua a lo largo del día. En algunas zonas en las que el coste de la electricidad varía, las bombas funcionan por la noche, cuando la electricidad es barata, para llenar los depósitos, y dejan de funcionar durante las horas punta, cuando la electricidad es más cara. Los depósitos elevados también son beneficiosos durante los cortes de electricidad y las emergencias, debido a que mantienen las tuberías a presión y hacen posible que el agua fluya incluso si las bombas o las plantas de tratamiento están fuera de servicio.

Por desgracia, no todas las ciudades cuentan con colinas o montañas donde construir depósitos de agua. En sistemas de distribución de poca dimensión se emplean unos depósitos altos y estrechos, denominados TUBOS VERTICALES, para almacenar agua potable. El agua de la parte superior del depósito actúa como en un depósito elevado ubicado en la cima de una colina. La de la parte inferior sirve de reserva de emergencia y se puede bombear al sistema de abastecimiento en caso necesario. Las grandes ciudades casi siempre utilizan depósitos elevados, denominados *torres de agua*, con todo el volumen de almacenamiento muy por encima de la presión mínima del sistema.

Elegir la altura de un depósito elevado es una decisión importante. Los sistemas de distribución deben mantenerse dentro de un margen de presión de agua aceptable. Si es demasiado baja, se corre riesgo de contaminación; si es demasiado alta, el de dañar las tuberías y los equipos.

La presión que ejerce una masa de agua está relacionada con su profundidad. Imagina que un sistema de abastecimiento de agua es un océano virtual bajo el que todos vivimos. La superficie del agua en los depósitos de almacenamiento en altura representaría la superficie del océano virtual (denominada LÍNEA PIEZOMÉTRICA por los ingenieros). Los clientes situados en cotas bajas se localizarían en el fondo de dicho océano, donde la presión es más alta, y los ubicados en cotas altas se encontrarían cerca de la superficie, donde la presión es más baja. La profundidad ideal suele estar entre 30 y 60 metros, por lo que la mayoría de las torres de agua se colocan de modo que los NIVELES DE AGUA SUPERIOR e INFERIOR se encuentren dentro de este rango. El agua almacenada a menos de 15 metros de altura por encima de los usuarios no crea suficiente presión para evitar una posible contaminación. Las ciudades con un relieve intrincado a veces tienen redes de distribución independientes con presiones diferentes para mantener a los clientes dentro del rango ideal.

Una torre de agua es algo tan sencillo como un depósito elevado conectado a la RED PRINCIPAL de agua. Cuando la demanda de agua es inferior a la capacidad de bombeo, la presión del sistema aumenta y el agua entra en el depósito a través de la TUBERÍA DE ENTRADA / SALIDA. Cuando la demanda supera la capacidad de bombeo, la presión del sistema disminuye y el agua sale del depósito por la misma tubería para complementar el agua de la planta de tratamiento. Aparte de agua, no hay mucho más en su interior. La mayoría de los depósitos disponen de un REBOSADERO para evitar que se llenen en exceso. Gracias a los tubos de VENTILACIÓN, la presión de aire no varía con el nivel del agua y se evita la creación de presiones positivas o negativas que podrían dañar la estructura. Las TRAMPILLAS DE ACCESO sirven para el mantenimiento y la inspección del interior del depósito.

Las torres de agua presentan una gran variedad de diseños. Se denominan por la forma del propio depósito o por la estructura de la torre sobre la que se asienta. Los DEPÓSITOS DE PEDESTAL y los MULTICOLUMNA se construyen fundamentalmente de acero, mientras los soportes de los DEPÓSITOS DE COLUMNAS ESTRIADAS son de acero corrugado y disponen de mucho espacio en el interior de la torre para almacenar equipos y, a veces, incluso oficinas. Los DEPÓSITOS DE TIPO COMPUESTO se asientan sobre torres de hormigón, lo que ahorra el coste de mantenimiento periódico que requieren las columnas de acero para protegerlas de la corrosión. En las ciudades con depósitos elevados, estas torres son una parte central del funcionamiento de todo el sistema. El nivel de agua en el depósito es el principal indicador de que el sistema de abastecimiento está presurizado al nivel adecuado y funciona según lo previsto para suministrar agua potable a cada cliente.

PRESTA ATENCIÓN

En las grandes ciudades, no es raro que haya edificios tan altos que la presión de agua no llegue hasta arriba. La mayoría de esos edificios dispone de su propio sistema de bombas y depósitos para garantizar que todas las plantas tengan la presión de agua adecuada. En algunas ciudades la norma exige que los edificios posean un depósito y una bomba en cubierta, con lo que el almacenamiento elevado se reparte por toda la zona urbana (en vez de tener grandes torres centrales). Estos depósitos suelen ser de madera, que es barata y un buen aislante ante las heladas. Las tablas se sujetan mediante unas bandas de acero para que soporten la presión interior del agua. La separación entre las bandas disminuye hacia el fondo del depósito, donde la presión es mayor.

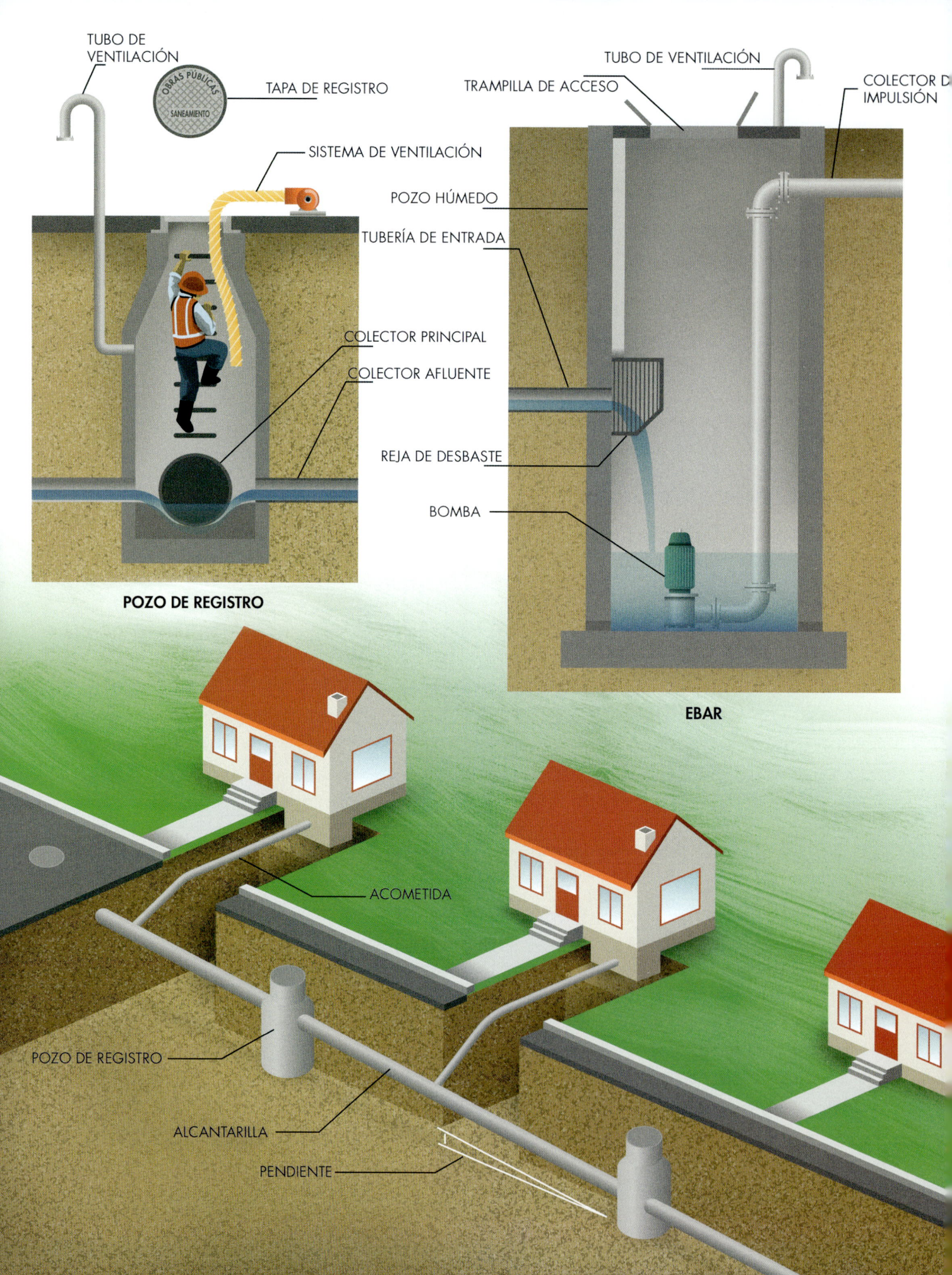

TUBO DE VENTILACIÓN

TAPA DE REGISTRO

OBRAS PÚBLICAS
SANEAMIENTO

SISTEMA DE VENTILACIÓN

POZO HÚMEDO

TUBERÍA DE ENTRADA

COLECTOR PRINCIPAL

COLECTOR AFLUENTE

REJA DE DESBASTE

BOMBA

POZO DE REGISTRO

TUBO DE VENTILACIÓN

TRAMPILLA DE ACCESO

COLECTOR DE IMPULSIÓN

EBAR

ACOMETIDA

POZO DE REGISTRO

ALCANTARILLA

PENDIENTE

La red de saneamiento y las EBAR

Los seres humanos somos un poco sucios. En colectivo creamos un flujo constante de residuos que representan una grave amenaza, a menos que se transporten de forma segura. Llevar tanta caca del punto A al punto B plantea muchos retos técnicos y el hecho de poder hacerlo casi todo lejos de nuestra vista y nuestra mente es, en mi opinión, motivo de celebración. La *red de saneamiento* convierte esa corriente imaginaria en una literal que fluye bajo tierra lejos de la vista del público (y, con suerte, de su olfato). Las alcantarillas originales eran simplemente los ríos y arroyos a los que se arrojaban los residuos para que fueran arrastrados río abajo. Ese método de gestión tenía algunos inconvenientes obvios, sobre todo que contaminaba las fuentes de agua para beber. En la actualidad, la red de saneamiento casi siempre consiste en colectores y tuberías que mantienen el flujo de residuos separado de las fuentes de agua potable, pero sigue funcionando de forma muy parecida a los cursos superficiales de agua.

Las tuberías de la red de saneamiento funcionan sobre la base de la gravedad para realizar el trabajo de recogida y transporte de residuos: fluyen por pendientes descendentes, para converger y concentrarse en corrientes cada vez mayores. La red de saneamiento es *dendrítica*: las pequeñas tuberías de las edificaciones se reúnen con otras de diámetro cada vez mayor hasta que todas las aguas residuales convergen en una planta depuradora. Las tuberías que dan servicio a las viviendas suelen denominarse ACOMETIDAS, y las que dan servicio a calles concretas son las ALCANTARILLAS. Las tuberías más grandes que recogen las aguas residuales de varios ramales se denominan COLECTORES AFLUENTES que, a su vez, llegan a los COLECTORES PRINCIPALES. Los conductos más importantes y los más alejados de la red se denominan *emisarios interceptores*.

Inclinar el alcantarillado para que el agua fluya por gravedad es cómodo porque no hay que pagarle ninguna factura a la gravedad y no presenta problemas durante las tormentas. Sin embargo, confiar solo en la gravedad limita el diseño y la construcción del alcantarillado. Si las aguas residuales fluyen demasiado rápido, dañan las juntas y erosionan las paredes de las tuberías. En cambio, si lo hacen demasiado despacio, los sólidos se depositan y forman estrechamientos y atascos. No podemos aumentar ni reducir la gravedad a nuestro gusto para equilibrar la velocidad de flujo ni tenemos gran control sobre el volumen de las aguas residuales (porque cada uno tira de la cadena cuando le apetece). Los únicos factores que los ingenieros controlan son el diámetro de la tubería y su PENDIENTE, que se calculan en función de la cantidad prevista de aguas residuales para que fluya de manera constante hacia una planta depuradora.

Cada vez que cambia el diámetro o la dirección de una tubería o sus intersecciones, se instala un POZO DE REGISTRO para facilitar el acceso a su interior con objeto de realizar inspecciones y mantenimiento. Los pozos de registro suelen ser recintos verticales de hormigón que llegan hasta el nivel del suelo. Unos pates permiten al personal subir y bajar. Una pesada placa de hierro fundido, llamada TAPA DE REGISTRO, mantiene a las personas y los residuos fuera de las alcantarillas, al tiempo que hace posible que los vehículos pasen por encima. Los pozos de registro también sirven a veces como TUBOS DE VENTILACIÓN para igualar la presión del aire dentro de las tuberías y evitar la acumulación de gases tóxicos. Cuando la parte superior de un pozo de registro es vulnerable a las inundaciones, la normativa municipal exige que la tapa esté sellada y atornillada para impedir que el agua de lluvia entre en las tuberías. En este caso, los tubos de VENTILACIÓN a veces sobresalen por encima del nivel de inundación para evitar que aumente la presión de aire, incluso durante fuertes tormentas. Un SISTEMA DE VENTILACIÓN temporal proporciona aire del exterior durante las reparaciones y labores de mantenimiento.

Como la red de saneamiento siempre discurre en pendiente, a menudo alcanza gran profundidad, lo que hace que su construcción sea cara. En algunos casos, no es factible continuar bajando. Una alternativa consiste en instalar una estación de bombeo para elevar las aguas residuales sin depurar desde las profundidades. Hay ESTACIONES DE BOMBEO DE AGUAS RESIDUALES (EBAR) pequeñas diseñadas para algunos complejos de apartamentos y grandes proyectos que bombean una parte importante del caudal de aguas residuales de una ciudad. Una EBAR típica consta de una cámara de hormigón denominada POZO HÚMEDO. Las aguas residuales fluyen hacia allí por gravedad a través de la TUBERÍA DE ENTRADA. Cuando el nivel alcanza la profundidad prescrita, se pone en marcha una BOMBA que envía las aguas residuales a una tubería llamada COLECTOR DE IMPULSIÓN. Este funcionamiento intermitente garantiza que las aguas residuales circulen con rapidez por la tubería para que los sólidos no se depositen durante las horas de menor actividad. Las aguas residuales circulan a presión por el colector de impulsión hasta un pozo de registro situado cuesta arriba, donde pueden volver a descender por gravedad. Las EBAR por lo general disponen de varias bombas para funcionar sin fallos, así como de generadores de reserva para que funcionen, aunque se caiga el suministro eléctrico.

Cuando pensamos en las aguas residuales, de inmediato nos vienen a la mente sus componentes más asquerosos: los excrementos humanos. Pero las aguas residuales son una mezcla de líquidos y sólidos procedentes de fuentes muy diversas. Hasta allí llega una gran variedad de cosas: tierra, jabón, pelo, comida, toallitas húmedas, grasa y basura. Muchas pasan a través de retretes y desagües y por las tuberías de las viviendas sin ningún problema. Sin embargo, en la red de saneamiento, es posible que se formen grandes bolas de residuos (llamadas *fatbergs* por los profesionales). Además, dado que muchas ciudades se esfuerzan por ahorrar agua, la concentración de sólidos en las aguas residuales tiende a aumentar. Las bombas convencionales manejan bien los líquidos, pero si se añaden sólidos a la corriente, aumenta el reto de elevar las aguas residuales sin depurar. Las bombas de las estaciones elevadoras de aguas residuales están diseñadas para soportar un mayor desgaste, pero ninguna bomba es a prueba total de atascos.

Una solución a este problema de atascos consiste en utilizar una reja en el pozo húmedo de la EBAR para que la basura no llegue a las bombas. De vez en cuando, hay que retirar la basura del pozo húmedo y transportarla a un vertedero. Las EBAR pequeñas utilizan una REJA DE DESBASTE que se desplaza sobre raíles y se puede subir manualmente a través de la TRAMPILLA DE ACCESO de la superficie. Las grandes EBAR cuentan con sistemas de desbaste autolimpiantes, que retiran los sólidos de la reja y los depositan en un vertedero. Otra solución para los residuos del flujo de aguas residuales consiste en reducirlos a trozos más pequeños. Algunas EBAR disponen de un *sistema de trituración* que desintegran los residuos para que las bombas no se atasquen y reducen la necesidad de que el personal acuda a la estación para realizar reparaciones y retirar la basura. Los sólidos permanecen en la corriente de aguas residuales para ser eliminados más adelante en una planta depuradora (sobre las que trataremos en el apartado siguiente).

En la mayoría de los sistemas de saneamiento, las aguas residuales están separadas de las pluviales, que arrastran las precipitaciones y el deshielo. Sin embargo, las precipitaciones pueden llegar al sistema de alcantarillado. El *ingreso* de agua de lluvia en un sistema separativo y la *infiltración* debida a un nivel freático elevado se conocen en inglés como I&I (de *Inflow & Infiltration*) y son los grandes enemigos de la red de saneamiento por una sencilla razón: durante las tormentas, la precipitación que llega a las alcantarillas es posible que supere la capacidad del sistema y provoque desbordamientos que exponen a los ciudadanos a aguas residuales sin tratar y a sus consecuencias medioambientales, por lo que los ayuntamientos se esfuerzan por detectar y reparar los defectos que permiten la entrada de agua de lluvia en las alcantarillas. Las ciudades suelen realizar inspecciones periódicas de la red de alcantarillado con cámaras de vídeo que se desplazan por las tuberías en vehículos teledirigidos. Otro tipo de inspección consiste en introducir humo no tóxico en las alcantarillas y observar cómo el humo se escapa a través de aberturas y defectos, lo que permite la identificación visual de grietas, roturas, juntas defectuosas y desagües de aguas pluviales conectados de forma ilícita.

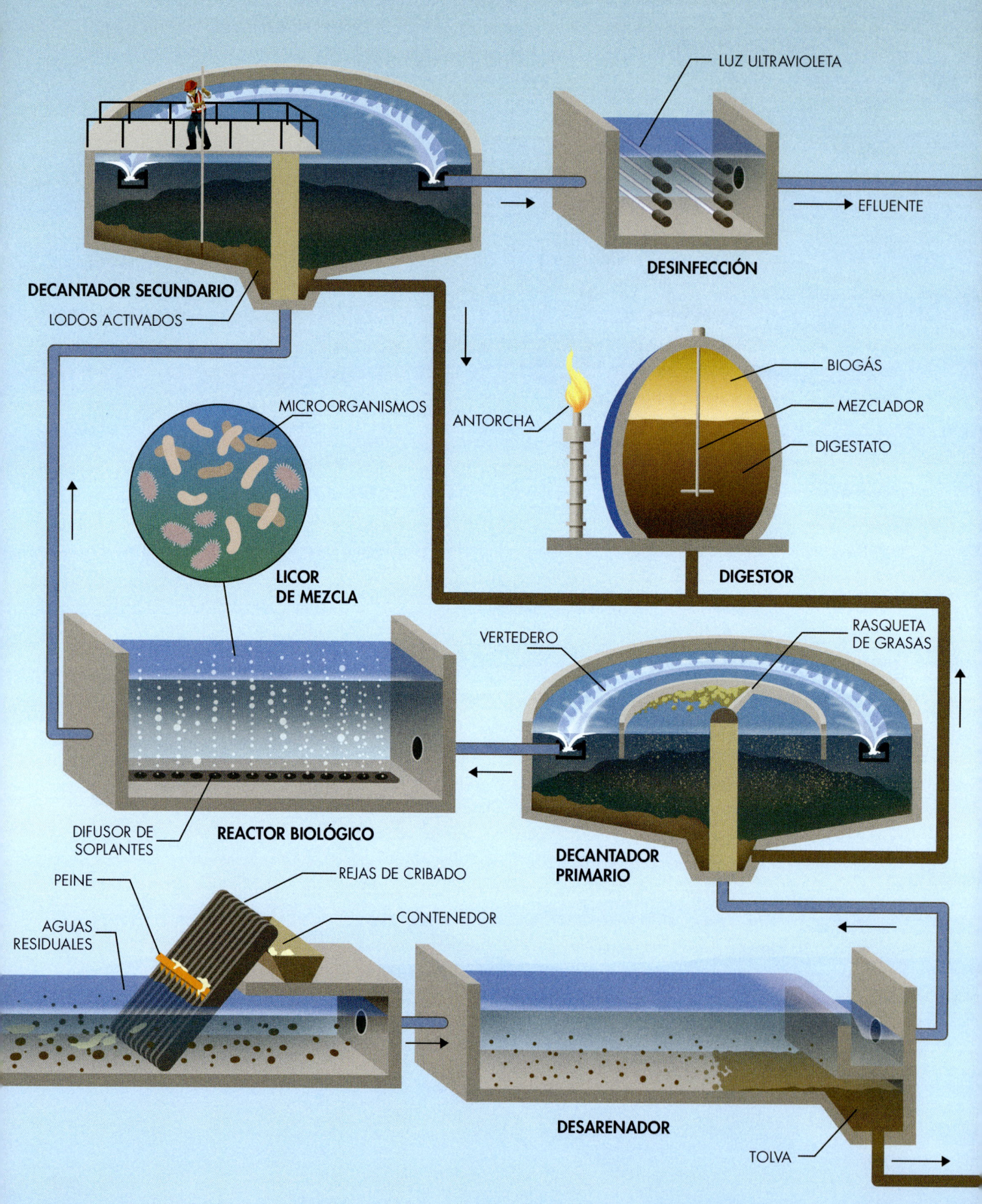

DECANTADOR SECUNDARIO

LODOS ACTIVADOS

MICROORGANISMOS

LICOR DE MEZCLA

LUZ ULTRAVIOLETA

DESINFECCIÓN

EFLUENTE

ANTORCHA

BIOGÁS

MEZCLADOR

DIGESTATO

DIGESTOR

VERTEDERO

RASQUETA DE GRASAS

DIFUSOR DE SOPLANTES

REACTOR BIOLÓGICO

DECANTADOR PRIMARIO

PEINE

REJAS DE CRIBADO

CONTENEDOR

AGUAS RESIDUALES

DESARENADOR

TOLVA

Las estaciones depuradoras de aguas residuales EDAR

El agua se lleva bien con casi todas las sustancias de la Tierra, lo que explica en gran parte por qué hace un trabajo tan excelente transportando nuestros residuos fuera de las casas y las empresas a través del alcantarillado. Antes de que existieran las normativas medioambientales modernas, no era raro que las ciudades vertieran sus AGUAS RESIDUALES o negras a los ríos para que las llevaran aguas abajo. Ahora, casi todos los sistemas de recogida de aguas residuales dependen de algún tipo de planta depuradora para invertir el proceso: eliminar los contaminantes del agua para reutilizarla o devolverla al medio ambiente. La tecnología sigue evolucionando y en todo el mundo se utilizan múltiples procesos para depurar las aguas residuales. En esta sección se analizan algunos de los métodos más comunes en las depuradoras modernas. Si puedes soportar el olor, muchas depuradoras municipales ofrecen visitas guiadas al público en las que se ve cada parte del proceso.

Las ESTACIONES DEPURADORAS DE AGUAS RESIDUALES (EDAR) realizan una serie de etapas diferenciadas en el proceso de limpieza de las aguas residuales. Muchos de estos pasos son similares a los de las ETAP (analizadas con anterioridad). Sin embargo, las normas son menos estrictas, porque el agua procesada (denominada EFLUENTE) no es para consumo humano; por tanto, solo debe ser segura para liberarla en el medio ambiente. El primer paso de una EDAR, denominado *pretratamiento*, implica la separación física de los contaminantes suspendidos en el flujo rápido y turbulento. Las aguas residuales pasan por unas REJAS DE CRIBADO que retienen los residuos de gran tamaño (gruesos), como palos, trapos y otros detritus de gran tamaño que llegan al alcantarillado. Existen muchas tecnologías, como rejas equipadas con PEINES automáticos que raspan los residuos filtrados y los depositan en un CONTENEDOR para desecharlos como residuos sólidos.

A continuación, las partículas en suspensión se separan del flujo. La arena y la tierra que se encuentran en las aguas residuales se conocen colectivamente como *finos*. Estos materiales pueden dañar los equipos de la planta, por lo que se eliminan en un proceso aparte durante el pretratamiento. Para esto, están los DESARENADORES, que casi siempre son unos depósitos alargados y estrechos que ralentizan el flujo de aguas residuales. En estas condiciones tranquilas, los sedimentos en suspensión se depositan en el fondo de la cámara mientras que las aguas residuales sin arenas continúan hacia la salida. Algunos desarenadores introducen burbujas de aire que separan las partículas más grandes y las empujan a los bordes del desarenador. Otros utilizan un agitador motorizado para crear un vórtice en el flujo y lograr un efecto similar. Una TOLVA situada en el fondo de la cámara recoge la arenilla sedimentada y la bombea para su eliminación.

El *tratamiento primario* suele ser un proceso que funciona por gravedad. Las aguas residuales que salen del desarenador todavía están llenas de sólidos en suspensión, sobre todo pequeñas partículas orgánicas como aceites y grasas flotantes (conocidas colectivamente como *espumas*). La mayoría de las depuradoras utilizan unos DECANTADORES PRIMARIOS para separar los sólidos restantes. Estos grandes depósitos circulares ralentizan aún más el flujo de aguas residuales, para que las partículas diminutas se hundan suavemente mientras una RASQUETA DE GRASAS recoge los sólidos que flotan en la superficie. Los sólidos se envían a un tratamiento posterior y las aguas residuales decantadas pasan por encima de un VERTEDERO hacia la etapa siguiente.

Mientras que el tratamiento primario separa físicamente los contaminantes de las aguas residuales, el *tratamiento secundario* lo hace mediante procesos biológicos y reproduce lo que haría la madre naturaleza de forma natural, pero en un periodo de tiempo mucho más corto. La mayoría de las EDAR aprovechan los microorganismos capaces de digerir la materia orgánica de las aguas residuales. A medida que consumen contaminantes, estas bacterias y protozoos se agrupan, dejando tras de sí un agua relativamente limpia. Las comunidades de microorganismos que prosperan en entornos ricos en oxígeno (*aerobios*) son diferentes de las que viven en entornos pobres en oxígeno (*anaerobios*). Estas diversas colonias consumen distintos nutrientes del agua, por lo que en las depuradoras se crean tanto condiciones aeróbicas como anaeróbicas para eliminar a fondo los contaminantes de las aguas residuales. Las condiciones aeróbicas se crean en el REACTOR BIOLÓGICO donde los DIFUSORES DE LAS SOPLANTES generan un suministro constante de aire y crean pequeñas burbujas que al mezclarse disuelven el oxígeno en el agua.

Una vez que el tratamiento biológico ha consumido la mayor parte de los nutrientes, el agua tratada con aglomeraciones de MICROORGANISMOS en suspensión (denominada LICOR DE MEZCLA) pasa del reactor biológico a un DECANTADOR SECUNDARIO. Aquí, las colonias de bacterias se depositan en el fondo y, de este modo, solo se descarga el efluente limpio.

En función de la normativa medioambiental, muchas EDAR tienen procesos terciarios dirigidos a contaminantes específicos. Además, la mayoría de las depuradoras realizan una DESINFECCIÓN final para eliminar cualquier patógeno restante en el agua. La desinfección se completa mediante la disolución de cloro, gas ozono o una intensa LUZ ULTRAVIOLETA, que desactiva los virus y las bacterias nocivas. El efluente final de la planta depuradora por lo general se vierte en un curso natural de agua, un río o el océano.

Algunos de los microorganismos que se sedimentan en el decantador secundario (conocidos como LODOS ACTIVADOS) se devuelven al reactor biológico para sembrar la siguiente colonia de microorganismos. El resto de los lodos debe desecharse. Algunas depuradoras los envían directamente a un vertedero para su eliminación. Sin embargo, los lodos o fangos son un material orgánico y se descomponen con el tiempo, liberando al medio ambiente gases no deseados como el metano. En vez de permitir que esa descomposición tenga lugar en un vertedero, en muchas EDAR existen unos DIGESTORES para procesar los sólidos orgánicos. Los digestores convierten los lodos en BIOGÁS, que se pueden emplear como combustible para calefacción o generación de electricidad, y en un material sólido llamado DIGESTATO (*biosólidos*), que puede secarse y depositarse en vertederos o utilizarse como fertilizante. Los digestores cuentan, por lo general, con MEZCLADORES para mantener los lodos mezclados, grandes cúpulas para recoger el biogás a medida que se genera y una ANTORCHA como medida de seguridad. Si se genera más biogás del que es posible almacenar, los operadores lo queman en la antorcha, para convertir los componentes nocivos en gases más seguros que se puedan liberar en el entorno.

El 99,9 % de las aguas residuales son agua, un recurso muy valioso para las ciudades. En lugares donde el agua escasea, resulta rentable depurar las aguas residuales municipales más allá de lo habitual con el fin de reutilizarlas en vez de desecharlas. En algunos lugares del mundo se recurre a la *reutilización directa de agua potable* (conocida coloquialmente como *«del váter al grifo»*), en la que los efluentes de las plantas depuradoras se limpian hasta cumplir las normas de calidad del agua potable y se reintroducen en el sistema de distribución. Sin embargo, la mayor parte del agua reciclada no está destinada al consumo humano. Hay muchos usos que no requieren agua potable, como los procesos industriales y el riego de campos de golf, campos de deportivos y parques. Muchas EDAR se consideran ahora plantas de recuperación de agua porque, en vez de verter el efluente a un arroyo o un río, lo envían a clientes que pueden utilizarlo, con lo que se espera reducir la demanda de agua potable. En muchos países, se emplean tuberías moradas para distinguir el sistema de distribución de agua no potable y evitar que se crucen las conexiones. Además, los usuarios de agua reciclada suelen colocar carteles para advertir al público de que el agua no es potable (en este caso la de riego).

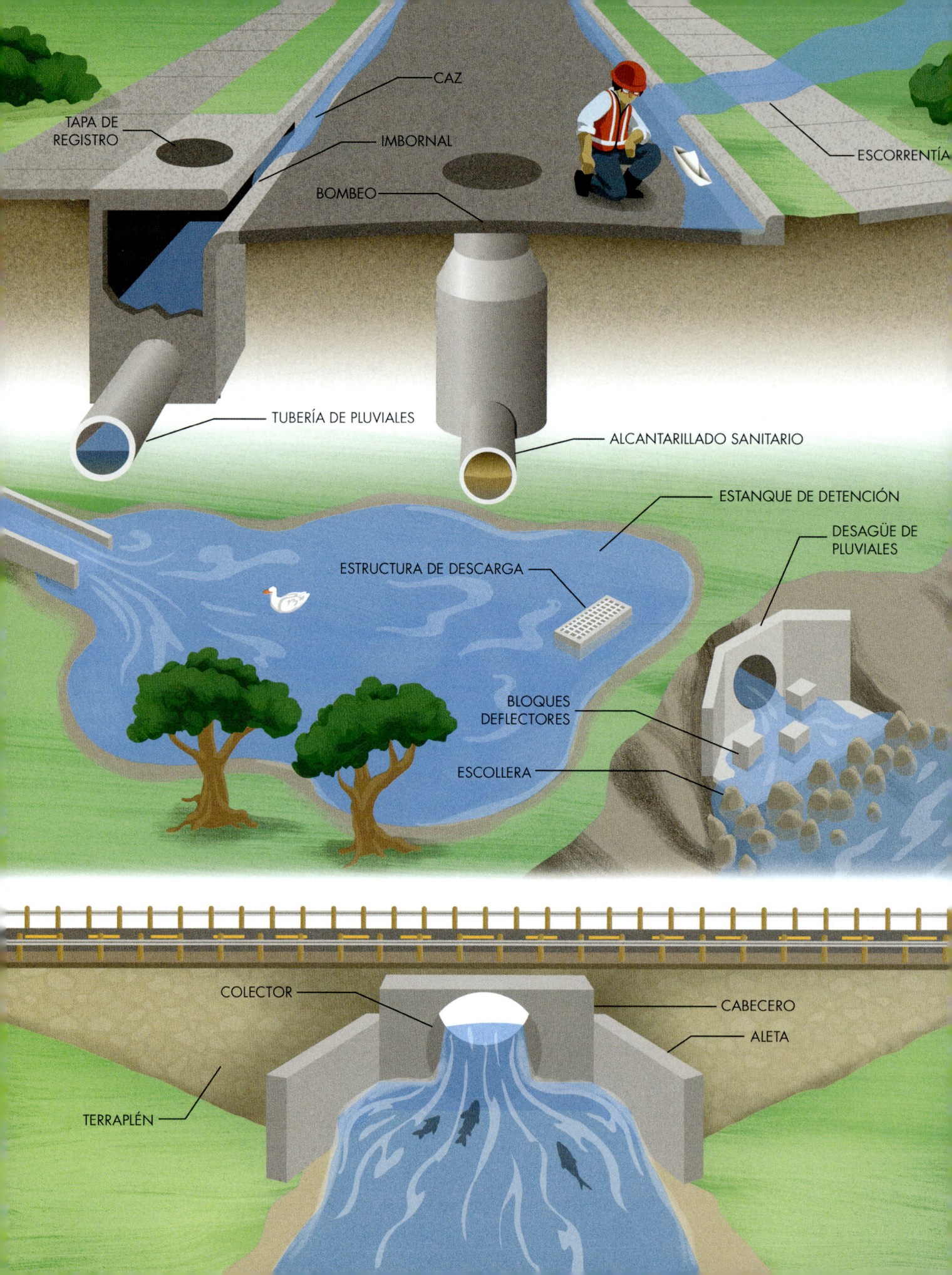

CAZ

TAPA DE
REGISTRO

IMBORNAL

BOMBEO

ESCORRENTÍA

TUBERÍA DE PLUVIALES

ALCANTARILLADO SANITARIO

ESTANQUE DE DETENCIÓN

DESAGÜE DE
PLUVIALES

ESTRUCTURA DE DESCARGA

BLOQUES
DEFLECTORES

ESCOLLERA

COLECTOR

CABECERO

ALETA

TERRAPLÉN

La red de recogida de aguas pluviales

Uno de los impactos ambientales más significativos de las ciudades radica en la forma en que afectan al movimiento del agua por encima y por debajo del suelo durante las tormentas. Todas las calles, aceras, edificios y aparcamientos cubren el suelo con superficies impermeables, de modo que el agua de lluvia va a parar a ríos y arroyos en vez de filtrarse al subsuelo. En consecuencia, su caudal crece y se hace mucho más rápido, aparte de estar mucho más contaminados. Mientras que una cuenca natural actúa como una esponja que absorbe y frena el agua de lluvia a medida que cae, las cuencas urbanas funcionan más bien como embudos, recogiendo y concentrando la escorrentía. Las aguas pluviales y las inundaciones han sido un problema desde que los seres humanos empezamos a vivir en las ciudades y la primera solución fue simplemente sacar el agua y alejarla lo más rápido posible. Esta solución está en el nombre que seguimos utilizando para la gestión de las tormentas en las ciudades: *drenaje*. Cuando llueve y cuando diluvia, intentamos que la escorrentía tenga a donde ir.

La mayoría de las ciudades están organizadas de tal manera que las calles actúan como primera vía de flujo de las precipitaciones. Las parcelas individuales se nivelan con una pendiente hacia la calle para que el agua fluya lejos de las edificaciones, donde de otro modo causaría problemas. Una calzada urbana estándar tiene un BOMBEO en el centro y CACES o cunetas a ambos lados para que el agua pueda fluir. De este modo, la calzada se mantiene principalmente seca y segura para la circulación de vehículos, al tiempo que se proporciona un canal para conducir la ESCORRENTÍA. Con el tiempo, la carretera llegará a un punto bajo natural y comenzará a subir o habrá recogido tanta escorrentía que no podrá retenerla toda en las cunetas. En algunos casos es posible que la escorrentía de una calzada desemboque directamente en un curso de agua natural. Sin embargo, en las zonas urbanas densas, donde el espacio es limitado, las aguas pluviales se canalizan hacia desagües subterráneos.

En el pasado, era habitual verter toda la escorrentía de las calles directamente a la red de saneamiento. Por desgracia, las depuradoras no siempre se diseñan para procesar afluencias masivas de aguas residuales y pluviales combinadas a capricho de la madre naturaleza. En el peor de los casos, las depuradoras se ven obligadas a verter las aguas residuales sin tratar directamente a los cursos de agua cuando la afluencia es excesiva para ser almacenada o procesada. Por eso, en la actualidad, la mayoría de las ciudades poseen redes separativas donde las tuberías de DRENAJE PLUVIAL discurren por separado de las del ALCANTARILLADO SANITARIO. La lluvia suele entrar en un sistema de alcantarillado de aguas pluviales a través de un IMBORNAL o una rejilla de superficie. Los imbornales se colocan en todos los puntos bajos de la calzada y a intervalos regulares en los tramos con pendiente. Muchas incluyen una TAPA DE REGISTRO para acceder a ellas con objeto de proceder a su limpieza y mantenimiento. Todos los imbornales se conectan a la red de drenaje pluvial para evacuar el agua de lluvia. El diámetro y la pendiente de las tuberías se calculan para que el agua fluya por gravedad en función del volumen previsto de aguas pluviales, de forma similar a como se diseñan las tuberías de la red de saneamiento para transportar un volumen específico de aguas residuales.

La red de pluviales converge igual que un sistema natural de arroyos y ríos. Al final, las tuberías se conducen a un DESAGÜE en un curso de agua natural o en el océano. Con frecuencia, en los desagües se instalan BLOQUES DEFLECTORES y ESCOLLERAS para disipar la energía y proteger los suelos naturales de la erosión provocada por la rápida salida de la escorrentía. A diferencia de un sistema de alcantarillado sanitario que termina en una planta de tratamiento, la mayor parte de la escorrentía de aguas pluviales se vierte directamente en el medio ambiente, por lo que las ciudades suelen advertir al público sobre la necesidad de evitar residuos en los imbornales.

Los colectores de aguas pluviales ayudan a reducir las inundaciones locales al eliminar rápidamente el agua de las calles y conducirla a ríos y arroyos. Sin embargo, la afluencia de las aguas pluviales procedentes de zonas urbanas agrava las inundaciones en estas masas naturales de agua. Muchas ciudades deciden incrementar la capacidad de los cursos de agua naturales mediante su ampliación, rectificación y revestimiento con hormigón. Esta estrategia de diseño se denomina *canalización*. Acelerar el flujo de las aguas pluviales mediante la canalización permite reducir la profundidad y extensión de las inundaciones, pero también tiene sus desventajas. Los feos canales de hormigón dañan la imagen visual de las ciudades. Además, la canalización puede empeorar las inundaciones aguas abajo y degradar el hábitat del cauce original. La mayoría de las ciudades reconocen que ensanchar y revestir los canales naturales no es una solución completa al aumento de la escorrentía procedente del desarrollo urbanístico.

En consecuencia, las ciudades exigen ahora a los promotores que se responsabilicen de su propio impacto en el volumen y la calidad de las aguas pluviales, lo que implica el almacenamiento *in situ* antes de verter el drenaje a un curso natural de agua. Los *estanques de retención* mantienen un depósito permanente de agua, mientras que los ESTANQUES DE DETENCIÓN suelen estar secos. Ambos actúan como miniesponjas y absorben toda la lluvia que cae de los edificios, calles y aparcamientos. Sus ESTRUCTURAS DE DESCARGA están diseñadas para devolver lentamente la escorrentía a los cursos de agua, después de reducir el caudal máximo al nivel previo a la construcción de edificios y aparcamientos. Los estanques de retención y detención también reducen la contaminación al ralentizar el agua, de modo que las partículas en suspensión se puedan sedimentar.

No es muy económico gestionar las aguas pluviales a lo largo de las autovías de forma subterránea. Por eso, solemos construir las autovías sobre el terreno natural en TERRAPLENES con cunetas paralelas para conducir las aguas pluviales. Cuando las carreteras cruzan un arroyo o río importante, lo más común es construir un puente. Sin embargo, no es rentable construir puentes sobre todos los cauces menores y depresiones topográficas del paisaje. Por tanto, para cruzar los cursos pequeños de agua, un COLECTOR transversal permite que el agua atraviese la carretera de lado a lado por debajo. Los ingenieros calculan el diámetro del colector para reducir la posibilidad de que el agua de lluvia desborde la calzada. Los muros laterales (ALETAS) y el muro frontal (CABECERO) retienen el terraplén, mientras guían las aguas pluviales hacia el colector transversal. Un colector mal diseñado puede dejar pasar el agua, pero obstaculizar el paso de los animales; por ello, los ingenieros trabajan con biólogos y científicos medioambientales para garantizar que su diseño se adecue tanto al agua que deben transportar como a las criaturas que viven en ella.

La red de recogida de aguas pluviales

Las infraestructuras municipales de drenaje han avanzado mucho, pero siguen considerando las aguas pluviales como un producto de desecho, método del que debemos prescindir. La realidad es que el agua de lluvia es un recurso y las cuencas naturales prestan muchos más servicios que el simple transporte de la escorrentía aguas abajo. Sirven de hábitat para la fauna, limpian y filtran la escorrentía con vegetación natural, desvían la lluvia al subsuelo para recargar los acuíferos y reducen las inundaciones al frenar el agua en su origen y evitar que toda se concentre con rapidez. Muchas ciudades están buscando formas de reproducir y recrear las funciones naturales de las cuencas hidrográficas en las zonas urbanizadas. En Estados Unidos, las prácticas que reducen el volumen de la escorrentía y la contaminación que transporta gestionándola cerca de la fuente se denominan *desarrollo de bajo impacto*. Incluyen estrategias como jardines de lluvia, cubiertas vegetadas, pavimentos permeables, cunetas vegetales y otras formas de armonizar el entorno construido y sus funciones hidrológicas y ecológicas originales. El desarrollo de bajo impacto también incluye una mejor gestión de las llanuras aluviales mediante el uso del suelo para fines menos vulnerables a las inundaciones, como parques y senderos.

8

CONSTRUCCIÓN

Introducción

Todas las infraestructuras tienen una cosa en común: hay que construirlas. No se puede comprar todo un sistema de saneamiento o una red eléctrica en una tienda. Más bien, estas instalaciones complejas se construyen *in situ* por humanos con máquinas. La construcción es a la vez molesta y satisfactoria, dependiendo de cuál sea tu perspectiva (o tu ruta diaria). Es ruidosa, fastidiosa y lenta. Sin embargo, la maquinaria gigantesca y la intensidad del esfuerzo evocan asombro y admiración en el observador. No hay nada como presenciar cómo una estructura toma forma a partir de las materias primas y el trabajo duro, y a menudo es difícil pasar por delante de una obra sin distraerse con todo ese barullo.

Aunque la construcción parezca caótica, hay un método dentro de toda esa locura. Cada trabajador y cada equipo tiene una tarea específica. Los logros individuales podrían parecer insignificantes o incluso mundanos, pero poco a poco se acumulan resultados que pueden llegar a ser espectaculares (como se apreció en los capítulos anteriores). Observar una obra puede convertirse en una actividad especial que nos permita maravillarnos con la forma en que la rutina de un conjunto de trabajadores y maquinaria progresa continuamente. Sea cual sea la forma que elijas para observar, siempre verás cosas interesantes.

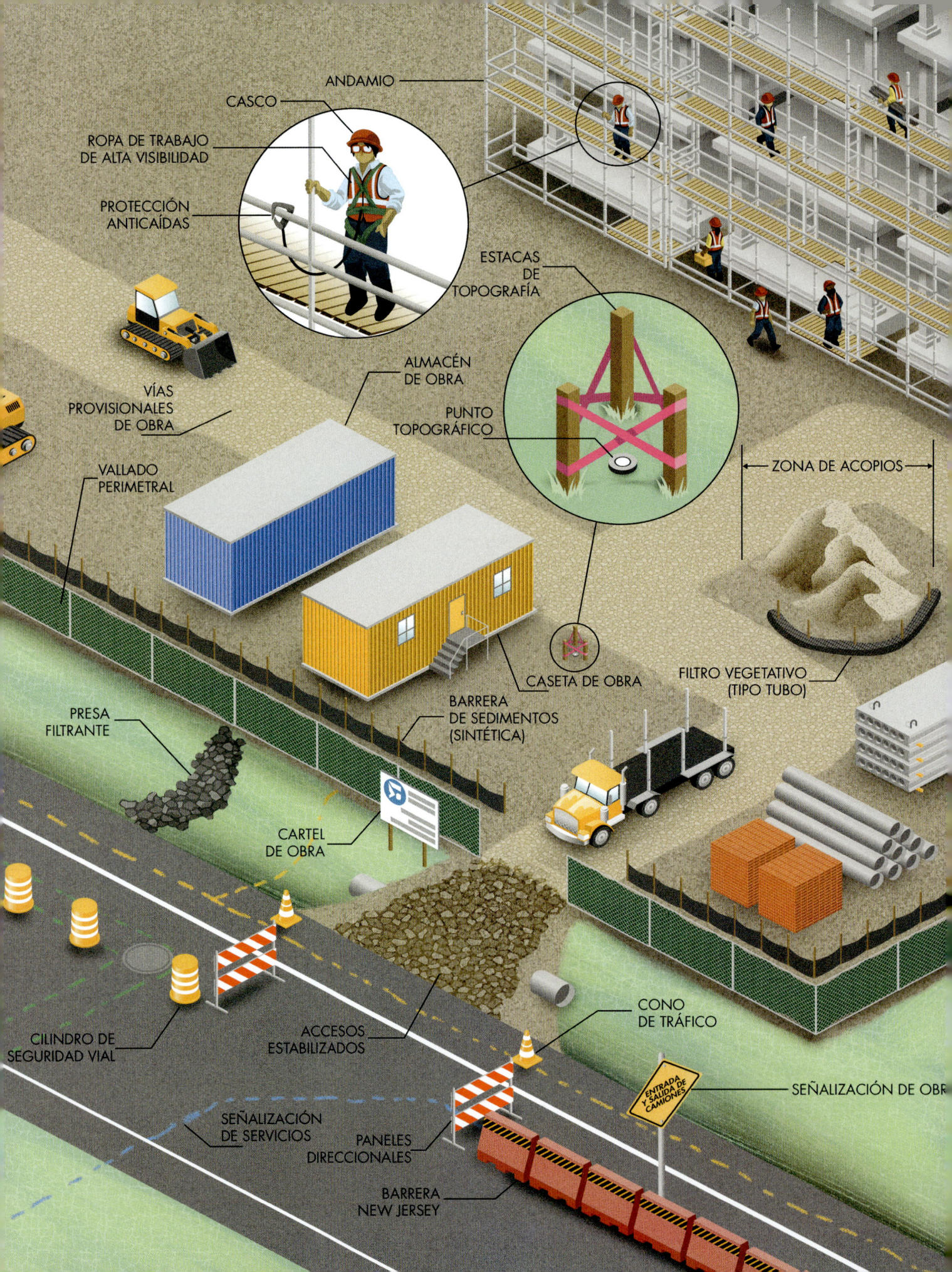

ANDAMIO

CASCO

ROPA DE TRABAJO
DE ALTA VISIBILIDAD

PROTECCIÓN
ANTICAÍDAS

ESTACAS
DE
TOPOGRAFÍA

ALMACÉN
DE OBRA

PUNTO
TOPOGRÁFICO

VÍAS
PROVISIONALES
DE OBRA

ZONA DE ACOPIOS

VALLADO
PERIMETRAL

FILTRO VEGETATIVO
(TIPO TUBO)

CASETA DE OBRA

BARRERA
DE SEDIMENTOS
(SINTÉTICA)

PRESA
FILTRANTE

CARTEL
DE OBRA

CONO
DE TRÁFICO

CILINDRO DE
SEGURIDAD VIAL

ACCESOS
ESTABILIZADOS

SEÑALIZACIÓN DE OBR

SEÑALIZACIÓN
DE SERVICIOS

PANELES
DIRECCIONALES

ENTRADA
Y SALIDA DE
CAMIONES

BARRERA
NEW JERSEY

Una obra tipo

Sin importar cual sea la obra: una carretera, un puente, una presa, un oleoducto o cualquier otra infraestructura, a primera vista parece un frenesí desorganizado de máquinas y trabajadores en plena actividad. Pero si te fijas bien empezarás a entenderlo todo. Aunque cada obra es única, el lugar donde se llevan a cabo los trabajos es muy similar en todos los proyectos.

Antes de comenzar cualquier obra, un topógrafo debe marcar la ubicación del proyecto sobre el terreno. Se colocan los PUNTOS TOPOGRÁFICOS que servirán de referencia una vez iniciada la obra. Suelen ser grandes clavos hincados en asfalto u hormigón o barras de hierro clavadas en el terreno. También se marcan los puntos topográficos y otros elementos esenciales con ESTACAS de madera y cinta de señalización. En el sistema de coordenadas tridimensional empleado por los topógrafos, la x y la y corresponden a la planimetría y la z, a la altimetría. Los proyectos lineales, como carreteras y oleoductos, por lo general utilizan un sistema de coordenadas denominado *estacionamiento*. En Estados Unidos, cada «estación» o punto equivale a 100 pies. En las obras, es habitual ver ubicaciones etiquetadas mediante su distancia en «estaciones» (STA, de *station*) más el número de pies a lo largo del eje de la estructura[1] (por ejemplo, «STA 12+50» indica una ubicación a 1250 pies a lo largo del eje).

Además de la topografía, es preciso identificar y señalizar todos los servicios subterráneos para garantizar que las excavadoras no los dañen sin darse cuenta. La SEÑALIZACIÓN DE SERVICIOS se traza directamente sobre el suelo con pintura en aerosol de diferentes colores. En muchas partes del mundo, estos colores están estandarizados. Por ejemplo, rojo para las líneas eléctricas, naranja para las telecomunicaciones, amarillo para el gas natural, verde para el saneamiento y azul para el abastecimiento de agua. La pintura blanca sirve para indicar la ubicación de las excavaciones y el rosa se reserva para las marcas topográficas.

Lo primero que se ve en una obra es el CARTEL DE OBRA, que sirve para identificar a las empresas involucradas, notificar al público el nombre y la finalidad del proyecto y mostrar información importante como la licencia de obra.

Además de la propia estructura que se va a construir, gran parte de una obra consiste en mover y almacenar materiales. La maquinaria pesada y los grandes camiones necesitan espacio para desplazarse y cargar y descargar materiales. Si estos enormes vehículos circulan directamente sobre el terreno, todo acaba convertido en un barrizal, sobre todo cuando llueve. Por ello, los contratistas suelen construir VÍAS PROVISIONALES de obra para que el tráfico fluya. Además, la mayoría de las obras incluyen ZONAS DE ACOPIOS, de carga, descarga y almacenamiento de materiales y maquinaria que se utilizarán en el proyecto.

Aunque a primera vista parezca que trabajar en la construcción implica estar mucho tiempo de pie sin hacer nada, cualquiera que haya trabajado en una obra puede decirte que es un trabajo muy duro. La mayoría de los trabajadores de obra son obreros cualificados, como albañiles, carpinteros, soldadores y pintores. Además, casi siempre habrá un *encargado* o capataz que supervise el proyecto, un *inspector* de control de calidad que garantice que la construcción se realiza de acuerdo con los planos y especificaciones de proyecto, así como personal

---

[1] *N. de la T.*: En España, donde está vigente el SI, se emplean los puntos kilométricos, así el PK 1+250 correspondería a 1 km + 250 m.

de prevención de riesgos con el fin de evitar posibles accidentes y detectar cualquier peligro antes de que llegue a provocar lesiones.

Las obras de construcción son especialmente peligrosas debido a la maquinaria de gran tamaño, las herramientas peligrosas y la necesidad de trabajar en lugares precarios o a gran altura. Muchos de los elementos visibles de las obras están relacionados con la prevención de riesgos laborales, incluidos los EQUIPOS DE PROTECCIÓN INDIVIDUAL (EPI). Por lo general, los trabajadores y demás personal de la obra deben llevar CASCO para protegerse contra la caída o la proyección de objetos. Los trabajadores han de usar ROPA DE TRABAJO DE ALTA VISIBILIDAD: de colores brillantes y con bandas reflectantes para evitar accidentes por no ser vistos. Para los trabajos en altura, se utilizan ANDAMIOS que proporcionan plataformas temporales para acceder a zonas difíciles. Estos trabajadores también deben usar EQUIPO DE PROTECCIÓN ANTICAÍDAS, que incluye un arnés y elementos de amarre, para reducir el peligro de caídas mientras trabajan en altura o cerca de excavaciones profundas.

Además de mantener la seguridad de los trabajadores, los proyectos de construcción también deben tener en cuenta la seguridad de terceros. La mayoría de las obras incluyen un VALLADO PERIMETRAL para mantener a los peatones alejados de las zonas peligrosas, a veces se instalan pantallas para evitar que el viento levante polvo, así como para disuadir de robos al ocultar los caros equipos y herramientas.

La seguridad vial es esencial en los proyectos de carreteras, que con frecuencia requieren cortar carriles y desviar el tráfico alrededor de la obra. Los contratistas instalan CONOS, CILINDROS[2], BARRERAS y PANELES para redirigir a los vehículos y mantenerlos alejados de la obra. La SEÑALIZACIÓN DE OBRAS y las barreras son siempre de color amarillo para que los conductores puedan distinguirlas con facilidad del resto de señales y procedan con precaución en la zona de obras.

La construcción no implica solamente trabajo duro y herramientas eléctricas. Como en cualquier otro negocio, gran parte del trabajo se realiza en una oficina, por ejemplo: pedir materiales, revisar planos, celebrar reuniones y responder correos electrónicos. En los grandes proyectos, los contratistas suelen tener toda una plantilla de personal de oficina in situ para mantener las cosas funcionando sin problemas. Es posible que veas varias CASETAS DE OBRA que sirven de oficinas para el contratista, la dirección de obra y el promotor. Otras casetas también se usan como ALMACÉN de herramientas y materiales.

Una de las molestias que ocasiona la construcción es la alteración del suelo. La lluvia arrastra las partículas del suelo desprotegido. Estos sedimentos en suspensión se consideran contaminantes porque degradan la calidad de los cursos naturales de agua y afectan los hábitats de la fauna. Por ello, la mayoría de los proyectos de construcción deben contar con instalaciones que controlen la escorrentía de las aguas pluviales y eviten que arrastre tierra fuera de la obra. Las BARRERAS y los FILTROS DE RETENCIÓN DE SEDIMENTOS ralentizan la escorrentía para retener los sedimentos. Los ACCESOS ESTABILIZADOS con piedras eliminan el barro de los neumáticos antes de salir de la obra. Por último, se colocan PRESAS FILTRANTES en los canales para permitir el paso del agua, pero no el de otros materiales, y reducir el potencial de erosión.

---

2 *N. de la T.*: Apenas usados en España.

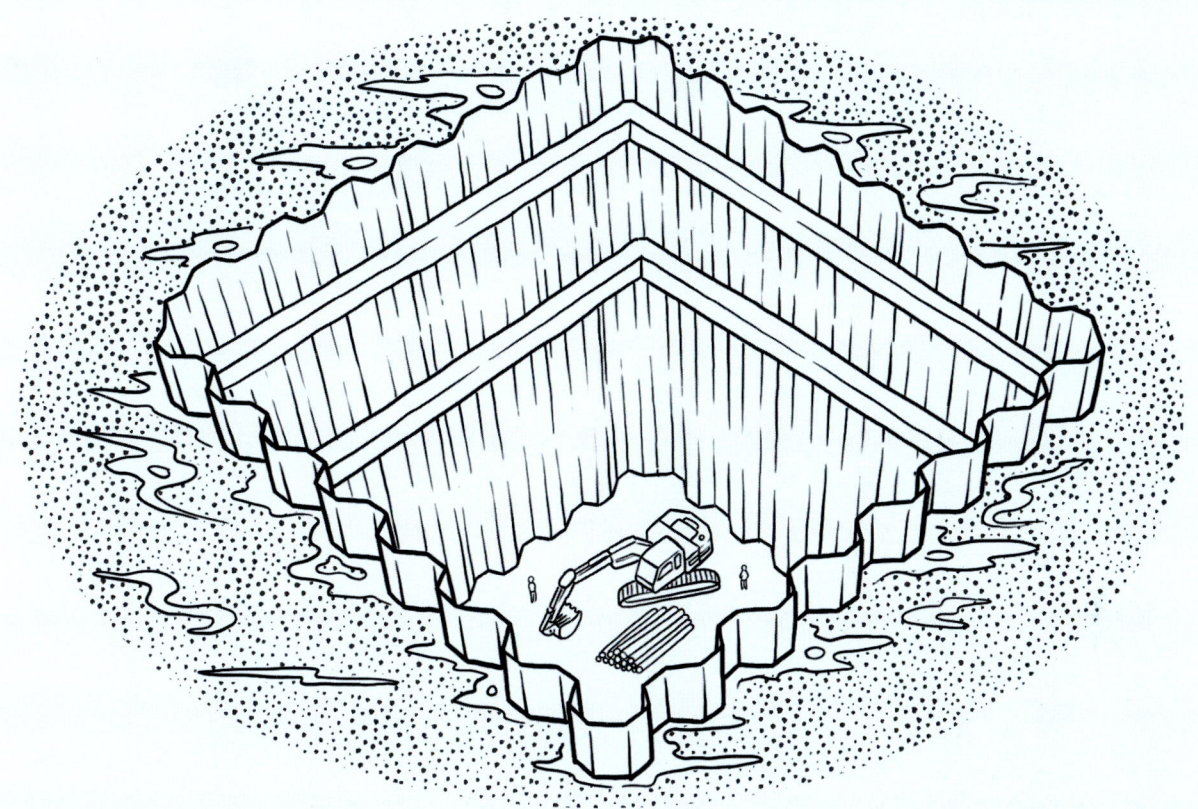

Muchas infraestructuras (muelles, puentes y presas, entre otras) tienen sus cimientos bajo el agua. Construir la cimentación donde los humanos y las máquinas no pueden trabajar de manera eficiente es un desafío importante. Por ello, gran parte de la construcción subacuática implica eliminar primero el agua para trabajar en seco, proceso denominado *achique*. A menudo, se requiere una estructura llamada *ataguía* para retener temporalmente el agua de un sitio de construcción. Las ataguías suelen consistir en diques de terraplén o escollera, unas placas de acero entrelazadas llamadas *tablestacas*, marcos de acero con una membrana de plástico o presas de goma llenas de agua. No siempre son completamente impermeables, por lo que en las obras con ataguías se precisan bombas para mantener la zona seca. Una vez finalizada la construcción, se retira la ataguía, y la obra vuelve a su estado original bajo el agua. En el caso de las obras de construcción en ríos y canales, el proceso implica también desviar el caudal. En función del volumen, es posible realizar estos desvíos mediante bombas, canales temporales o túneles. A veces el proyecto se ejecuta por etapas mientras se desvía el caudal a través de la parte inactiva de la obra.

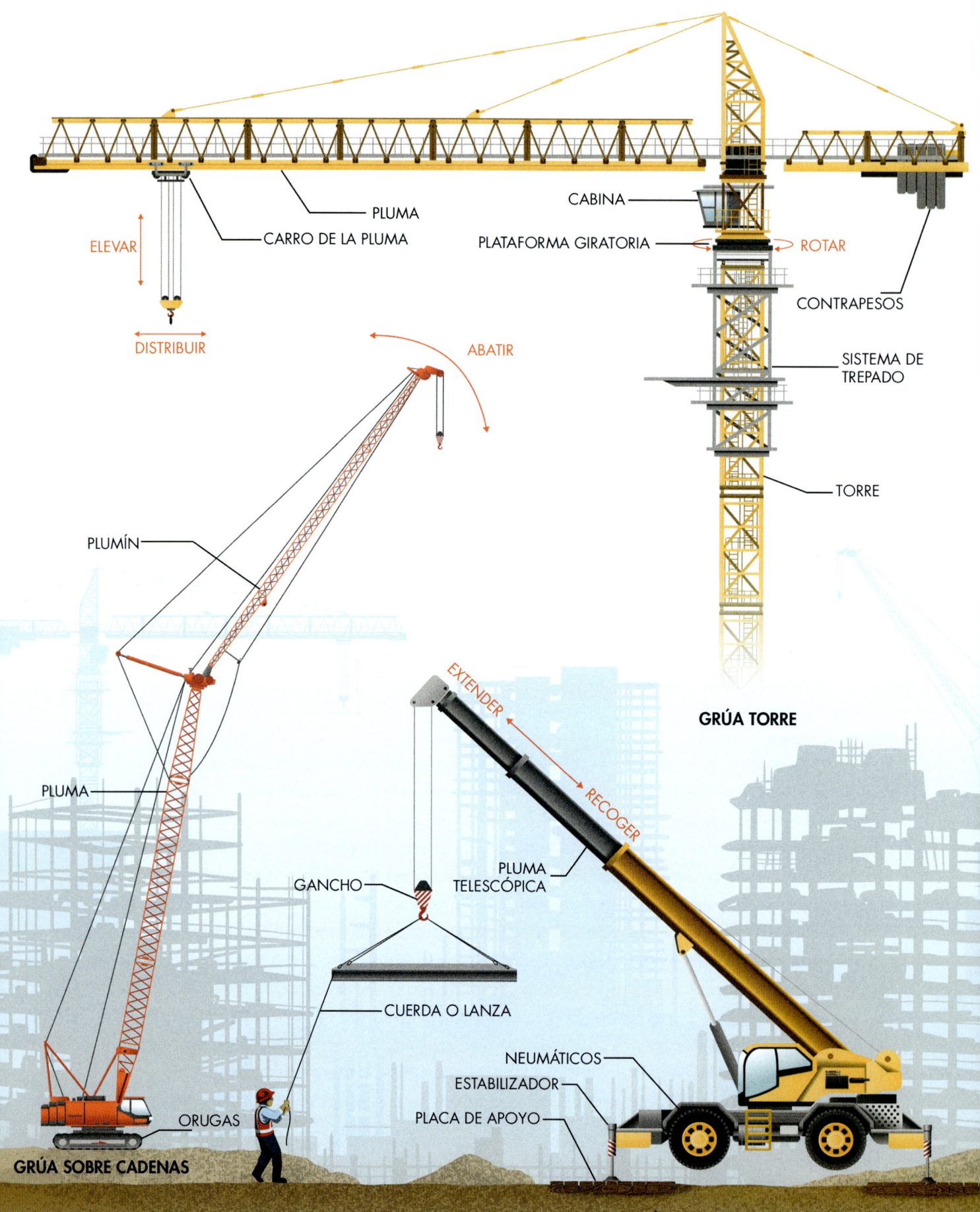

PLUMA

CARRO DE LA PLUMA

ELEVAR

DISTRIBUIR

CABINA

PLATAFORMA GIRATORIA   ROTAR

CONTRAPESOS

SISTEMA DE TREPADO

TORRE

ABATIR

PLUMÍN

PLUMA

EXTENDER

RECOGER

PLUMA TELESCÓPICA

GANCHO

CUERDA O LANZA

GRÚA TORRE

NEUMÁTICOS

ESTABILIZADOR

PLACA DE APOYO

ORUGAS

GRÚA SOBRE CADENAS

GRÚAS PARA TERRENOS IRREGULARES

Las grúas

Toda la construcción se reduce a la manipulación de materiales: recepción de entregas, almacenamiento, traslado y colocación de todas las piezas y partes de un proyecto. Por supuesto, el sudor y los músculos pueden encargarse de gran parte de este trabajo, pero cualquiera que trabaje en el sector te dirá que hay muchos trabajos que solo puede realizar una grúa. En muchas obras, la cuestión no es si se va a utilizar una grúa, sino cuántas y de qué tipo. Estas columnas vertebrales del sector de la construcción permiten levantar e instalar materiales y componentes mucho más grandes y pesados de lo que sería posible con mano de obra humana, haciendo la construcción más rápida y eficiente que nunca.

En las obras se usan muchos tipos de grúas, y cada una tiene sus propias ventajas. Suelen dividirse en dos tipos: *grúas móviles y fijas*. Las móviles se desplazan sobre ruedas u orugas. Las GRÚAS SOBRE CADENAS o SOBRE ORUGAS, como indica su nombre, cuentan con un sistema de propulsión formado por un conjunto de ORUGAS; y son las grúas móviles de mayor tamaño y capacidad que podemos ver en las obras. Por lo general, están equipadas con PLUMAS de acero capaces de cubrir grandes distancias a gran altura. Las plumas más largas se fabrican con un entramado de barras de acero (celosía) que las hace ligeras y extremadamente rígidas. Además, muchos fabricantes ofrecen PLUMINES que se acoplan al extremo de la pluma para ampliar su alcance aún más. Las grúas sobre cadenas no pueden circular por carreteras, por lo que se transportan en camiones hasta las obras para su montaje.

Las GRÚAS PARA TERRENOS IRREGULARES se desplazan sobre un tren de rodaje móvil como las grúas sobre orugas, pero, a diferencia de estas, tienen ruedas con neumáticos. Estas grúas son las mejores para acceder a lugares remotos y difíciles. Por lo general, son más pequeñas que las grúas sobre orugas, lo que hace que sea más rápido y fácil instalarlas en espacios casi inaccesibles para otras. Muchas cuentan con PLUMAS TELESCÓPICAS con secciones extensibles para aumentar su alcance. Se pueden desplazar (lentamente) mientras transportan una carga, por lo que sirven para mover objetos pesados en distancias cortas. Sin embargo, su capacidad de carga aumenta significativamente cuando funcionan en una ubicación fija sobre ESTABILIZADORES. Estos dispositivos levantan el tren de rodaje del suelo. Las *grúas todoterreno* funcionan y tienen un aspecto similar al de las grúas para terrenos irregulares, pero están diseñadas para circular por calles y carreteras, y así se elimina la necesidad de transportarlas sobre camiones. Aunque suelen ser las más pequeñas de las grúas móviles, son también las más versátiles.

Las grúas fijas se instalan en un único lugar, donde permanecen durante todo o gran parte del proyecto. En una obra de edificación, el tipo más habitual de grúas fijas es la GRÚA TORRE. Estas constan de una TORRE vertical y una pluma horizontal que se extiende desde la torre y gira alrededor de ella sobre una PLATAFORMA GIRATORIA. El CARRO se desplaza a lo largo de la pluma y permite al gruista sentado en la CABINA desplazar el GANCHO hasta donde sea necesario.

La instalación de una grúa torre es una proeza en sí misma, por lo que generalmente solo se usan en proyectos de larga duración, como edificios altos. Casi siempre cuentan con una base de hormigón armado y requieren otra grúa para su montaje y desmontaje. Algunas grúas torre (trepadoras) se elevan por sí solas y hacen posible que la torre aumente de altura a medida que aumenta la de la edificación. Un SISTEMA DE TREPADO sujeta dos secciones de la torre tras ser desconectadas y eleva la parte superior de la grúa. A continuación, la grúa eleva e inserta una nueva sección (en el espacio creado por el sistema de trepado mediante cables y cremalleras) que se atornilla en su sitio. Este proceso se repite tantas veces como sea necesario hasta alcanzar la altura deseada.

El objetivo principal de cualquier grúa es trasladar o reposicionar cargas de un lugar a otro, y hay muchas formas de hacerlo. Casi todas las grúas poseen un tambor en el que se enrolla el cable. La acción de girar el tambor para elevar la carga con el cable se denomina ELEVACIÓN. Además del movimiento de elevación, algunas plumas pueden pivotar y cambiar su ángulo mediante cables o cilindros hidráulicos. Este movimiento se conoce como ABATIR la pluma. Otras incluso basculan la pluma y el plumín por separado, lo

que proporciona una mayor amplitud de movimiento. El giro horizontal de la pluma se denomina ROTACIÓN. Por último, las grúas con plumas telescópicas pueden EXTENDER y RECOGER la extensión, y los carros de las grúas torre se desplazan a lo largo de la pluma, movimiento conocido como DISTRIBUCIÓN.

En ocasiones se precisa un auxiliar en tierra o señalista para comunicar al gruista los movimientos necesarios para sujetar, asegurar, elevar y depositar una carga. Cuando no se dispone otro sistema de comunicación, las señales manuales normalizadas permiten al operador saber los movimientos que debe realizar. El personal de tierra también utiliza CUERDAS o LANZAS cuando es necesario para controlar la carga y evitar que gire.

A pesar de ser vitales para las obras, las grúas también son peligrosas. Se precisan muchos cálculos para evitar que vuelquen. Para distribuir la presión extrema de las grúas y evitar que se hundan en el suelo, se utilizan unas bases de madera llamadas PLACAS DE APOYO. Los CONTRAPESOS de acero u hormigón equilibran el peso de la carga y reducen la tendencia a volcar (denominada *momento*). Por último, cuando el viento supera determinada velocidad, se desmontan las grúas móviles y las grúas torre se ponen en posición de *veleta*, lo que les permite girar libremente con el viento en vez de luchar por mantener una posición determinada.

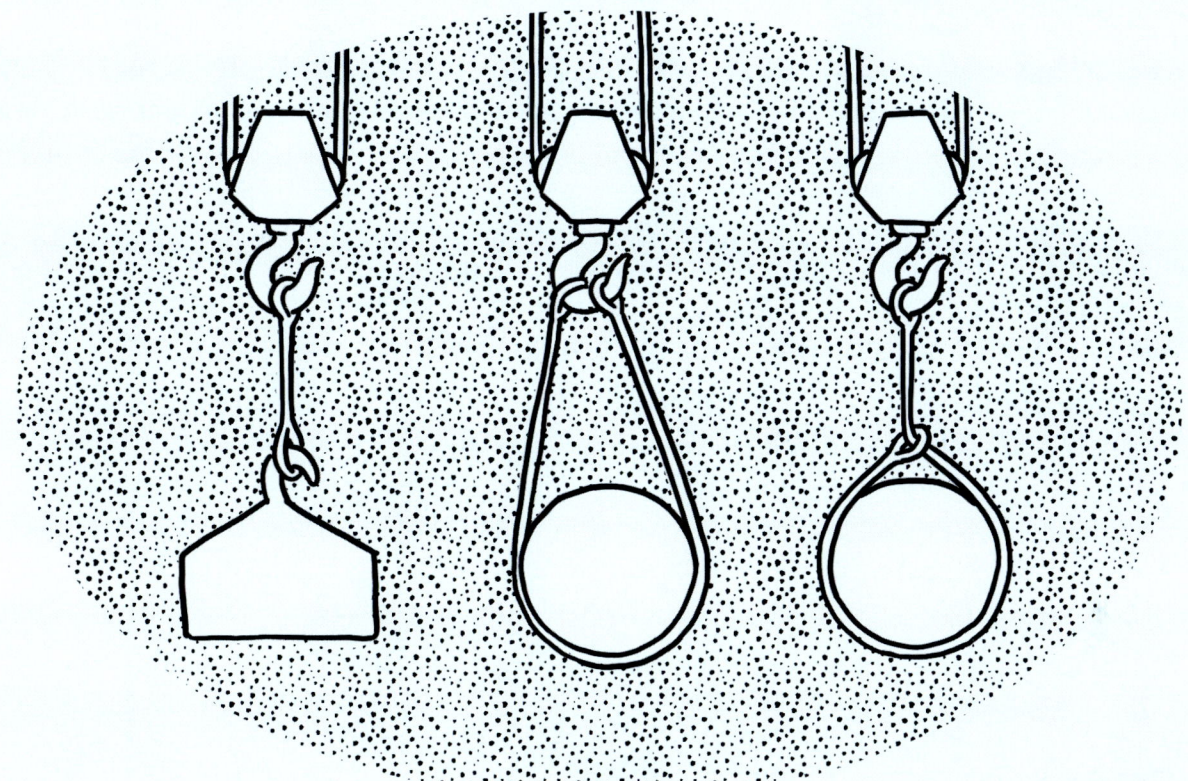

La mayoría de las grúas utilizan un gancho para sujetar la carga, pero pocas cosas de las que hay que elevar tienen un accesorio que encaje bien en esos gigantescos ganchos de acero. *Estrobado* es el término empleado para describir todos los pasos requeridos para sujetar una carga a la grúa y suspenderla y moverla. La herramienta más utilizada por un estrobador es la *eslinga*: un simple trozo de cable, cadena, cuerda o cincha con argollas en ambos extremos. Existen tres *eslingados* básicos. En el eslingado vertical, un ojo de la eslinga se conecta al gancho y el otro se conecta a un punto de enganche de la carga. En el de cesta, la eslinga pasa por debajo de la carga y se colocan ambos ojos en el gancho. Por último, en el estrangulado, un ojo de la eslinga se enrolla alrededor de la carga, pasa a través del otro ojo y se cuelga en el gancho. Cada tipo de eslingado dispone de una capacidad de carga diferente y ventajas específicas sobre los demás. La próxima vez que veas una grúa elevando una carga, intenta identificar cuál de los tres tipos está usando.

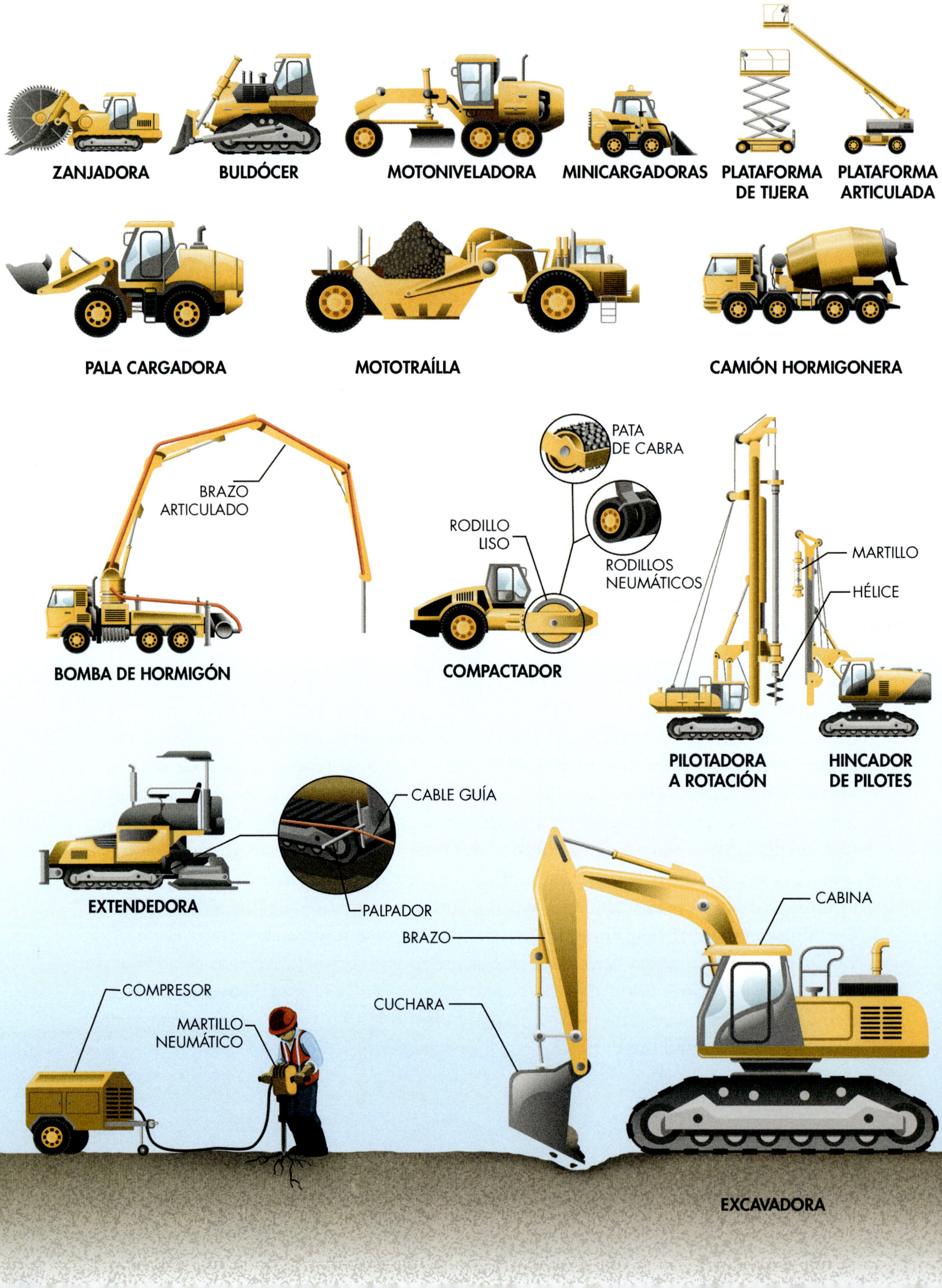

ZANJADORA

BULDÓCER

MOTONIVELADORA

MINICARGADORAS

PLATAFORMA DE TIJERA

PLATAFORMA ARTICULADA

PALA CARGADORA

MOTOTRAÍLLA

CAMIÓN HORMIGONERA

BRAZO ARTICULADO

BOMBA DE HORMIGÓN

PATA DE CABRA

RODILLO LISO

RODILLOS NEUMÁTICOS

COMPACTADOR

MARTILLO

HÉLICE

PILOTADORA A ROTACIÓN

HINCADOR DE PILOTES

CABLE GUÍA

PALPADOR

EXTENDEDORA

CABINA

BRAZO

COMPRESOR

MARTILLO NEUMÁTICO

CUCHARA

EXCAVADORA

La maquinaria de construcción

Nada amplifica más el esfuerzo humano que la maquinaria pesada. Aparte de las grúas descritas en la sección anterior, en las obras de construcción se utiliza una gran cantidad de maquinaria para aumentar la velocidad y la eficiencia del trabajo. Aunque las máquinas de construcción parezcan solo una cacofonía de martilleos y alarmas de marcha atrás, las infraestructuras modernas no podrían existir sin sus capacidades para mover, compactar, verter, perforar, transportar, desmontar y construir. Por supuesto, explicar todos los equipos de una obra sería imposible, pero seguro que podrás observar los descritos en este apartado si observas con atención.

Gran parte de la maquinaria de construcción está destinada al movimiento de tierras: mover y recolocar tierra y rocas. Las EXCAVADORAS están presentes en muchas obras por su versatilidad. Suelen contar con una CUCHARA, un BRAZO y una CABINA giratoria, aunque existen muchos otros accesorios y configuraciones. Las excavadoras sirven para realizar diversas funciones, como cavar hoyos y zanjas, retirar escombros e incluso levantar y colocar cargas (por ejemplo, una grúa). Las hay de muchos tamaños, desde miniexcavadoras que caben en la parte trasera de una furgoneta hasta máquinas gigantescas demasiado grandes para transportarlas por una autopista sin desmontarlas antes. Las ZANJADORAS son otro tipo de máquinas destinadas específicamente a la excavación. Incluyen una rueda dentada o cadena para abrir largos agujeros en la tierra con objeto de instalar tubos, cables eléctricos y otros servicios lineales.

Los BULDÓCERES o TRACTORES DE CADENAS poseen grandes cuchillas para empujar materiales y para eliminar maleza, árboles y rocas, empujar tierra en distancias cortas y distribuir relleno sobre grandes superficies. Las MOTONIVELADORAS tienen una hoja larga, al igual que los buldóceres. Sin embargo, les permiten nivelar la tierra con mayor precisión. En vez de las cuchillas, las PALAS CARGADORAS están equipadas con grandes cucharas para excavar y transportar grandes volúmenes de tierra. Estas máquinas también están disponibles en muchos tamaños, desde las minúsculas MINICARGADORAS empleadas en obras pequeñas hasta las enormes cargadoras sobre ruedas que se emplean en las minas. Cuando hay que mover grandes volúmenes de tierra por una obra, las MOTOTRAÍLLAS son las más adecuadas. Estas máquinas raspan la tierra como un cepillo de carpintero y la cargan en una caja de transporte en el vehículo de la propia máquina. A continuación, la transportan y la colocan directamente, lo que elimina la necesidad de transferirla a otros vehículos como los camiones volquete.

Hay múltiples máquinas dedicadas exclusivamente a realizar trabajos viales. Las EXTENDEDORAS sirven para colocar las mezclas bituminosas en calzada, puentes y aparcamientos. También hay extendedoras para crear cunetas, barreras y calzadas de hormigón. Los camiones volquete o las palas cargadoras introducen el asfalto o el hormigón en la máquina, que emplea una serie de dispositivos mecánicos para formar una capa lisa y uniforme mientras avanza. Las que fabrican estructuras de hormigón utilizan un sistema de encofrado deslizante para crear elementos lineales como bordillos y barreras. Como la explanada no siempre está perfectamente nivelada, muchas máquinas de pavimentación y encofrado deslizante emplean un PALPADOR que se desplaza a lo largo de un CABLE GUÍA fijado por topógrafos según la alineación de la calzada. El palpador controla la dirección y la posición de la extendedora para garantizar que la calzada y el resto de los elementos sean uniformes y homogéneos.

Las estructuras de hormigón se curan y endurecen por sí solas, pero las tierras y las mezclas bituminosas deben compactarse *in situ*. En los grandes proyectos, esta tarea por lo general se realiza con un COMPACTADOR, un vehículo pesado con uno o dos RODILLOS lisos que comprimen el suelo o el asfalto al pasar sobre ellos. También hay COMPACTADORES DE NEUMÁTICOS que aceleran el proceso de compactación de la explanada y de las mezclas bituminosas. Del mismo modo, en suelos arcillosos y cohesivos se emplea un tambor texturizado denominado RODILLO DE PATA DE CABRA. Por último, muchos de estos rodillos son vibratorios, lo que aumenta su capacidad para alisar y aplanar la superficie.

Los pilotes son otra estructura habitual en muchos proyectos que consiste en elementos estructurales verticales perforados o hincados en el suelo para crear muros de contención y cimientos. El HINCADOR DE PILOTES es una máquina pilotadora que utiliza un gran MARTILLO o un mecanismo vibratorio para hincar pilotes de acero u hormigón en el terreno. Cuando los pilotes se ejecutan *in situ*, se utiliza una PILOTADORA A ROTACIÓN para excavar pozos con una HÉLICE u otra herramienta giratoria.

En muchos proyectos se vierte hormigón *in situ* en el encofrado. Es posible que hayas visto algún CAMIÓN HORMIGONERA transportando hormigón desde una planta hasta la obra. La CUBA tiene una pala en forma de espiral en su interior, que mezcla los ingredientes del hormigón mientras gira en una dirección, para evitar que se separen durante el transporte; y, si lo hace en sentido contrario, envía el hormigón hacia la parte trasera para su vertido. En algunos casos el vertido de hormigón se puede llevar a cabo directamente desde el camión, pero a menudo se necesita hacerlo en lugares de difícil acceso. Por ello, los camiones hormigonera suelen descargarlo en BOMBAS DE HORMIGÓN capaces de transportar la mezcla a través de tuberías. Algunas bombas de hormigón también están equipadas con un BRAZO ARTICULADO, que sirve para verter el hormigón con gran precisión donde sea necesario.

Otra clase de máquinas de construcción llamadas *plataformas elevadoras* persiguen el sencillo objetivo de hacer posible que los operarios trabajen con seguridad en lugares precarios. Una PLATAFORMA DE TIJERA consta de una base móvil accionada por un operario y una plataforma que se eleva verticalmente sobre una estructura metálica montada en forma de tijera. Solo se mueven verticalmente, por lo que no pueden utilizarse para maniobrar alrededor de obstáculos. En las PLATAFORMAS ARTICULADAS, un brazo hidráulico sostiene la plataforma y le proporciona mayor libertad para acceder a las zonas difíciles de la obra.

Por supuesto, aparte de toda la maquinaria empleada en las obras, los trabajadores también utilizan una larga lista de herramientas manuales eléctricas. Algunas de las más importantes son *neumáticas* (en otras palabras, funcionan con aire), por lo que se necesitará un COMPRESOR DE AIRE para accionarlas. Es habitual ver compresores en remolques para accionar MARTILLOS NEUMÁTICOS, taladros, amoladoras, pistolas de clavos y muchas otras herramientas.

La capacidad de los equipos de construcción se incrementa vertiginosamente con tecnologías más nuevas y avanzadas. Una innovación que ha cambiado por completo el mundo del movimiento de tierras es el Sistema de Posicionamiento Global (GPS). La navegación por mapa no es muy necesaria en las obras, pero la tecnología GPS ofrece muchas aplicaciones que van más allá de las que solemos emplear en nuestros coches. Gracias a los dispositivos GPS conocemos con exactitud la ubicación de todas las máquinas de la obra y su posición en relación con la *cota final* de proyecto. Los proyectos tradicionales exigen que los topógrafos replanteen con toda meticulosidad la ubicación y extensión del movimiento de tierras, incluso varias veces a lo largo de la obra. Los equipos con GPS trabajan con el modelo digital del proyecto y una interfaz a bordo para mostrar al operador exactamente cómo debe guiar la máquina. En algunos casos, puede incluso llegar a controlar la pala o la cuchara de forma automática. Muchos sistemas disponen de múltiples antenas circulares montadas en la máquina, por lo que es fácil darse cuenta de si el equipo emplea el GPS para facilitar el trabajo.

Glosario

A

abatir: Inclinar la pluma o el plumín de una *grúa* hacia arriba o hacia abajo.

accesibilidad: Diseño de estructuras y entornos para su uso por personas con discapacidad.

acceso estabilizado: Uso de piedras y otros materiales duros para recubrir las vías de acceso a las *obras* y reducir el volumen de lodo en los neumáticos de los vehículos.

accionador: Dispositivo que abre o cierra una *compuerta*.

accionamiento electromecánico: Dispositivo electromecánico que opera un *aparato de vía* ferroviario, en lugar de hacerlo un trabajador de forma manual.

aceite dieléctrico: Líquido no conductor empleado como *aislante* y refrigerante en equipos de energía eléctrica.

acera: Camino peatonal pavimentado que, por lo general, discurre en paralelo a una calzada.

achique: Acción de desviar o eliminar el agua para que la construcción o el mantenimiento se puedan llevar a cabo en seco.

acometida (de abastecimiento de agua): Tubería que conecta a un cliente individual a un *sistema de distribución de agua*.

acometida (de saneamiento): Tubería que recoge las *aguas residuales* de hogares y negocios individuales para que fluya hacia una *alcantarilla*.

acometida (de telecomunicaciones): Conexión entre la red de *telecomunicaciones* y el usuario final.

acreción: Proceso de crecimiento de *taludes* y orillas por acumulación gradual de sedimentos.

acueducto: Estructura diseñada para transportar agua a grandes distancias (a veces se refiere específicamente a un *puente* que transporta agua sobre un valle).

acueducto subterráneo: *Tubería* o *galería* subterránea para transportar agua a grandes distancias.

acuífero: Depósito subterráneo de agua.

acuitardo: Formación geológica que ralentiza o detiene el flujo de *aguas subterráneas*.

admisión: Conjunto de instrucciones emitidas a un tren para autorizar movimientos específicos.

aeróbico: En presencia de oxígeno.

aerogenerador: Molino de viento capaz de convertir la energía cinética del viento en electricidad.

agrupación de antenas (array): Grupo de *antenas* conectadas que trabajan juntas para enviar o recibir señales direccionalmente.

agua cruda: Agua no potable tomada directamente de una fuente, por ejemplo, un río o un lago.

agua residual: Agua contaminada que discurre por el sistema de alcantarillado.

agua superficial: Cualquier agua accesible desde la superficie de la Tierra, entre las que se incluyen arroyos, ríos, lagos y océanos.

aguja: Parte móvil de un *aparato de vía*.

aguja de dilatación: *Junta de dilatación* diagonal de *carriles* de ferrocarril.

aislador: Dispositivo o material dieléctrico, que resiste el paso de la *corriente* eléctrica.

aislador tipo tensor: *Aislador* eléctrico empleado en tensión para soportar la tracción de un cable suspendido.

ala: Parte de una *viga* que resiste la tensión de flexión, se conecta con su par a través del *alma*.

alcantarilla: Tubería que recoge las *aguas residuales* de las *acometidas* y fluye hacia un *colector*.

alcantarillado: *Tuberías* que transportan *aguas residuales* domésticas.

alcorque: Hoyo al pie de una planta para retener el agua de la lluvia o del riego.

aleta: Muro que separa un *terraplén* del extremo de un *colector* transversal y dirige el flujo hacia la tubería.

alimentador: Línea de distribución de energía eléctrica que conecta la subestación a los transformadores de distribución.

alineación: Trazado en planta de una carretera vista desde arriba.

aliviadero: Estructura o grupo de estructuras para liberar agua y mantener el nivel del *embalse*.

aliviadero auxiliar: *Aliviadero* secundario diseñado para ser utilizado con poca frecuencia y solo en condiciones extremas de inundación.

aliviadero de emergencia: Ver *aliviadero auxiliar*.

aliviadero de servicio: Ver *aliviadero principal*.

aliviadero en tecla de piano: Estructura de rebase que se pliega en una serie de elementos rectangulares para aumentar el ancho de flujo total.

aliviadero principal: Aliviadero menor de una *presa* que descarga volúmenes normales para mantener el nivel del *embalse* cuando está lleno.

aliviadero tipo laberinto: Estructura de rebase que se pliega en una serie de elementos trapezoidales o triangulares para aumentar el ancho de flujo total.

alma (de un carril): Parte de un *carril* que une la *cabeza* y el *patín*.

alma (de una viga): Parte de una *viga* que resiste las fuerzas de cortante y conecta las *alas*.

almacén de obra: Recinto portátil para el almacenaje seguro de materiales y equipos en una *obra*.

almacenamiento al aire libre: Provisiones de material mantenido en reservas a granel.

almacenamiento elevado: Acto de almacenar agua sobre el nivel del suelo para mantener la *presión* dentro del sistema de distribución y proporcionar un suministro de agua de emergencia.

altitud: Distancia vertical entre una superficie de referencia y un objeto.

amarradero: Bolardo del *muelle* al que se amarran los barcos.

amarras: Cuerda o cadena para sujetar un barco al *amarradero*.

amortiguador: Dispositivo empleado para reducir las vibraciones mecánicas.

amortiguador (atenuador) de impacto: Dispositivo que absorbe las fuerzas de impacto del vehículo y reduce la gravedad de un choque.

amortiguador Stockbridge: Dispositivo que consiste en dos pesos suspendidos por cables cortos empleado para reducir las vibraciones mecánicas del viento en los *conductores* aéreos.

amplificador: Dispositivo que aumenta la intensidad de una señal.

anaeróbico: En ausencia de oxígeno.

ancho de vía: Distancia entre los dos *carriles* en un ferrocarril.

anclaje: Dispositivo para fijar una estructura a la tierra.

andamio: Plataforma temporal para soportar a los trabajadores y materiales durante la construcción.

anemómetro: Dispositivo empleado para medir la velocidad del viento.

ángulo de paso: Ángulo de una *pala* con respecto al eje del *aerogenerador*.

ángulo de reposo: Ángulo más pronunciado en el que una pila de material granular descansa sin colapsar.

anillo anticorona: Anillo conductor empleado para distribuir el gradiente de campo eléctrico en *conductores* de alta tensión y reducir la *descarga de corona*.

antena: Dispositivo que actúa como interfaz entre las ondas de radio y las señales eléctricas.

antena camuflada: *Estación base* camuflada o diseñada para confundirse con el entorno circundante.

antena de microondas: *Antena* empleada para transmitir o recibir señales de radio de microondas.

antena dipolo: *Antena* formada por dos elementos conductores idénticos conectados a cada lado de la línea de alimentación.

antena direccional: *Antena* que envía o recibe señal a mayor fuerza en una dirección particular.

antena logarítmica periódica: *Antena direccional* con múltiples elementos diseñados específicamente para trabajar con una amplia gama de frecuencias de radio.

antena monopolo: *Antena* formada por un solo elemento conductor montado sobre una superficie conductora llamada plano de tierra.

antena omnidireccional: Antena que transmite o recibe señales de igual intensidad en todas direcciones.

antena parabólica: *Antena* que utiliza un plato reflectante para dirigir y concentrar señales de radio.

antena satelital[1]: *Antena* utilizada para recoger señales de radio de los *satélites*.

antena sectorial: *Antena* de microondas direccional que se emplea en las *estaciones base* de telefonía móvil.

antena sobre ruedas (COW): *Estación base* de telefonía móvil utilizada para aumentar la capacidad de la red en grandes eventos o durante emergencias. COW son las siglas de *Cell On Wheels,* su nombre en inglés.

antena Yagi: *Antena* multielemento diseñada para tener gran direccionalidad.

antorcha: Llama encendida para quemar gases no deseados.

apagón: Corte de energía que resulta en la pérdida total de energía eléctrica para los usuarios finales.

aparamenta aislada en aire: Interruptores, fusibles y otros equipos empleados en centrales eléctricas y *subestaciones* que dependen del aire libre para su aislamiento.

aparamenta aislada en gas: Interruptores, fusibles, disyuntores y otros equipos empleados en centrales eléctricas y *subestaciones* encapsulados y rodeados de gas *hexafluoruro de azufre* para su aislamiento.

aparato de vía: Conjunto completo de *desvío, travesía,* etc.

apartadero: Sección corta de *la vía férrea* paralela a la principal para adelantar, cargar y descargar vagones.

apartarrayos: Dispositivo de protección que dirige la energía a tierra durante una sobrecarga eléctrica.

apilador: Máquina utilizada para transportar *carbón* (y otros materiales) a granel dentro o fuera del *almacenamiento*.

---

[1] *N. de la T.:* En español suele emplearse con el mismo significado el término *antena parabólica.*

apoyo: Superficie de contacto entre la *superestructura* y la *subestructura* de un puente.

apoyo basculante: *Apoyo* de puente que incluye un elemento basculante para proporcionar libertad de movimiento de dilatación y contracción térmica.

apoyo deslizante: *Apoyo* de puente que incluye un elemento de rodillo para proporcionar libertad de movimiento de dilatación y contracción térmica.

apoyo elastomérico: Material flexible de goma que conecta la *superestructura* a la *subestructura* del puente, al tiempo que permite cierta flexibilidad entre ambos.

apoyo tipo «pot» o caja: *Apoyo* de puente que consiste en una lámina cilíndrica elastomérica en el interior de un recinto de acero.

arcén: Carril en el borde de la *calzada* generalmente reservado para vehículos de emergencia o averías.

arco: Elemento estructural curvo para soportar cargas sobre un espacio.

arco eléctrico: Descarga eléctrica entre dos *electrodos* que permite que fluya la corriente eléctrica, a menudo de forma visible como una descarga brillante.

arena: Suelo con partículas más finas que *la grava* y más gruesas que el limo.

áridos: Material formado por partículas de piedras gruesas y medianas, incluyendo *arena* y *grava*.

armario de intemperie de comunicaciones: Recinto para proteger los equipos de comunicaciones contra el clima y el vandalismo.

armario para equipos: Recinto para proteger los equipos contra el clima y el vandalismo.

arqueta: Estructura que proporciona acceso a los cables subterráneos.

arquitecto naval: El que diseña barcos y vehículos acuáticos.

arrecife artificial: Estructura artificial para promover la vida marina.

asfalto: Material duradero con el que se fabrican los pavimentos hecho de *áridos* y *betún*.

ataguía: Estructura para embalsar el agua temporalmente durante la construcción.

atasco: Congestión de tráfico que afecta a múltiples *intersecciones* dentro de una red de tráfico, lo que paraliza grandes áreas.

autovía: Ver *vía de acceso controlado*.

avenida de los 100 años: Magnitud de la inundación que tiene una probabilidad del 1 % de ser igualada o superada en un año determinado.

azud: Pequeña *presa* utilizada para elevar el nivel del agua río arriba.

B

bache: Depresión no deseada en la superficie de la calzada.

badén: Área deprimida de una calzada, utilizada como medida para *templar el tráfico*.

balasto: Material *árido* para transferir la carga de las *vías férreas* al *subbalasto*.

baliza de señalización: Luz intermitente ubicada en la parte superior de una *torre*, que aumenta su visibilidad para las aeronaves.

baliza esférica: Dispositivo en forma de bola conectado a un *conductor* aéreo para hacerlo más visible a las aeronaves y otras actividades humanas.

balsa: Agua almacenada en una zona de tierras altas cerrada completamente por un *dique*.

balsa de impacto: Estructura para disipar la energía hidráulica del agua. Ver *cuenco de disipación*.

banda de estacionamiento: Área adyacente a un *carril de circulación* de una calzada, destinada al estacionamiento de vehículos.

banda sonora: Dispositivo de advertencia táctil que emite sonido y vibración cuando se conduce por encima de él.

banderola: Elementos de sustentación de *señales de tráfico* que se apoya en un solo lado.

barra colectora (embarrado): Elemento conductor empleado en las conexiones eléctricas entre varios equipos de una *subestación*.

barreno de voladura: Agujero perforado en la roca en el que se colocan explosivos.

barrera: Dispositivo de advertencia empleado para separar los flujos de tráfico y proteger determinadas áreas de los vehículos fuera de control.

barrera (de paso a nivel ferroviario): Barra delgada que cruza la carretera en un *paso a nivel* para advertir de un tren que se aproxima.

barrera de salida: Pluma basculante en el lado de la salida de un *paso a nivel* para disuadir a los conductores de saltarse los dispositivos de seguridad.

barrera de sedimentos (sintética): Malla corta (para controlar la erosión) que se instala alrededor del perímetro de una *obra* para reducir la velocidad y la carga de sedimentos en la *escorrentía* de aguas pluviales.

barrera flotante: Cadena de dispositivos de flotación para advertir o excluir a personas y barcos de un área peligrosa.

barrera New Jersey: Barrera modular de *hormigón* para separar carriles de tráfico.

base: Capa de material compactado debajo de la superficie de una carretera que proporciona soporte estructural.

bentonita: Suelo muy fino que se usa a menudo en fluidos de perforación y como barrera para las *aguas subterráneas* en las obras.

berma de pie: Área de relleno a lo largo del lado aguas abajo de una *presa de terraplén* para mejorar su estabilidad.

betún: Mezcla viscosa de hidrocarburos empleada como aglutinante en el *asfalto*.

biela de cerrojo: Varilla que conecta las *agujas* con el *dispositivo de accionamiento*.

biogás: Subproducto inflamable de la descomposición *anaeróbica* que consiste en metano y otros gases.

bioincrustación: Acumulación no deseada de organismos acuáticos en una estructura o vehículo.

bionda: *Barrera* de seguridad destinada a evitar que un vehículo fuera de control colisione con un *obstáculo* permanente o se salga de la vía en algún lugar peligroso, como un acantilado.

biosólido: Subproducto sólido de la *digestión* anaeróbica de *lodos* del proceso de depuración de aguas residuales.

bita flotante: Dispositivo al que se amarran los barcos dentro de una *esclusa* que sube o baja con el nivel del agua.

bloque conversor de reducción de ruido (LNB): Dispositivo instalado en las *antenas parabólicas* que recoge las ondas de radio y las transforma para usarlas en un circuito (siglas del nombre en inglés, *low-noise block*).

bloque deflector: Estructura para disipar la energía cinética de una corriente de agua.

bobina: Dispositivo cilíndrico donde se enrolla un cable.

boca de incendios: Punto de conexión al *sistema de distribución de agua* utilizado por los bomberos.

boca de túnel: Entrada o salida de un *túnel*.

bocina de alimentación (*feedhorn*): Antena en forma de embudo utilizada para concentrar las señales de alta frecuencia.

bolsa de aire: Restricción o bloqueo del flujo en una tubería provocada por burbujas de aire atrapadas.

bomba: Dispositivo que aumenta la *presión* o el caudal de un fluido.

bomba de alta presión: *Bomba* para presurizar un *sistema de distribución de agua*.

bomba de chorro: *Bomba* que utiliza un chorro de alta velocidad para succionar un fluido.

bomba de hormigón: Dispositivo que bombea *hormigón* en lugares donde un *camión hormigonera* no puede acceder.

bomba de refuerzo: Máquina para incrementar la *presión* del fluido de una tubería.

bomba sumergible: *Bomba* destinada a funcionar por debajo del nivel del fluido.

bomba vertical: *Bomba* con un *eje* vertical para hacer rotar los *impulsores* sumergidos que bombean el agua hacia arriba a través de un *tubo de impulsión*.

bombeo: Inclinación transversal en los tramos rectos de la *plataforma* de una carretera para evacuar el agua hacia los lados, con el punto alto en el centro.

bombona: Depósito cilíndrico de acero utilizado para almacenar sustancias en estado gaseoso.

bordillo: Borde elevado a lo largo de una calzada que a menudo forma un caz para conducir el *drenaje*.

botaolas: Protuberancia en la parte alta del parapeto de un *dique vertical* para desviar las olas de vuelta al mar y minimizar el rebase.

botones (textura de): Textura superficial empleada en *pavimentos podotáctiles* a modo de advertencia detectable para peatones con problemas de visión.

bóveda: Cubierta superior de un *túnel* u otra estructura.

boya: Dispositivo flotante para proporcionar información de navegación y advertencias a los barcos.

brocal: Elemento exterior de un *pozo*.

buje: Parte central de un dispositivo giratorio donde se unen las aspas, palas, radios, rayos, etc.

buldócer: Máquina equipada con una cuchilla grande para empujar material.

bulón o clavo: Elemento estructural instalado en un talud para reforzarlo y evitar su colapso o como parte de un *muro de contención*.

buque cisterna: Barco que transporta mercancías líquidas.

C

cabecera: Instalación de una red de *CATV* que recibe señales para su distribución local.

cabecero: Ver *dintel*.

cabecero (colector): Muro que soporta el extremo de un *colector* transversal y dirige el flujo hacia la tubería.

cabeza: Parte superior de un *carril* sobre la que se mueven las ruedas del tren.

cabeza de corte: Dispositivo giratorio de la parte delantera de una *tuneladora* para excavar y eliminar material.

cabeza de semáforo: Parte de un *semáforo* que alberga las luces.

cabeza terminal de cable: En los *conductores* eléctricos, transición entre un cable desnudo empleado en líneas aéreas a otro aislado para instalaciones subterráneas.

cabezal de anclaje: Elemento estructural que distribuye la fuerza de un *anclaje* sobre un muro o revestimiento.

cabezal de radio remoto: Dispositivo empleado en las redes inalámbricas que contiene circuitos de conversión de señal y radiofrecuencia.

cabina: Parte de la maquinaria de construcción donde se sienta el operador.

cabina de enclavamiento: Recinto para albergar el equipo de control de los dispositivos de *señales ferroviarias*.

cable autosoportado figura 8: Tipo de cable empleado en las conducciones aéreas que incluye tanto la línea de telecomunicaciones como el cable fiador dentro de la misma cubierta.

cable coaxial: Cable empleado para transmitir señales de alta frecuencia que está formado por un conductor *interno* rodeado por una malla trenzada conductora.

cable de fase: *Conductor* energizado por encima del potencial del suelo.

cable de guarda: *Conductor* conectado a tierra que discurre sobre las *líneas de transmisión* para proteger los conductores energizados de la acción de los rayos.

cable de tierra: Cable empleado para conectar a tierra un poste de servicios o un equipo; utilizado como medida de seguridad para proteger contra choques eléctricos.

cable fiador: Cable estructural empleado en conducciones aéreas para soportar el peso del cable portador de señal.

cable guía: Cable para marcar la ubicación precisa de una estructura o la cota de *movimiento de tierras* entre *estacas*.

cable principal: Cable que se extiende entre las *torres* de los *puentes colgantes* y proporciona el soporte primario al *tablero*.

cable sustentador: Cable de una catenaria que, apoyado en las ménsulas de los postes, soporta el hilo o hilos de conductores mediante péndolas.

cabo de amarre: Ver *amarras*.

cabrestante: Dispositivo de tracción o elevación que consiste en un cable o cadena alrededor de un tambor girado por una manivela.

caída de tensión: Caída de *voltaje* de una fuente de alimentación eléctrica, debida, sobre todo, a alguna interrupción o sobrecarga en la *red eléctrica*.

caja de empalme: Carcasa que protege los empalmes de cabecera de los daños por la intemperie.

caja multiplicadora: Recinto con un conjunto de engranajes para aumentar la velocidad de giro del eje de entrada.

calado: Profundidad hasta la parte más baja del casco de un barco por debajo de la línea de flotación.

caldera: Recipiente empleado junto con un *horno* para crear vapor a partir de agua líquida.

calle sin salida: Vía sin salida que suele incluir un área circular para que los vehículos puedan dar la vuelta.

calles integrales: Vías urbanas diseñadas para garantizar la seguridad de todos los medios de transporte y usuarios independientemente de su capacidad.

calzada con prioridad: Calle continua y cuyo tráfico tiene prioridad sobre las que la cruzan.

cama: Capa de grava sobre la que se asienta una tubería.

cámara: Ver *esclusa*.

cambio: Parte del desvío donde se lleva a cabo la separación de los carriles, formado por conjuntos de *agujas* y *contraagujas*.

camión con plataforma: Camión para mover remolques y *contenedores* dentro del *patio de contenedores*.

camión hormigonera: Camión equipado con una gran cuba para mezclar y verter hormigón.

campana: Zona acampanada al final de una tubería en la que encaja la *espiga* de la tubería siguiente.

campo de visión: Área visible del entorno inmediato de una persona.

canal: Vía artificial para la navegación o el transporte de agua.

canalización: Proceso de rectificar, ensanchar y revestir un arroyo o río para aumentar su capacidad hidráulica.

cantón: Longitud de *vía férrea* que puede ser ocupada por un solo tren a la vez.

cantonera: Orificio en las esquinas de un contenedor para sujetarlo y sostenerlo.

capa de rodadura: Capa más superficial de una carretera.

capa de transición: Capa de grava bajo el *revestimiento* para evitar la erosión debajo de la capa de protección.

capacitancia: Tendencia de un *conductor* a almacenar carga eléctrica cuando se somete a una diferencia de potencial eléctrico.

captafaros horizontal o de pavimento: Dispositivo de seguridad conectado a la superficie de la vía que se utiliza para demarcar los *carriles* de circulación.

carbón: Material de extracción que consiste en materia vegetal carbonizada.

carretera secundaria: Vía de calzada única con cruces e incorporaciones al mismo nivel.

carretilla pórtico: Vehículo de transporte de carga que transporta carga debajo de un pórtico móvil.

carril: Barras de acero colocadas en el suelo para formar una *vía férrea*.

carril bici: *Carril* dedicado al tráfico de bicicletas.

carril bici pintado: *Carril bici* demarcado únicamente por *marcas viales*.

carril de circulación: Área de una vía destinada a la circulación de una sola fila de vehículos.

carril de rodadura: *Carril* por el que se desplazan las ruedas del tren.

carril de unión: *Carril* entre la *aguja* y el *corazón* de un *desvío*.

carro: Mecanismo de una *grúa torre* que se desplaza a lo largo de la pluma para posicionar el gancho.

cartel de obra: Letrero colocado fuera de un *obra* para identificar el proyecto, el promotor o propietario, el arquitecto, el contratista y otros detalles relevantes.

casco: Protección para la cabeza empleada en las *obras* para minimizar las lesiones por golpes y caída de objetos.

caseta de bombas: Estructura erigida alrededor de una *bomba* para proteger el equipo y facilitar su mantenimiento.

caseta de equipos: Recinto que alberga transmisores y otros equipos cerca de una *torre de comunicaciones*.

caseta de obra: Caseta o remolque para realizar negocios y celebrar reuniones en las *obras*.

casquillo: Cubierta protectora de la boquilla de una *boca de incendios*.

cata: Material excavado en un *sondeo*.

cata de entrada: Área excavada que sirve de punto de partida para una *perforación* horizontal.

catenaria: Forma curva que toma un hilo entre dos soportes y, a partir de ahí, el sistema de líneas eléctricas aéreas de las vías férreas electrificadas.

CATV: Siglas de *Communitary Antena Television* (Antena Comunitaria de Televisión). Red de *telecomunicaciones* que utiliza cables *coaxiales* o de *fibra óptica* para ofrecer servicios de televisión por cable e Internet a clientes individuales.

cauce: Depresión lineal del paisaje (excavada o natural) que transporta agua.

caz: Canal poco profundo para transportar la *escorrentía*.

celda: Área geográfica cubierta por una estación base que emite determinada frecuencia.

celosía de tablero: Cercha que corre por debajo del *tablero* de un *puente de celosía*.

celosía pasante: *Cerchas* por cuyo interior discurre el *tablero* de un *puente de celosía*.

central nuclear: Planta generadora de energía eléctrica que depende de un *reactor nuclear* como fuente de calor.

central telefónica local: Instalación que conecta las líneas *telefónicas* entre abonados.

central térmica: Instalación generadora de electricidad que emplea el calor para crear vapor y accionar un generador.

cercha: Conjunto de elementos estructurales que crean un marco rígido y ligero a la vez.

chicane: *Curva artificial* añadida a una carretera como medida para *templar el tráfico*.

chimenea: Estructura empleada para emitir gases concentrados muy por encima de la superficie del suelo para dispersarlos lejos de la actividad humana.

cilindro de seguridad vial: Dispositivo de señalización empleado para separar las zonas de trabajo de construcción de los *carriles* de circulación.

cimentación: Parte que sirve de base a una estructura y la conecta al terreno.

cinta de señalización: Cinta flexible empleada para marcar la ubicación de los servicios públicos subterráneos.

cinta transportadora: Dispositivo que mueve materiales por medio de una banda flexible accionada.

cinturón de Clarke: Línea sobre el ecuador de la Tierra donde orbitan los satélites *geoestacionarios*.

circuito de vía: Circuito eléctrico utilizado en las *vías férreas* para detectar si un tren está presente o no en un cantón específico de ferrocarril.

circuito primario de distribución eléctrica: Líneas de distribución eléctrica del lado de alta tensión de los *transformadores de distribución*.

circuito secundario de distribución eléctrica: Líneas de *distribución* eléctrica del lado de baja tensión de los *transformadores de distribución*.

circuito trifásico: Disposición de tres *conductores* correspondientes a las tres *fases* de una red eléctrica tipo, en el contexto de las *líneas de transmisión* de electricidad.

clapeta articulada: *Compuerta* de salida de agua de un *vertedero* que se articula en su parte inferior para que la parte superior de la puerta pueda cambiar su elevación.

clip: Ver *grapa*.

coagulante: Sustancia química que neutraliza la carga de las partículas en suspensión para que puedan agruparse.

cola: Fila de vehículos detenidos en un *semáforo*.

colector afluente: Tubería que recoge las aguas residuales de múltiples *alcantarillas* y fluye hacia un *colector principal*.

colector de impulsión: *Tubería* a presión que transporta las aguas residuales desde una *EBAR*.

colector de polvo: Dispositivo para descontaminar el aire mediante la eliminación de partículas con filtros de bolsa.

colector principal: *Colector* que recoge las aguas residuales de los *colectores afluentes* y fluye hacia un *emisario interceptor*.

colector: *Conducto* que lleva *el drenaje* bajo la calzada.

collarín: Dispositivo para conectar una *acometida* a la *red principal* de distribución de agua.

columna: Elemento estructural vertical (con sección circular) que soporta cargas desde arriba. Ver *pila*.

compactador: Máquina para comprimir capas de tierra, *grava* y otros materiales granulares.

compresor de aire: Máquina que aumenta la *presión* del aire para alimentar herramientas y equipos de construcción.

compuerta: Barrera móvil utilizada para regular el flujo de agua.

compuerta - ataguía: Ranuras en las que se pueden colocar *vigas* para ajustar el nivel de agua del lado aguas arriba o *desaguar* una estructura aguas abajo.

compuerta (dámper): Dispositivo que regula el flujo de aire en un *conducto*.

compuerta abatible: *Compuerta* que solo permite que el agua fluya en una sola dirección.

compuerta corredera: *Compuerta* empleada en *canales* y *esclusas* que rueda a lo largo de su parte inferior para abrirse o cerrarse.

compuerta de mitra: Una del par de *compuertas* de *canales* y *esclusas* que se articulan en el exterior y se unen en un punto central, formando un diedro.

compuerta deslizante: *Compuerta* de control de desagüe que se desliza por unas guías para abrir y cerrar.

compuerta radial (Taintor): Una del par de *compuertas* usadas en *canales* y *esclusas* con forma de sector circular y bisagras en el centro para encontrarse en el medio de la vía.

compuerta radial: Compuerta de control que se articula a cada lado y se abre y cierra con un *polipasto*.

comunicación celular: Ver *red de telefonía móvil*.

concentrador remoto: Dispositivo que conecta varias líneas *telefónicas* a un número menor de rutas de conmutación.

conducción: Conducto (generalmente de *hormigón*) inclinado para transportar agua (cuando es en régimen libre, se denomina *rápida*).

conducto: Tubería u otra construcción tubular instalada bajo tierra que sirve para dar paso y salida a las aguas u otros elementos como líneas de *telecomunicaciones*.

conducto ascendente: Tubo vertical empleado para proteger *conductores eléctricos* que corren a lo largo de un *poste de servicios públicos*.

conductor: Objeto o tipo de material que permite el flujo de la *corriente* eléctrica.

congelación del terreno: Método de desecación de excavaciones congelando una capa saturada de tierra para crear una barrera impermeable.

cono: Dispositivo de señalización para indicar zonas de tráfico en obras de forma termporal.

conservante: Producto químico utilizado para prolongar la vida útil de la madera al prevenir la descomposición natural por microbios, insectos y hongos.

constelación: Grupo de *satélites* cuyas órbitas se disponen de un modo que permita aumentar su área de cobertura.

construcción de tubos sumergidos: Método de construcción de *túneles subacuáticos* que implica hundir y conectar secciones prefabricadas.

contador de agua: Dispositivo que mide el volumen de consumo de agua en una tubería.

contenedor: Caja grande reutilizable empleada para el *transporte* de carga.

contraaguja: Carril inmóvil de un *aparato de vía*.

contracarril: Fragmento corto de *carril* paralelo al carril principal para evitar el descarrilamiento en los *desvíos* y las curvas cerradas.

contrafuerte: Elemento de apoyo saliente a lo largo de una pared o *presa*.

contrapeso: Peso para equilibrar otro peso o fuerza en un sistema estructural.

coordinación semafórica: Configuración de múltiples *semáforos* a lo largo de una calle principal que trabajan en conjunto para controlar el flujo de tráfico.

corazón (de carril): Dispositivo que permite que las ruedas del tren cambien de vía.

coronación: Parte superior de una *presa* o *terraplén*.

corriente: Movimiento de partículas cargadas a través de un *conductor* eléctrico.

corriente alterna (CA): *Corriente* eléctrica que invierte el sentido de la carga eléctrica de manera periódica.

corriente continua (CC): *Corriente* eléctrica unidireccional.

corriente continua de alta tensión (HVDC): Un tipo de transmisión de energía eléctrica que implica convertir la *corriente alterna de la* red en *corriente continua* al comienzo de la línea y de nuevo a CA al final de esta.

cortacircuito fusible: Dispositivo que actúa como interruptor y fusible utilizado en líneas eléctricas primarias para proteger y aislar *transformadores de distribución*.

cota final: Nivel final deseado del terreno en un proyecto de *movimiento de tierras*.

cota natural: Superficie original del terreno antes de iniciar las obras.

cruce: Ver *intersección*.

cruceta: Elemento colocado en ángulo recto a un *poste de servicios públicos* para soportar los cables eléctricos.

cruzamiento: Parte final de un *desvío*; está formado por tres elementos principales: *corazón*, *contracarriles* y carriles exteriores.

cubierta exterior: Capa protectora que recubre un *conductor*.

cuchara: Parte de una máquina de construcción que sirve para recoger y descargar materiales.

cuenca de ahorro de agua: Pequeño *depósito* construido junto a una *esclusa* para almacenar una parte de agua del vaciado y usarla para el llenado parcial de la propia esclusa cuando sea necesario.

cuenco amortiguador: Estructura hidráulica de disipación de energía que consiste en un cuenco protegido donde se sumergen las descargas.

cuenco de disipación: Estructura para disipar la energía hidráulica en el fondo de un *aliviadero*.

cuneta: Pequeño *canal* para conducir el *drenaje*.

cuña crepuscular: Sombra de la Tierra que es visible justo antes del amanecer o justo después del atardecer.

curva: Tramo no rectilíneo de una carretera para permitir un cambio de dirección.

curva cóncava: Curva vertical que conecta dos secciones inclinadas de la carretera en un punto bajo.

curva convexa: Curva vertical que conecta dos secciones inclinadas de la carretera en un punto alto.

D

decantador: Estanque circular para asentar sólidos en suspensión que generalmente incluye un sistema de recogida de *fangos*.

decantador primario: Depósito circular de las *EDAR* para sedimentar los sólidos suspendidos antes de que se eliminen los nutrientes disueltos.

decantador secundario: Depósito de sedimentación utilizado después del *tratamiento primario* en una *EDAR* para separar el *efluente* de los *lodos activados*.

defensa: Dispositivo de protección entre un barco y un muelle u otro barco.

del váter al grifo: Ver *reutilización directa de agua potable*.

dendrítica: De forma ramificada o convergente.

depósito de agua tratada: Depósito abierto para almacenar *agua potable*.

depósito de columna estriada: *Torre de agua* con un *pedestal* de acero ranurado.

depósito de expansión: Depósito que proporciona espacio para la dilatación térmica del aceite de un transformador eléctrico.

depósito de pedestal: *Torre de agua* que descansa sobre una columna de acero para soportar el *depósito elevado*.

depósito de tipo compuesto: *Torre de agua* con *pedestal de hormigón* y *depósito elevado* de acero.

depósito elevado: Depósito de agua cuya solera está por encima del nivel del suelo y se sustenta mediante una estructura.

depósito multicolumna: *Torre de agua* que cuenta con múltiples apoyos para sostener el *depósito elevado*.

depósito superficial: Depósito de almacenamiento de agua instalado sobre el suelo.

deriva costera: Fenómeno de transporte de sedimentos a lo largo de la costa.

derivador (TAP): Dispositivo que proporciona varios puntos de conexión al alimentador de CATV para las *acometidas* individuales.

desagüe: Estructura o grupo de estructuras para dejar salir agua de un *embalse* para su uso aguas abajo.

desarenador: Depósito empleado en el *pretratamiento* de aguas residuales para eliminar la arena de la corriente.

desarrollo de bajo impacto (LID): Uso de procesos que imitan las cuencas hidrográficas naturales para reducir el volumen y aumentar la calidad de la *escorrentía de aguas pluviales*.

desarrollo de pozos: Proceso de limpiar el *filtro* y establecer la conexión hidráulica de un pozo con el *acuífero*.

descarga de corona: Ionización del aire que rodea a un *conductor* de alto *voltaje*.

descarga disruptiva: Ver *arco eléctrico*.

descargador por aire: Dos *electrodos* dispuestos de modo que un *arco eléctrico* viaje a través del espacio entre ellos.

desconectador: Ver *seccionador*.

desinfección: Proceso de desactivar bacterias y otros *microorganismos* que podrían causar enfermedades.

deslastre de carga: Acto de desconectar el servicio eléctrico a grupos de clientes para reducir la demanda eléctrica total de la red, casi siempre para evitar interrupciones incontroladas o daños a los equipos.

desmonte: Área de excavación de un proyecto de *movimiento de tierras*.

desvío: Conjunto que permite que los trenes se desvíen de la dirección primaria a otra secundaria, formado por cambio, carriles de unión y cruzamiento.

diagrama de radiación: Relación entre la dirección y la fuerza de una *antena*.

diferencial: Sistema de engranajes que permite que las ruedas motrices giren a velocidades diferentes.

difusor de soplantes: Dispositivo perforado que introduce las burbujas de gas generadas por las máquinas soplantes en un depósito de líquido.

digestato: Ver *biosólidos*.

digestor: Recipiente para facilitar la *descomposición anaeróbica* de los *lodos* en los procesos de depuración de aguas residuales.

dintel: Elemento estructural que transfiere las cargas de la *superestructura* del puente a una o varias *pilas*.

dique: *Terraplén* ejecutado a lo largo de la *orilla* de un río para contener las aguas de la inundación.

diseño geométrico: Configuración horizontal y vertical de una carretera.

dispositivo activo: Dispositivo que suministra energía a un circuito eléctrico y, por tanto, tiene la capacidad de controlar eléctricamente el flujo de carga.

dispositivo antivórtice: Dispositivo que redirige el flujo para prevenir la formación de un *vórtice*.

dispositivo de accionamiento: Dispositivo para operar de modo manual un *desvío ferroviario*.

dispositivo de preferencia: Dispositivo que puede comunicarse con vehículos de emergencia para cambiar las luces de los *semáforos*.

dispositivo de seguridad activa: Dispositivo que proporciona un aviso anticipado de la aproximación de un tren.

dispositivo de seguridad pasiva: *Señal* o marca de *pavimento* para advertir a los conductores del peligro en un *paso a nivel ferroviario*.

dispositivos de control de tráfico: *Semáforos, señales y marcas viales* para dirigir el tráfico.

distancia de visibilidad: Distancia sin obstáculos por delante de la vista de un conductor.

distribución: Etapa final del suministro de energía eléctrica que transporta electricidad desde el sistema de *transmisión* hasta los usuarios finales.

distribución (movimiento de grúa): Desplazamiento del *carro* de la *grúa torre* a lo largo de la *pluma*.

dovela: Elemento constructivo que conforma un arco.

draga: Máquina para extraer tierra del fondo de un río, lago u océano.

drenaje pluvial: Tuberías por donde discurre la *escorrentía*.

drenaje: Dispositivo para recoger y desviar el agua.

E

EBAR: Ver *estación de bombeo de aguas residuales*.

eclisa: Soporte para unir dos tramos de *carril*.

ecuador: Línea imaginaria que divide la Tierra en dos hemisferios: norte y sur.

EDAR: Ver *estación depuradora de aguas residuales*.

edificio administrativo: Edificio que alberga las oficinas para empleados administrativos e ingenieros en el contexto de las estaciones de generación de energía.

edificio de contención: Edificio hermético alrededor de un *reactor nuclear* destinado a contener el escape de gas radiactivo, en caso de emergencia, y de proteger la instalación contra ataques.

edificio de combustible: Edificio que alberga las zonas y el equipamiento para manejar y almacenar combustible nuclear en las plantas nucleares.

edificio de operaciones: Edificio que alberga *relés*, controles, baterías, equipos de comunicaciones y otros equipos de baja tensión en las *subestaciones*.

efecto agujero negro: Cambio brusco de la iluminación en la entrada de un *túnel*.

efecto Doppler: Cambio que ocurre en la frecuencia cuando el receptor de la señal se mueve en relación con la fuente emisora de la onda.

efecto pelicular: Tendencia de la *corriente* eléctrica alterna a fluir a lo largo de la superficie de un *conductor* en vez de hacerlo por toda la sección transversal.

efluente: Producto líquido del proceso de depuración.

eje: Dispositivo que transmite el *par* de un motor al impulsor de una bomba.

eje del rotor: Componente giratorio central de una *turbina eólica*.

electrodo: Conductor eléctrico que se conecta a un medio no metálico como el suelo o el aire.

electrodo de puesta a tierra: Elemento conductor empleado para realizar una conexión eléctrica a tierra.

electromagnetismo: Interacción entre las partículas cargadas eléctricamente y los campos magnéticos.

elevación: Distancia vertical (altura) entre los niveles de agua del *canal* entrante y saliente de una *esclusa*.

elevación (movimiento de grúa): Movimiento realizado por una *grúa* para izar la carga.

embalse: Área de agua almacenada.

embarcadero: Ver *muelle*.

emisario interceptor: Tubería de mayor categoría de la *red de saneamiento* que recoge las aguas residuales de los *colectores principales* para llevarlas a una *EDAR*.

empaque de grava: Capa de rocas instalada entre un pozo y el *filtro* que facilita el flujo de agua hacia el pozo.

empuje: Fuerza horizontal generada cuando un *arco* soporta una carga vertical.

empuje lateral del terreno: *Presión* aplicada a un muro de contención por el peso del suelo retenido.

encamisado: Tubería de soporte exterior empleada en los *pozos* para evitar que las paredes se derrumben.

encargado: Persona responsable de supervisar una obra.

encepado (zapata): Elemento estructural que distribuye las cargas a varios *pilotes*.

encofrado deslizante: Método de construcción que permite colocar *hormigón* en un molde que se mueve continuamente para crear estructuras lineales como *bordillos* y *barreras*.

energía regenerativa: Energía que regresa a la fuente o se almacena cuando un motor desacelera.

enganche: Dispositivo que conecta los coches de un tren entre sí.

enlace: Cruce de dos carreteras basado en la separación a distintos niveles para reducir las interrupciones.

enlace de espagueti: Término coloquial para referirse a los *enlaces de autovías* con múltiples niveles y ramales.

enlace de niveles múltiples: Intersección de *autovías* a distintos niveles, donde cada giro utiliza ramales para proporcionar una conexión relativamente directa a la dirección deseada.

enlace de tipo diamante: Cruce a distinto nivel entre una *autovía* y una *carretera secundaria*.

enlace de tipo trébol: Cruce de autovías a distinto nivel donde todos los giros se resuelven mediante ramales a la derecha.

equipo de perforación dirigida: Máquina que ejecuta una *perforación horizontal* para instalar servicios subterráneos.

equipo de perforación: Maquinaria para perforar la tierra.

equipo de protección individual (EPI): Cualquier equipo para aumentar la seguridad y minimizar la posibilidad de lesiones de los trabajadores.

equipotencial: Mantener la misma *tensión* en todos los puntos.

escala de peces: Estructura destinada a permitir que los peces naden río arriba para salvar una *presa*.

escariador: Herramienta empleada para ensanchar una *perforación*.

esclusa: Estructura cerrada para subir o bajar un barco en un *canal* elevando o bajando el nivel del agua.

escollera: Material empleado en la construcción que consiste en cualquier combinación de *grava*, rocas o cantos rodados.

escorrentía: Agua, generalmente de lluvia, que circula sobre la superficie del terreno.

escudo: Estructura temporal para proteger a los trabajadores y equipos durante la excavación de un *túnel*.

eslinga: Tramo de cuerda, cable, cadena o correa empleado para sujetar una carga a una *grúa* o *polipasto*.

eslingado: Operación que consiste en realizar la unión entre una carga y el equipo de elevación de una *grúa* mediante elementos denominados *eslingas*.

espaciador: Dispositivo que contiene múltiples *conductores* de la misma fase dentro de un *haz* en líneas de *alta tensión*.

espacio anular: Espacio entre dos estructuras cilíndricas colocadas una en el interior de la otra.

espaldón: Sección exterior de un *terraplén*.

espantapájaros: Imitación (de un ave depredadora, por ejemplo) empleada para disuadir a las aves de posarse cerca.

esparcidor: Dispositivo empleado por grúas y vehículos para levantar *contenedores*.

espectroscopia: Método para identificar constituyentes químicos midiendo su absorción de diferentes frecuencias de luz.

espiga: Estrechamiento al final de una tubería que encaja en la *campana* de la tubería anterior al conectarse.

espigón: Estructura perpendicular al litoral para proteger las playas contra la erosión.

espuma: Sólidos (grasas) que flotan en las aguas residuales.

estabilizador: Elemento empleado para aumentar la estabilidad de una *grúa*.

estaca: Palo que se clava en el suelo.

estación base: Sitio donde se colocan *antenas* y equipos de comunicaciones para crear una o más *celdas* de una red celular.

estación de bombeo de aguas residuales (EBAR): Estructura para bombear aguas residuales a un nivel superior.

estación de bombeo (EB): Estructura que consiste en *bombas*, tuberías y otros equipos para bombear agua en los sistemas de abastecimiento y saneamiento.

estación de tratamiento de agua potable (ETAP): Instalación que limpia y desinfecta *agua cruda* para hacerla segura para el consumo humano.

estación depuradora de aguas residuales (EDAR): Instalación que limpia y desinfecta las aguas residuales para que sean seguras para su descarga en el medio ambiente.

estacionamiento: Sistema de medición empleado en ingeniería y construcción para indicar las distancias a lo largo de una línea o eje horizontal.

estanque de detención: Estanque artificial que normalmente está seco y se crea para almacenar temporalmente la *escorrentía* de agua de lluvia y reducir las inundaciones.

estanque de retención: Estanque artificial normalmente con agua, creado para almacenar de manera temporal la *escorrentía* de agua de lluvia y reducir las inundaciones.

estanque lateral: Ver *cuenca de ahorro de agua*.

estrategia de retirada: Consiste en reubicar las zonas urbanizadas con riesgo elevado de inundaciones.

estrechamiento de carril: Estrechamiento de las vías con el fin de *templar el tráfico*.

estribo: Estructura o formación geológica que actúa como extremo de un *puente* o *presa*.

estrobado: Acción de fijar una carga a una *grúa* o *polipasto* o al equipo empleado para ello.

estructura de captación: Estructura para recoger agua de ríos, lagos y océanos.

estructura de protección de costas: Cualquier estructura diseñada para combatir la erosión a lo largo de la costa.

ETAP: Ver *estación de tratamiento de agua potable*.

evaporación: Conversión de un líquido en gas.

excavadora: Máquina de construcción que consta de una *pluma*, una *cuchara* y una cabina giratoria.

explanada: Tierra natural bajo una carretera.

extendedora: Máquina de construcción que extiende *mezclas bituminosas* u *hormigón* para compactarlos *in situ*.

extender (movimiento de grúa): Acción de aumentar la longitud de una *pluma telescópica*.

extensor: Ver *amplificador de línea*.

extracción de aire: Aire que se elimina deliberadamente de un *túnel* o edificio.

F

factor de potencia: Medida de la sincronización entre las ondas de *tensión* y *corriente* de un circuito de *CA*.

falso túnel: *Túnel* construido a partir de una *zanja* excavada desde la superficie.

fangos: Ver *lodos*.

faro: Luz o luces en la parte delantera de un vehículo.

farola: Lámpara para iluminar una calle o área pública durante la noche.

fase: Cada una de las líneas energizadas de un *circuito* de transporte o distribución de *corriente alterna*.

fase dividida: Tipo de servicio de energía eléctrica que proporciona dos cables de *corriente alterna* desfasados entre sí en 180° con un cable *neutro* común.

fatberg: Bloqueo de la *red de saneamiento*, también conocido como «monstruo de las alcantarillas», creado por la acumulación de cualquier combinación de grasas, aceites, grasas, toallitas húmedas y trapos.

ferrocarril electrificado: Ferrocarril cuyos trenes son alimentados con electricidad externa.

fibra óptica: Cable flexible y transparente empleado para transmitir luz como medio de comunicación digital.

filamento: Uno de los muchos elementos empleados para formar un cable.

filtración: Proceso de paso de *agua cruda* a través de medios filtrantes para separar el agua de partículas no deseadas.

filtración (presas): Flujo de agua por debajo o a lo largo de una estructura.

filtro: Malla de barras o alambres que retiene los desechos mientras permite el paso de líquidos.

filtro (pozo): Parte de un sistema de drenaje subterráneo que evita que las partículas del suelo se escapen a través del *drenaje*.

filtro vegetativo (tipo tubo): Dispositivo tubular para controlar la erosión y reducir la velocidad y la carga de sedimentos en la *escorrentía* de las aguas pluviales.

finos: Sólidos, como *arena* y tierra, que se encuentran en una corriente de *aguas residuales*.

firme: Ver *pavimento*.

fisión: Reacción que divide el núcleo de un átomo en dos o más átomos más ligeros.

floculante: Sustancia química que hace que las partículas en suspensión se aglutinen.

flóculo: Grupo de partículas sólidas.

formación: Capa geológica con propiedades específicas.

fuente de alimentación CATV: Dispositivo que proporciona alimentación a *los amplificadores* remotos de la red *CATV*.

fuerza centrípeta: Fuerza requerida para desplazar un cuerpo en un movimiento circular.

fuerza de flexión: Fuerza aplicada perpendicularmente al eje longitudinal de un elemento estructural.

fuerza normal: Fuerza de contacto entre dos superficies.

furgoneta-taller: Vehículo equipado para realizar empalmes de *cables de fibra óptica*.

fusibilidad estructural: Propiedad de un *poste de señalización* u otro elemento para ceder ante cualquier impacto con objeto de reducir la posibilidad de lesiones.

G

galería: *Túnel* horizontal por donde discurren los servicios municipales, que permite realizar inspecciones y drenaje.

galería de evacuación: Parte de un *túnel* que se puede emplear para la salida de emergencia.

gancho: Dispositivo ubicado en el extremo del cable de una *grúa* en el que se enganchan las *eslingas* y la carga.

gases de combustión: Gases de escape de las centrales eléctricas de combustión.

generación: Primera etapa del suministro de energía eléctrica que implica su creación por diversos medios.

generador: Máquina que convierte la energía mecánica en eléctrica.

generador de reserva: Dispositivo que proporciona energía eléctrica cuando se pierde la energía de la red, generalmente alimentada por un motor de gasolina o gasoil.

geomalla: Red de fibras de plástico utilizada como refuerzo en estructuras de tierras.

geotextil: Tela empleada en la construcción para filtrar, separar o reforzar capas de suelo.

glorieta: Ver *rotonda*.

golpe de ariete: Pico de presión a consecuencia de un cambio rápido de velocidad del fluido de una tubería.

góndola: Recinto aerodinámico que contiene la *caja multiplicadora*, el *generador* y otros equipos de un *aerogenerador*.

granelero: Barco que transporta mercancías a granel, como *carbón* o grano.

grapa: Dispositivo que fija un *carril* a una *traviesa*.

grava: Material formado por piedras pequeñas o trituradas.

grieta: Separación estructural de un material cuyos lados son adyacentes.

grieta inducida: *Grieta* que se forma a lo largo de una *junta de control* incorporada para reducir la aparición de grietas aleatorias en estructuras de *hormigón*.

grúa: Máquina para levantar, mover y colocar objetos pesados.

grúa apiladora: Vehículo empleado en una *terminal* de contenedores capaz de transportar y apilar *contenedores*.

grúa fija: *Grúa* instalada en un lugar específico de una *obra* del que no puede desplazarse.

grúa móvil: *Grúa* que puede desplazarse por la *obra*.

grúa para terrenos irregulares: *Grúa* con ruedas que puede desplazarse por la *obra*, pero no viajar por *carretera*.

grúa pórtico de almacenamiento: *Grúa* que se extiende a ambos lados y se desplaza sobre ruedas o rieles.

grúa pórtico de muelle: Grandes *grúas* para cargar y descargar los barcos.

grúa sobre cadenas: Ver *grúa sobre orugas*.

grúa sobre orugas: *Grúa* cuyo sistema de propulsión está formado por un conjunto de *orugas*.

grúa todoterreno: *Grúa móvil* que puede desplazarse por *carretera* y por las *obras*.

grúa torre: *Grúa fija* que consiste en una *torre* y una *pluma* giratoria.

guiñada: Movimiento de un lado a otro sobre el eje vertical.

gunitado: Método de aplicación de *hormigón* sobre superficies verticales o aéreas mediante aire comprimido.

H

hastial: Pared de un *túnel*.

haz: Grupo de *conductores paralelos* con el mismo potencial eléctrico. Este método se emplea para reducir la *descarga de corona* y aumentar su capacidad en comparación con la de un solo conductor de mayor diámetro.

hexafluoruro de azufre (SF$_6$): Gas denso empleado como *aislante* en la aparamenta eléctrica.

hilo de contacto: Cable del sistema de *catenaria* que proporciona energía a la *zapata* del *pantógrafo* del tren.

hincador de pilotes: Máquina pilotadora para hincar *pilotes* en la tierra mediante un martillo o vibración.

hora punta: Hora u horas del día cuando el tráfico es más intenso en un área urbana.

hormigón: Mezcla de cemento, agua y otros *aditivos* que forma una masa sólida y duradera.

hormigón prefabricado: *Hormigón* que se fabrica en una instalación externa y se entrega en la obra listo para colocarlo.

hormigón pretensado: Estructura de *hormigón* en la que el acero se tensa antes de que el hormigón se haya curado para aumentar su rigidez.

hormigón proyectado: Ver *gunitado*.

horno: Dispositivo empleado para producir calor, que se utiliza junto con una *caldera* para crear vapor a partir de agua líquida.

I

imbornal: Abertura a lo largo del *bordillo* de una calzada para que el agua de lluvia ingrese al sistema de recogida de aguas pluviales.

impulsor: Elemento giratorio de una *bomba* centrífuga.

indicador de nivel: Dispositivo para mostrar desde el exterior el nivel de agua de un depósito.

ingreso e infiltración (I&I): La entrada no deseada de aguas pluviales y subterráneas en un sistema de *aguas residuales* (del inglés *Inflow & Infiltration*).

inspector: Persona que verifica que la construcción se realiza de acuerdo con los planes, especificaciones y normas aplicables.

Internet de las cosas (IoT): Objetos físicos con sensores que tienen la capacidad de intercambiar datos a través de Internet (del inglés *Internet of Things*).

interruptor automático (disyuntor): Dispositivo de protección que interrumpe el flujo de *corriente* eléctrica.

interruptor de aislamiento: Ver *seccionador*.

interruptor de vacío: *Disyuntor* en el que los contactos están alojados en una cámara de vacío para minimizar la formación de *arcos eléctricos*.

intersección: Área donde se cruzan dos o más vías.

intersección controlada por semáforos: Cruce donde el flujo de vehículos está controlado por *semáforos*.

intersección controlada por señales: Cruce donde el flujo de vehículos está controlado por *señales de tráfico*.

inyección de aire: Aire fresco que se suministra a un edificio o *túnel*.

juego de esclusas: Serie de varias *esclusas* para salvar un desnivel importante.

jumper (puente): Trozo corto de cable empleado para conectar los cables entrantes y salientes.

junta: Material flexible para sellar el espacio entre dos partes u objetos unidos.

junta de control: *Junta* que debilita de forma artificial una *losa de hormigón* para controlar dónde *se* forman las *grietas* o fisuras.

junta de dilatación: Espacio entre elementos estructurales destinado a acomodar la dilatación o contracción.

K

kilovatio (kW): Unidad de la potencia eléctrica en los *circuitos de corriente continua* (CC) o circuitos de *corriente alterna* (CA) donde la carga es puramente resistiva.

kilovoltamperio (kVA): Unidad de la potencia eléctrica en los *circuitos de corriente alterna* (CA).

L

laguna (ferrocarril): Discontinuidad entre dos carriles que se cortan.

lámina vertiente: La cortina de agua que pasa sobre un *vertedero*.

lanza (o cuerda): Tramo de cable o cuerda empleado para estabilizar y guiar la *carga* de una *grúa* y evitar que rote o se desplace.

lanzador: Estructura hidráulica de disipación de energía que desvía una corriente de agua hacia el aire.

lastre: Peso para mantener una *boya* en su lugar en una vía navegable.

lavado de gases: Dispositivo empleado para descontaminar el aire, casi siempre mediante un aerosol líquido.

lazo de dilatación: Holgura en la línea de *CATV* que permite la dilatación térmica del cable.

lazo de reserva: Longitud adicional de cable de *fibra óptica* para facilitar empalmes y reparaciones.

lechada: Material fino para llenar espacios pequeños, que a menudo incluye cemento para que se endurezca con el tiempo.

lentejón de hielo: Formación abultada de hielo que puede ocurrir cuando el agua se congela bajo el firme.

levantamiento: *Presión* hacia arriba a lo largo de la parte inferior de una estructura.

licor de mezcla: Combinación de *aguas residuales* y *lodos activados* en una *EDAR*.

límite de Betz: Máxima potencia teórica que se puede extraer del viento con un *aerogenerador*, cuyo valor aproximado es de alrededor del 59 % del total de la energía cinética del viento.

límite de velocidad: Velocidad máxima reglamentaria a la que pueden circular los vehículos en un tramo específico de vía.

línea de abonado digital (DSL): Tecnología de comunicaciones que permite la transmisión de datos digitales a través de una *línea telefónica* (siglas de *Digital Subscriber Line*).

línea de alimentación: Cable que conecta un transmisor de radio a una *antena*.

línea de descarga: Tubería en el lado aguas abajo de una *bomba*.

línea de servicios públicos: Cualquier instalación lineal de tuberías o cables.

línea de transmisión: Sistema de *conductores* empleado para el transporte de energía eléctrica.

línea piezométrica: Superficie del agua en un *canal abierto* o el nivel al que se llenaría una *tubería* vertical abierta cuando se conecta a otra a presión.

línea Plimsoll: Marca de referencia en el casco de un barco que muestra la profundidad máxima a la que se puede cargar el buque de manera segura. Ver *cuenco de disipación*.

llanura aluvial: Área de tierra con alta vulnerabilidad ante las inundaciones.

llave de válvula: Herramienta para abrir o cerrar una *válvula* subterránea.

lodos: Sólidos sedimentados en una *planta de tratamiento de aguas residuales*.

lodos activados: Fangos tratados con microorganismos mediante aireación para eliminar los nutrientes de las *aguas residuales*.

luces auxiliares: Luces ubicadas debajo del faro principal de una locomotora para aumentar la visibilidad en los *pasos a nivel*.

luz ultravioleta: Radiación ultravioleta para desactivar *microorganismos*.

M

malecón: Dique de contención construido a lo largo de la costa para proteger las áreas costeras de las marejadas ciclónicas y las olas altas.

malla de tierra: Serie de elementos conductores utilizados para crear un *equipotencial* entre el equipo y la tierra.

mallado: Configuración de la *red principal* de distribución donde el agua puede seguir diferentes rutas para ir de un punto a otro.

manga (arquitectura naval): Anchura de un barco o embarcación en su punto más ancho.

manglar: Especies de vegetación de raíces densas y entrelazadas que crecen en zonas pantanosas y a lo largo de las costas.

marca longitudinal continua: *Marca vial* que delinea carriles, *arcenes*, lugares de estacionamiento y otras características de la vía.

marca longitudinal discontinua: *Marca vial* que separa los carriles de circulación de una vía.

marca vial (longitudinal o transversal): Pintura acrílica o termoplástica aplicada a la superficie de la calzada como advertencia o guía para los conductores.

marcador (bocas de incendio): Dispositivo para visibilizar la ubicación de una *boca de incendios* sobre la nieve.

marcador (líneas de telecomunicaciones): Envoltura de plástico colocada alrededor de una *línea de telecomunicaciones* para identificarla.

marcador de ruta: *Señal de tráfico* que indica el nombre o número de identificación de una carretera o *autovía*.

margen: Área entre la acera y la calzada.

martillo neumático: Herramienta vibratoria utilizada para romper rocas, *hormigón*, *asfalto* y otros materiales duros.

mástil: Soporte vertical de una *antena satelital*.

material de relleno: Suelo o rocas reemplazadas en un área excavada.

material rodante: Cualquier vehículo que circule por una vía férrea.

mediana: Franja de tierra entre carriles de tráfico de sentido opuesto.

membrana: Lámina delgada de material semipermeable.

ménsula: Parte de la *catenaria* que mantiene el *hilo de contacto* en la ubicación horizontal adecuada.

microesferas de vidrio: Esferas transparentes empleadas para crear superficies reflectantes.

microorganismo: Organismo demasiado pequeño para ser visto a simple vista, como bacterias, protozoos y algunos hongos.

minicargadora: Pequeño vehículo de construcción que a menudo se usa como pala cargadora con una *cuchara*.

módulo filtrante: Unidad de filtro individual y reemplazable.

molino: Dispositivo utilizado para reducir el tamaño de materiales a granel como el *carbón*.

momento de fuerza: Se calcula como el producto vectorial entre la fuerza aplicada y el vector distancia que va desde el punto para el cual calculamos el momento.

morning glory (cáliz): *Aliviadero* en forma de embudo que se proyecta en un *embalse* para crear un *vertedero* circular.

mortero: Material que consiste en cemento y agua, que se emplea para sellar áreas o llenar huecos.

mota: Ver *dique*.

motoniveladora: Máquina con ruedas equipada con una pequeña cuchilla para nivelar el suelo durante el *movimiento de tierras*.

motor de tracción: Motor *eléctrico* para propulsar un vehículo.

motor eléctrico: Dispositivo que convierte la energía eléctrica en movimiento de rotación.

mototraílla (movimiento de tierras): Máquina de movimiento de tierras que excava y transporta tierras mediante una cuchilla horizontal y una caja de transporte.

movimiento: Cada una de las acciones que se pueden realizar en una intersección.

movimiento de tierras: Acción de excavar y rellenar áreas con tierra para remodelar el paisaje como parte de un proyecto de construcción.

muelle: Estructura costera a la que se amarran los barcos para su carga y descarga.

muñón: Proyección cilíndrica que actúa como soporte y bisagra.

murete guía: Muro para contener el flujo a lo largo de los costados de un *aliviadero*.

muro: Elemento estructural vertical para crear separaciones o proporcionar soporte lateral.

muro de contención: Estructura que proporciona soporte lateral a un talud o que contiene las aguas de inundación a lo largo de ríos y costas.

muro interior: Muro divisorio dentro de un túnel que no forma parte del *revestimiento*.

N

neutro: *Conductor* que actúa como ruta de retorno para la corriente, generalmente está en el potencial de tierra.

nivel de antenas: Ubicación vertical a lo largo de una *torre de comunicaciones* en la que se instalan *antenas* de un solo operador de servicio.

nodo óptico: Dispositivo que convierte una señal de *cable de fibra óptica* en radiofrecuencia y la envía a través de líneas de *cable coaxial* para su distribución a los suscriptores.

núcleo (de terraplén): Sección central de un *terraplén* que se suele construir con suelo arcilloso de baja permeabilidad.

núcleo (transformadores): Elemento conductor que sirve de ruta principal para el circuito magnético de un *transformador* eléctrico.

número de paso a nivel: Identificador único dado a cada *paso a nivel* ferroviario.

obra de construcción: Área en la que tienen lugar las actividades asociadas con la construcción de cualquier estructura.

obstáculo: Cualquier objeto o característica del paisaje que pueda significar un peligro para un vehículo, que se salga de la carretera o que bloquea la vista del conductor de la carretera.

ojo de gato: Ver *captafaros horizontal*.

órbita baja: Órbita alrededor de la Tierra, que suele definirse por estar a una altitud que no exceda aproximadamente un tercio del *radio* terrestre.

orden de preferencia: Prioridad de un vehículo para entrar en una *intersección*.

orificio: Abertura de una *estructura de captación* a través de la cual puede entrar agua.

orilla: Franja de tierra a los bordes de un río, un lago o el mar.

oruga: Cinturón continuo de bandas de rodadura o placas utilizadas en vez de neumáticos para propulsar vehículos de construcción.

pala (aspa): Cada uno de los elementos que interactúan con el viento para impulsar un *aerogenerador*.

pala cargadora: Máquina equipada con una *cuchara* grande para excavar, transportar y cargar materiales.

paleta: *Compuerta* pequeña para controlar el flujo de agua que se deja entrar o salir de una *esclusa*.

palpador: Pieza de una extendedora que se desplaza a lo largo de un *cable guía* para controlar la dirección y la cota.

pandeo: Deformación de *carriles* causada por sobrecalentamiento y dilatación térmica.

panel direccional: Dispositivo de señalización para prohibir la entrada a los vehículos.

panel vertical: Señal que indica un *obstáculo permanente* dentro de o junto a la vía.

paneles de revestimiento: Elementos exteriores de *los muros de contención* que los protegen contra la erosión, sirven como accesorio de *anclaje* y mejoran la apariencia del muro.

pantalán: Estructura que se proyecta hacia el océano para proteger la entrada de un *puerto* o *canal*.

pantalla de pilotes: Pilotes estructurales que se ejecutan mediante la colocación de *hormigón* y acero de refuerzo dentro de un pozo perforado en la tierra.

pantalla impermeable: Elemento subterráneo instalado debajo de una presa para reducir el volumen y la *presión* de la *filtración* en la cimentación.

pantógrafo: Dispositivo de una locomotora eléctrica para recoger *corriente* del *hilo de contacto*.

par trenzado: Conjunto de dos cables que se trenzan juntos para reducir la interferencia electromagnética.

pararrayos: Elemento conductor instalado a una altura predominante (tanto de forma independiente como sobre torres eléctricas) para crear una trayectoria preferencial para los rayos y proteger determinada estructura o equipo sensible.

parque eólico: Grupo de *aerogeneradores*.

parterre corrido: Ver *margen*.

pasatapas: Aislante *hueco* que permite el paso de un *conductor* eléctrico a través de una *carcasa* metálica.

paso a nivel: *Intersección* al mismo nivel entre una carretera y una vía férrea.

paso de aguas bajas: Camino sobre un arroyo diseñado para ser sobrepasado por el nivel del agua y que resulte intransitable cuando este es muy alto.

paso de peatones: Área designada y señalizada para que los peatones crucen la calle.

paso de peces: Ver *escala de peces*.

paso elevado (ramal): Puente que conecta dos *autopistas* en un *enlace*.

patín: Parte horizontal inferior de un *carril*.

patio de contenedores: Área de almacenamiento temporal de una *terminal* del *puerto*.

pavimento: Superficie exterior y más resistente de una calzada, generalmente de *asfalto* u *hormigón*.

pavimento podotáctil: Indicadores texturizados instalados en escaleras, *rampas de accesibilidad* y otros lugares peligrosos para advertir a los peatones con problemas de visión.

pedestal (armario de): Pequeño armario protector que proporciona acceso a las *líneas subterráneas de telecomunicaciones*.

pedestrian scramble (x-crossing, scramble crossing, cruce de Shibuya): *Movimiento* en una *intersección controlada por semáforos* donde se detiene todo el tráfico vehicular y se permite a los peatones cruzar en cualquier dirección, incluso en diagonal.

peine: Dispositivo que elimina los desechos de una *reja de cribado*.

pelotón: Grupo de vehículos cercanos que viajan en la misma dirección.

pendiente (matemática y física): Inclinación de un elemento lineal, natural o constructivo respecto de la horizontal.

pendiente lateral: Área desde la *orilla* hasta el fondo de un *canal* o su pendiente.

péndola: Cable vertical que soporta el *tablero* de un puente colgante.

péndola (trenes eléctricos): Cable que conecta el *hilo de contacto* con la *catenaria*.

peralte: Diferencia de elevación entre los bordes exterior e interior de la calzada en una curva de carretera.

perfil: Diseño vertical de una carretera.

perfil hidrodinámico (Creager): Forma curva para mejorar la eficiencia hidráulica de un *aliviadero*.

perforación: Excavación circular en un terreno con distintos fines.

perforación dirigida: Método para instalar servicios públicos subterráneos a lo largo de su recorrido prescrito sin necesidad de excavar *zanjas*.

período orbital: Tiempo que tarda un *satélite* en completar una órbita alrededor de otro objeto.

pestaña: Borde saliente de una rueda de tren para evitar que se deslice fuera del *carril*.

petrolero: Ver *buque cisterna*.

pictograma bici: *Marca vial* que indica la parte de la calzada que deben usar los ciclistas.

pie: Base *estructural* generalmente destinada a transferir las fuerzas verticales de un muro al subsuelo.

pig: Dispositivo empleado para limpiar el interior de las *tuberías*.

pila: Elemento estructural vertical (con sección poligonal) que soporta cargas desde arriba.

pila pórtico: Marco rígido utilizado como soporte intermedio en los *estribos*.

pilotadora a rotación: Maquinaria para la ejecución de pilotes *in situ*.

pilote: Elemento estructural vertical perforado o hincado en el subsuelo, que se emplea en *cimentaciones y muros de contención*.

placa de apoyo: Tablero utilizado para distribuir el peso de un vehículo sobre suelo.

placa de asiento: Soporte que transfiere y distribuye el peso de un *carril* a la *traviesa*.

placebo (botón): Dispositivo que no funciona, pero proporciona un beneficio percibido.

planta potabilizadora: Ver *estación de tratamiento de agua potable*.

plataforma (de una calzada): Zona de la carretera destinada al uso de los vehículos, formada por la *calzada*, la *mediana*, los *arcenes* y las *bermas* afirmadas.

plataforma (telecomunicaciones): Soporte estructural para instalar *antenas* en una *torre monoposte*.

plataforma articulada: *Plataforma elevadora* que usa un *brazo articulado* para posicionar a los trabajadores en lugares altos o difíciles.

plataforma de tijera: *Plataforma elevadora* que utiliza una serie de soportes enlazados y entrecruzados para colocar a los trabajadores en lugares altos o difíciles.

plataforma elevadora: Máquina para posicionar a los trabajadores en lugares altos o difíciles.

plataforma giratoria: Parte de una *grúa que* permite la rotación de la *pluma*.

pluma (maquinaria): Brazo de elevación de *grúas*, *excavadoras* y otra maquinaria de construcción.

pluma telescópica: *Pluma* de *grúa* cuya longitud puede *extenderse* o *retraerse*.

plumín: Extensión de la pluma de una *grúa*.

polea: Rueda para cambiar la dirección de la fuerza en un hilo o cordón.

polipasto: Máquina para levantar o bajar una carga.

polo: Cada uno de los dos puntos donde el eje de rotación de la Tierra se cruza con la superficie.

pórtico de señalización: Estructura de sustentación de *señales de tráfico* que abarca toda la calzada y se apoya con elementos verticales en ambos extremos.

poste (red eléctrica): Ver *torre eléctrica*.

poste (señalización vial): Elemento de sustentación vertical de una señal de *tráfico*.

poste compartido: *Poste de servicios públicos* compartido por más de un proveedor de servicios.

poste de servicios públicos: Poste empleado para sostener líneas aéreas de *distribución eléctrica*, líneas de *telecomunicaciones* y otros equipos.

poste eléctrico: Ver *poste de servicios públicos*.

poste fusible: *Poste de señal de tráfico* con capacidad para desprenderse o abatirse en caso de colisión.

potable: Que es apto para beber.

potencia nominal: Potencia máxima para la que se ha diseñado un equipo en particular.

pozo: Excavación para extraer agua subterránea.

pozo de drenaje: Pozo, zanja o trinchera relleno de material granular para recoger la *escorrentía*.

pozo de registro: Estructura que permite al personal acceder al sistema de aguas pluviales o *residuales*.

pozo húmedo: Recinto subterráneo para almacenar temporalmente aguas residuales como parte de una *estación de bombeo de aguas residuales*.

precipitador electrostático: Dispositivo para eliminar partículas del aire mediante cargas eléctricas.

presa: Estructura construida para recoger agua y crear un *embalse*.

presa aligerada: Ver *presa de contrafuertes*.

presa arco: *Presa* curva que transfiere *la presión* del embalse a sus *estribos*.

presa de contrafuerte: *Presa* apoyada por una serie de *contrafuertes* a lo largo de la cara aguas abajo.

presa de gravedad: *Presa* que resiste las fuerzas desestabilizadoras gracias a su propio peso.

presa de hormigón: Presa construida principalmente de *hormigón*.

presa de materiales sueltos: *Presa* construida con *relleno de tierra (terraplén)* o *de piedra (escollera)*.

presa de múltiples arcos: Presa con una serie de varios *arcos* sostenidos por *contrafuertes* a lo largo de su longitud.

presa filtrante: Barrera de piedras en un *canal* para ralentizar la *escorrentía* y reducir su carga de sedimentos.

presa hinchable: Saco flexible inflado con agua o aire.

presión: Fuerza física ejercida de forma continua sobre una unidad de superficie.

presión hidrostática: *Presión* ejercida por un fluido en equilibrio.

pretil: *Barrera* para evitar la caída desde un *puente*.

pretratamiento: Proceso de eliminación de impurezas en suspensión, sólidos, coloides y organismos vivos del agua bruta.

prismas metálicos laminados: Elementos reflectantes que se emplean para crear *superficies reflectantes*.

protección anticaídas: *Equipo de protección individual* destinado a minimizar las lesiones en caso de caída.

protección contra el rebase: Protección que se coloca en una *presa de materiales sueltos* para minimizar la erosión de los flujos que rebasan la estructura.

púas antiposamiento: Dispositivos que obstruyen los puntos potenciales de posado para disuadir a las aves de hacerlo en lugares no deseados.

puente: Estructura que transporta una carretera, camino o vía férrea sobre un río u otro obstáculo.

puente arco de tablero superior: *Puente arco* donde el *tablero* se apoya encima del arco.

puente arco tesado: *Puente arco* que incluye un elemento de tensión entre los extremos del arco para equilibrar las fuerzas de *empuje*.

puente arco: *Puente* que aprovecha elementos estructurales curvos para transferir las cargas a sus *estribos*.

puente atirantado: *Puente* que soporta el peso del *tablero* mediante unos cables diagonales pendientes de una o más *torres*.

puente cantiléver: *Puente* cuyas estructuras o elementos estructurales se proyectan horizontalmente para salvar un desnivel mientras solo se apoyan en uno de sus extremos.

puente colgante: *Puente* con dos *cables principales* suspendidos entre *torres* para soportar el peso del tablero.

puente de arco de tablero inferior: *Puente arco* en el que el *tablero* se apoya por debajo del *arco*.

puente de celosía: *Puente* con *cerchas* para soportar el peso de la cubierta.

puente de guía de ondas: Estructura que protege las *líneas de alimentación* y las conduce horizontalmente desde la caseta de equipos hasta la torre.

puente de vigas: *Puente* que utiliza elementos estructurales horizontales para salvar espacios entre dos *pilas* o *estribos*.

puente grúa: Grúa que se utiliza en la industria, para izar y desplazar cargas pesadas.

puerta de paso: Paso a través de *muros de contención* o *diques*, para carreteras, ferrocarriles o caminos, que deben cerrarse antes de una inundación.

puerto: Área de aguas tranquilas y profundas utilizada para anclar embarcaciones; también donde tiene lugar su carga y descarga.

pulsador: Botón ubicado en algunos pasos de peatones para notificar al *semáforo* que hay un peatón a la espera.

punto de anclaje: Formación de roca u *hormigón* en la que *se instalan* anclajes.

punto terminal: *Canalización* que tiene conexión en un solo extremo.

punto topográfico: Punto de referencia de dimensiones horizontales y verticales en las *obras*.

R

radar: Sensor que funciona mediante radar para detectar vehículos como parte de un sistema de *semáforos accionados por el tráfico.*

radiación no ionizante: Radiación que no tiene suficiente energía para arrancar electrones a los átomos o moléculas.

radiador: Dispositivo empleado para dispersar el calor al aire circundante con el fin de enfriar un fluido o algún elemento de un equipo.

radio: Distancia entre el centro y el borde exterior de un círculo o un arco.

radio AM: Técnica empleada en la comunicación electrónica que consiste en hacer variar la amplitud de la onda portadora de la radiofrecuencia.

radio FM: Técnica empleada en la comunicación electrónica que consiste en hacer variar la frecuencia de la onda portadora de la radiofrecuencia.

raíl: Ver *carril.*

railfan: Entusiasta de los trenes y ferrocarriles.

ramal de incorporación: Vía de un solo sentido que conduce a una *autovía de acceso controlado.*

ramal de salida: Vía de un solo sentido que se aleja de una *autovía de acceso controlado.*

ramificado: Configuración de la *red principal* de distribución donde cada punto recibe el agua solo por una ruta.

rampa de accesibilidad: Rampa que conecta la *acera* con la superficie de la calzada a través del *bordillo.*

rápida: Canal abierto e inclinado que transporta agua, generalmente de *hormigón* (cuando es cerrado se denomina *conducción*).

rasante: Inclinación del terreno o calzada.

rasqueta de fondo: Dispositivo que se mueve a lo largo de la parte inferior de un *decantador* para empujar *el lodo* hacia el *depósito de fangos.*

rasqueta de grasas: Dispositivo que recoge y elimina la *espuma* en una corriente de *aguas residuales.*

reactor: Construcción empleada para controlar una reacción nuclear.

reactor biológico: Estructura de almacenamiento en una *planta depuradora de aguas residuales* para introducir oxígeno disuelto en las aguas residuales.

rebosadero: *Tubería* para liberar agua de un depósito en caso de que se llene demasiado.

recoger (movimiento de grúa): Acción de disminuir la longitud de una *pluma telescópica.*

reconectador: Tipo de *interruptor* que reactiva de modo automático el circuito tras un breve retraso para proteger el equipo de averías transitorias.

red de distribución de agua: Red de tuberías, depósitos y *bombas* para distribuir *agua potable* a un área de servicio.

red de retorno (*backhaul*): Parte de la red de telefonía móvil que conecta las *estaciones base* individuales con la red troncal.

red de saneamiento: Sistema de recogida y transporte de las aguas residuales hacia las *EDAR.*

red eléctrica: Red de productores y usuarios de energía interconectados, que suele abarcar grandes áreas.

red principal: Tuberías de la red primaria de un *sistema de distribución de agua* a la que se conectan las acometidas.

red telefonía móvil: Red de *telecomunicaciones* a través de *teléfonos inalámbricos* e Internet mediante *estaciones base.*

reducción: Conversión de una señal de alta frecuencia a otra más baja para simplificar su transmisión y procesamiento.

reductora (subestación transformadora): La conversión de la electricidad de alta tensión a un nivel más bajo mediante un *transformador.*

reflector: Dispositivo parte de una *antena* para redirigir y concentrar las ondas de radio.

regeneración de playas: Proceso de reemplazar los sedimentos de las playas para combatir la erosión y aumentar su tamaño.

regulador de tensión: *Transformador* eléctrico que realiza pequeños ajustes en los *alimentadores* de distribución para mantener la tensión dentro de un rango prescrito.

regulador semafórico: Equipo electrónico encargado fundamentalmente de controlar un conjunto de *semáforos.*

reja de cribado: Malla gruesa de barras de metal para atrapar los gruesos (basura y escombros) en una corriente de agua.

reja de desbaste: Reja para evitar la acumulación de sólidos.

reja de toma: Rejilla para excluir los desechos de un *aliviadero* o *desagüe.*

rejilla de ventilación: Aberturas horizontales con lamas en ángulo que permiten ventilar un armario.

relé: Dispositivo de protección empleado para disparar un *interruptor de circuito* cuando se detecta una avería.

relleno de goma para juntas: Material empleado para rellenar las *juntas de dilatación* de estructuras de hormigón.

relleno: Zona donde se añade material en un proyecto de *movimiento de tierras.*

repetidor: Dispositivo que recibe una señal y la retransmite para ampliar su rango de transmisión.

resalto hidráulico: Fenómeno hidráulico que ocurre cuando una corriente a alta velocidad pasa a una velocidad más lenta y crea una onda estacionaria turbulenta.

resalto: Área elevada de una calzada, utilizada como medida para *templar el tráfico*.

resguardo: Distancia vertical entre el nivel del agua y la *coronación* de una estructura de embalse.

residual: Desinfectante que queda en el agua que llega al grifo.

resistencia: Medida de la oposición de un material al flujo de la *corriente* eléctrica.

resistencia a las colisiones: Capacidad de un *dispositivo de control de tráfico* para resistir una colisión sin representar un peligro extra para los ocupantes del vehículo.

retorna: Fenómeno hidráulico peligroso que suele atrapar los objetos en el rebufo.

retrolavado: Proceso de invertir el flujo de un fluido a través de un *filtro* para limpiarlo.

retrorreflexión: Retorno de la luz en dirección a la fuente de origen.

reutilización directa de agua potable: Proceso de tratar las aguas residuales según los estándares de calidad del agua potable e introducirlas directamente en una red de abastecimiento de agua *potable*.

revestimiento: Frente armado para proteger un *talud* o litoral contra la erosión.

revestimiento de taludes: Superficie duradera, generalmente de *hormigón*, colocada en un talud para protegerlo contra la erosión.

revestimiento de tuberías: Capa protectora de pintura u otro material.

revestimiento de túnel: Sistema definitivo de soporte estructural para mantener abierto un túnel contra *la presión* del suelo y reducir la filtración de aguas subterráneas.

riel: Ver *carril*.

rigola: Ver *caz*.

riprap: Capa de piedras de protección contra la erosión.

rodillo pata de cabra: Rodillo con numerosas protuberancias utilizado en un *compactador* para aumentar la compactación en suelos de grano fino.

rompeolas: Barrera para disipar la energía de las olas en alta mar con objeto de proteger un *puerto*.

ropa de trabajo de alta visibilidad: Ropa de colores brillantes equipada con bandas reflectantes para mejorar la visibilidad de los trabajadores en una *obra*.

rotación (movimiento de grúa): Movimiento de giro de la pluma de una *grúa* alrededor del eje vertical.

rotación de apagones: Desconexión intencional y temporal de energía a grupos de clientes en períodos de tiempo no superpuestos, empleada para reducir la demanda de la *red eléctrica*.

rotonda: *Intersección* en la que los vehículos viajan en una sola dirección por una calzada circular.

salida de emergencia: Ruta que permite la evacuación rápida en caso de incendio u otros peligros, en *túneles* y edificios.

satélite: Objeto que orbita alrededor de un cuerpo celeste.

satélite geoestacionario: Objeto en órbita cuyo *período orbital* es igual al período de rotación de la Tierra, por lo que siempre aparece en una posición fija en el cielo.

saturado: Que opera a plena capacidad.

sección monolítica: Bloque único y continuo de piedra u *hormigón*.

sección transversal: Forma de una estructura cortada en determinado plano.

seccionador: Dispositivo empleado para desenergizar equipos o *conductores* por reparaciones o mantenimiento, aunque no suelen estar destinados a interrumpir líneas que transportan *corrientes* significativas.

sedimentación: Proceso de eliminación de sólidos de una corriente de aguas por gravedad.

seguimiento de carga: Acto de aumentar o disminuir la *generación* de energía eléctrica para satisfacer las demandas cambiantes.

semáforo peatonal: *Semáforo* que indica a los peatones cuándo es seguro cruzar.

semáforos accionados por el tráfico: Esquema de regulación de *semáforos* que emplea detectores de vehículos para establecer el tiempo de cada *fase*.

sensor inductivo: Sensor de detección de tráfico (con bobina de oscilación) integrado en la calzada.

señal «Silbar»: Señal que indica al maquinista cuándo un tren debe hacer sonar el *silbato* antes de un paso a *nivel*.

señal de advertencia: *Señal de tráfico* que avisa de una circunstancia de peligro.

señal de indicación: Señal que ayuda a los conductores a circular hacia su destino.

señal de reglamentación: *Señal de tráfico* que indica una norma o ley de tráfico.

señal de tráfico: Señal que transmite información o comunica reglas a los conductores.

señal en aspa: *Señal de tráfico* que indica un paso a nivel de ferrocarril.

señal luminosa: Dispositivo que controla el flujo de tráfico de una vía de ferrocarril mediante luces de colores.

señalización acústica de aviso: Dispositivo sonoro de un *paso a nivel* de ferrocarril que se activa para advertir que se aproxima un tren.

señalización luminosa de aviso: Par de luces de color rojo que parpadean para indicar a los conductores que deben detenerse porque un tren se aproxima al *paso a nivel*.

separador de carril: Espacio entre un carril bici y el resto del flujo de circulación para proporcionar comodidad y seguridad adicionales a los ciclistas.

servicio de telefonía convencional: Sistema de telefonía que transmite señales analógicas por medio de *pares trenzados de cobre*, conocido en inglés por las iniciales POTS (*Plain Old Telephone Service*).

servidumbre de paso: La franja de tierra inmediatamente debajo o adyacente a una estructura lineal o de servicio público, como una *línea de transmisión* de electricidad.

sifón hidráulico: Configuración de una *tubería* donde una porción del *conducto* discurre a un nivel inferior que fluye totalmente bajo *presión*.

silbato: Elemento de seguridad sonoro incorporado en las locomotoras, que se activa para alertar a personas y animales.

silo de almacenamiento: Estructura empleada para contener materiales a granel.

sistema de inyección: Equipo para introducir cloro en una corriente de agua *potable*.

sistema de posicionamiento global (GPS): Sistema de navegación por *satélite*, sus siglas se deben a su nombre en inglés *Global Positioning System*.

sistema de trepado: Dispositivo de las *grúas torre* para conectar las partes superior e inferior de la *torre* para añadir un nuevo segmento.

sistema de trituración: Sistema para cortar o desmenuzar sólidos en trozos pequeños.

sitio de telefonía móvil: Ver *estación base*.

solera dentada: *Conducto* o *aliviadero* con una serie de dientes *deflectores* para limitar la velocidad del flujo mientras circula.

solución compartida: Uso compartido de una estructura o *torre de comunicaciones* por múltiples proveedores de servicios.

sondeo: Ver *perforación*.

soporte limitador de curva: Dispositivo empleado para almacenar el excedente de *cable aéreo de fibra óptica* o cambiar su dirección mientras se mantiene un radio de curvatura adecuado.

sostenimiento: Sistema provisional de soporte estructural para mantener abierto un túnel contra *la presión* del suelo y reducir la filtración de aguas subterráneas. Ver también *revestimiento del túnel*.

speed lump: Área elevada de una vía utilizada como medida para *templar el tráfico* que tiene con espacios precisos para que pasen los neumáticos de los vehículos de emergencia.

subestación: Instalación que contiene aparamenta, *transformadores* y otros equipos para conectar y controlar las distintas partes de la *red eléctrica*.

subestructura: Parte de un *puente* que transfiere las cargas al terreno, incluye la *cimentación*, las *pilas* y los *estribos*, entre otros.

suelo claveteado (*soil nailing*): Técnica de refuerzo del terreno para estabilizar taludes, terraplenes, túneles y estructuras de contención

suelo estabilizado mecánicamente: Ver *suelo reforzado*.

suelo reforzado: Suelo construido con *refuerzos* artificiales, a menudo como parte de un muro de *contención*.

suelo-cemento: Mezcla de tierra, cemento y agua que a menudo se usa como paramento en los *terraplenes*.

sujeción: Ver *anclaje*.

superestructura: Parte de un *puente* que salva una distancia, incluye las *vigas* y el *tablero*.

suspensión: Mezcla de sólidos y líquidos que se comporta como un líquido.

T

T1: Tecnología de comunicaciones que permite la transmisión de datos digitales a través de una *línea telefónica*.

tablero (de esclusa): Elemento principal de una *compuerta* de control de desagüe que bloquea o permite el paso de agua.

tablero (de puente): Superficie de la *superestructura* de un puente por donde circulan los vehículos.

tablestaca: Estructura delgada destinada a entrelazarse con las colindantes para formar un muro continuo.

talud: Superficie donde un extremo es más alto que el otro.

tanque de compensación: Depósito que absorbe las fluctuaciones de *presión* para proteger las tuberías y el equipo de daños.

tanque de tormenta: Depósito subterráneo para almacenar las aguas de lluvia.

tapa de registro: Tapa de acero de un *pozo de registro* para evitar que personas y escombros caigan dentro mientras permite a los vehículos circular por encima.

tecnología de control adaptativo: Esquema de control de *semáforos* que emplea sensores para sincronizar los semáforos individuales en función de las condiciones de la red de tráfico que los engloba.

telecomunicaciones: Transmisión de información a larga distancia mediante diversas tecnologías.

telecomunicaciones aéreas: *Cables de telefonía, fibra óptica o coaxiales* instalados sobre *postes de servicios públicos.*

telecomunicaciones subterráneas: *Cables telefónicos, de fibra óptica o coaxiales* instalados debajo del suelo.

teléfono: Dispositivo para conversar a gran distancia.

temperatura neutra: Temperatura a la que un *carril* está libre de estrés térmico.

templado de tráfico: Medidas adoptadas para reducir la velocidad o el volumen del tráfico.

temporizador (de cuenta regresiva): Indicador que muestra cuánto tiempo queda disponible para cruzar antes de que el *semáforo peatonal* se ponga en rojo.

tensión: Medida del potencial eléctrico entre dos puntos, uno de los cuales suele ser la tierra.

tensión de red: Tensión de *servicio eléctrico* que recibe el usuario final (en EE. UU. suele ser 120 V y 240 V y en España, 230 V).

tensión secundaria: Ver *tensión de red.*

tensor: Ver *tirante.*

tercer carril: *Carril* adicional de una vía férrea electrificada que suministra *corriente* eléctrica a las locomotoras.

terminal: Parte de un *puerto* donde se carga o descarga un tipo específico de mercancías.

terminal de impacto: Dispositivo ubicado en la terminación de una *bionda* que se desliza a lo largo de la barrera para absorber el impacto de una colisión y desviar la barrera lejos del vehículo.

termoplástico: Plástico flexible a temperatura elevada y sólido a temperatura normal.

terraplén: Área de *relleno* de tierra para construir una carretera o una presa. También, material empleado en la construcción que consiste en cualquier combinación de arena, limo o arcilla.

tetrápodo: Estructura de *hormigón prefabricado* para proteger el litoral o *talud* contra la erosión.

tiempo de alerta: Período de tiempo desde que la *señalización de seguridad activa* comienza a funcionar hasta la llegada del tren a un *paso a nivel.*

tiempo para arrancar: Tiempo que transcurre entre el momento en que un *semáforo* se pone verde y la intersección se *satura.*

tiempo para despejar: Período de tiempo que transcurre desde que un *semáforo* se pone en ámbar y los vehículos despejan la *intersección.*

tirafondo: Clavo grande para asegurar un *carril* a una *traviesa.*

tirante: Cable para estabilizar una *torre* o poste independiente.

tirante (puentes): Cable que conecta en diagonal el *tablero* del puente con una *torre* en los *puentes atirantados.*

tobera Saccardo: Estructura para suministrar aire fresco e inducir un flujo de aire longitudinal dentro de un *túnel.*

tolva: Dispositivo o depresión que generalmente tiene forma cónica y se usa para recolectar o almacenar sólidos.

toma directa: Gran estructura situada aguas adentro que recoge el agua de un lago y la transfiere a la orilla a través de un *túnel.*

toma en embalse: Estructura para extraer *agua cruda* de un lago o *embalse.*

toma sumergida: Estructura de *toma* de agua sumergida instalada en la *orilla* de un río.

tongada: Capa individual de *relleno* compactado en *movimiento de tierras.*

torque: Equivalente rotacional al *momento lineal,* es igual al producto de una fuerza por la distancia perpendicular a su eje.

torre: Estructura de gran altura empleada para soportar o elevar uno o varios dispositivos.

torre (grúa): Soporte vertical de una *grúa torre.*

torre arriostrada (atirantada): Estructura vertical que depende de unos *cables o tirantes de sujeción* para mantenerse en pie.

torre autoportante: Estructura vertical que no depende de cables para mantenerse en pie.

torre de agua: *Depósito elevado* para almacenar agua.

torre de refrigeración: Dispositivo utilizado para eliminar el calor de una corriente de agua.

torre de retención: Soporte de líneas eléctricas aéreas capaz de soportar esfuerzos laterales desequilibrados (por cambio de dirección o de final de línea) de los *conductores.*

torre de suspensión: Soporte para líneas eléctricas aéreas que no resiste grandes tensiones horizontales de los *conductores.*

torre de telecomunicaciones y radiodifusión: Estructura vertical para ampliar la línea de visión de las *antenas.*

torre de transposición: *Torre eléctrica* donde se intercambian las posiciones relativas de las *fases* de una *línea de transmisión.*

torre eléctrica: Estructura empleada para soportar los *conductores aéreos* de una *línea de transmisión* de electricidad.

torre monoposte: Torre formada por un solo poste.

torre reticulada: *Torre* formada por estructuras de *celosía* ensambladas.

torre terminal: Ver *torre de retención*.

tractor de cadenas: Ver *buldócer*.

train spotter: Ver *railfan*.

trampilla de acceso: Puerta de paso a un área restringida.

transformador: Dispositivo que transfiere energía de un *circuito* a otro sin cambiar la frecuencia, la conversión y, casi siempre, a una *tensión* o *voltaje* mayor o menor.

transformador de corriente: Tipo de *transformador de instrumento* que escala grandes valores de *corriente* a otros más pequeños que se pueden medir mediante instrumentos y *relés*.

transformador de distribución: *Transformador* que reduce la tensión de las líneas de distribución al nivel requerido por el usuario final.

transformador de instrumento: Dispositivo empleado para aislar circuitos sensibles de vigilancia y control de las altas *tensiones* y *corrientes* de la *red eléctrica*.

transformador de pedestal: *Transformador de distribución* montado a nivel del suelo en un recinto de acero que se utiliza con líneas de distribución subterráneas.

transformador de potencial: Tipo de *transformador de instrumento* que escala grandes valores de voltaje a otros más pequeños medible con instrumentos y *relés*.

transición: Paso entre un *puente* y una *vía*.

transporte (de energía): Etapa intermedia del suministro de energía eléctrica que implica llevar dicha energía desde las instalaciones donde se genera hasta las poblaciones.

tratamiento primario: Remover productos orgánicos e inorgánicos mediante procesos fisicoquímicos

tratamiento secundario: Eliminación de nutrientes de las *aguas residuales* en una EDAR tras haber eliminado los sólidos sedimentables.

travesía ferroviaria: Cruce ferroviario con continuidad de las direcciones de dos vías.

traviesa: Soporte perpendicular para los *carriles* de una vía ferroviaria.

tren de carga: Grupo de vagones de carga arrastrados por una o más locomotoras.

trinchera: Ver *zanja*.

tubería: *Conducto* o tubo para transportar un líquido.

tubería a presión: *Tubería* que transporta un fluido a una *presión* mayor que la del entorno.

tubería de succión: Tubería que une el motor de la *bomba* y el *impulsor* que extrae agua de un *pozo*.

tubería forzada: *Conducto* que transporta agua desde el *embalse* a la *turbina hidroeléctrica*.

tubo de drenaje: Tubería para recoger y descargar aguas.

tubo de impulsión: Tubería vertical que lleva agua desde un *pozo* o a la superficie.

tubo vertical: Estructura delgada para *almacenamiento elevado* de agua desde el nivel del suelo.

tuerca (rodela): Dispositivo con un orificio roscado utilizado en combinación con un perno para aportar sujeción.

túnel: Vía excavada bajo la superficie terrestre para conducir agua o transportar personas y materiales.

túnel de metro: *Túnel* empleado para sistemas de trenes rápidos, como el metro.

túnel de montaña: *Túnel* que pasa a través de una montaña para evitar una ruta a lo largo de la superficie.

túnel excavado a mano: *Túnel* no perforado con *tuneladora*, sino con explosivos o mediante excavación.

túnel perforado con tuneladora: *Túnel* creado por una *tuneladora*.

túnel subacuático: *Túnel* que discurre por debajo de una masa de agua como lagos o ríos.

tuneladora: Máquina que realiza perforaciones circulares a través de la tierra para construir *túneles*.

turbidez: Grado de transparencia que pierde el agua, generalmente por partículas sólidas en suspensión.

turbina: Máquina que convierte la energía eólica o de vapor en energía rotacional a lo largo de un eje (ver también *aerogenerador*).

twistlock ('cierre de giro'): Dispositivo que se acopla a una *cantonera de contenedor* para asegurarlo antes de levantarlo y moverlo.

U

uniformidad: Concepto de diseño que se basa en que la seguridad vial mejora si los *dispositivos de control de tráfico* son coherentes y fáciles de interpretar.

V

vaguada: Parte más profunda de un *canal* a lo largo de su longitud.

vallado perimetral: Estructura que rodea un área al aire libre, casi siempre como medida de seguridad.

válvula: Dispositivo que controla el flujo de un fluido dentro de un conducto.

válvula antirretorno: *Válvula* que permite el flujo en una sola dirección.

válvula de cierre: Válvula para desconectar una *tubería* del *sistema de distribución de agua* para reparaciones o mantenimiento.

varillaje de perforación: Conjunto de tuberías o ejes que transmite los esfuerzos de *rotación y empuje o tiro*.

vástago: Parte de una *compuerta deslizante* que conecta el *tablero* con el *operador*.

vehículo autoguiado: Robot sin conductor para transportar carga por la zona de almacenamiento o *patio de contenedores*.

veleta: Dispositivo empleado para medir la dirección del viento.

veleta (posición de): Posición que permite a una *grúa* girar con libertad para minimizar las fuerzas del viento en la estructura.

velocidad de diseño: Velocidad que se emplea para diseñar las características geométricas de una calzada.

ventilación: Abertura para evitar la acumulación de *presión* dentro de un área cerrada o permitir que fluya aire puro.

ventilación longitudinal: Esquema de ventilación de *túneles* donde el aire fluye de un extremo al otro del túnel.

ventilación transversal: Esquema de ventilación de *túneles* donde el aire fluye por conductos y se inyecta o extrae en varios lugares a lo largo del túnel.

ventilador de chorro (*jet fan*): Ventilador instalado en el interior de un *túnel* para inducir el flujo de aire.

ventosa: Válvula que libera aire de una *tubería* de conducción de líquido.

vertedero: Estructura diseñada para permitir que el agua fluya sobre ella.

vía arterial: Vía urbana de alta capacidad, que conecta las *autovías* con las *vías colectoras*.

vía colectora: Calzada urbana de poca capacidad que conecta las casas y los negocios con las *vías arteriales*.

vía de acceso controlado: Carretera de alta capacidad donde la entrada y salida solo puede ocurrir en ubicaciones seleccionadas para minimizar interrupciones del flujo de tráfico.

vía férrea: Par de *carriles* combinados con *traviesas* perpendiculares para formar un camino continuo para los trenes.

vía verde: Antigua *servidumbre de paso* de líneas férreas que se ha convertido en sendero peatonal.

viaducto: *Puente* que permite salvar grandes distancias para carreteras o ferrocarriles sobre depresiones u otros obstáculos del paisaje.

vías provisionales: Caminos construidos como parte de una *obra* que se eliminarán al terminar el proyecto.

viga (estructura): Elemento estructural lineal que permite salvar una distancia.

viga de cajón: Viga estructural que forma un tubo cerrado.

voladizo: Elemento estructural sobresaliente apoyado en un solo lado.

voltaje: Ver *tensión*.

vórtice: Fenómeno hidráulico rotacional que permite que el aire se introduzca bajo la superficie del agua.

Z

zanja: Excavación lineal que suele usarse para instalar *servicios públicos subterráneos*.

zanjadora: Máquina de construcción diseñada para excavar zanjas lineales estrechas para instalar *tuberías subterráneas* o *servicios públicos*.

zapata (ferrocarril): Bloque de contacto que recoge la corriente de un *tercer carril* electrificado o *catenaria*.

zona de acopios: Área destinada al almacenamiento de materiales y equipos en las *obras*.

zona de comunicaciones: Zona más baja de los *postes compartidos* por donde discurren las líneas de telecomunicaciones.

zona de seguridad: Área debajo de las líneas eléctricas energizadas de un *poste de servicios públicos* que protege a los técnicos y trabajadores contra el riego eléctrico.

zona de silencio: Tramo designado de ferrocarril donde los trenes no deben tocar el *silbato*.

zona despejada: Área sin obstáculos a lo largo de una *carretera* que proporciona a los vehículos fuera de control un espacio seguro para detenerse.

Índice alfabético